浙江舟山群岛新区海洋科技发展路径研究

郭力泉　等著

海洋出版社

2017年 · 北京

图书在版编目（CIP）数据

浙江舟山群岛新区海洋科技发展路径研究/郭力泉等著．—北京：海洋出版社，2017.2
ISBN 978-7-5027-9729-4

Ⅰ.①浙…　Ⅱ.①郭…　Ⅲ.①海洋学-研究-浙江　Ⅳ.①P7

中国版本图书馆 CIP 数据核字（2017）第 033286 号

责任编辑：白　燕　程净净
责任印制：赵麟苏
海洋出版社　出版发行
http：//www.oceanpress.com.cn
北京市海淀区大慧寺路 8 号　邮编：100081
北京朝阳印刷厂有限责任公司印刷　新华书店发行所经销
2017 年 3 月第 1 版　2017 年 3 月北京第 1 次印刷
开本：787mm×1092mm　1/16　印张：16.25
字数：385 千字　定价：48.00 元
发行部：62132549　邮购部：68038093　总编室：62114335

序（一）

党的十八大报告明确提出的“提高海洋资源开发能力，大力发展海洋经济，加大海洋生态保护力度，坚决维护国家海洋权益，建设海洋强国”，是以习近平总书记为核心的党中央向全党全国发起向海洋进军的号召令，更是历史赋予海洋科技工作者新阶段海洋事业发展的重大历史使命。

进入21世纪以来，我国海洋综合生产能力进一步巩固和提高，海洋产业结构调整的成效逐步显现，为我国持续发展海洋经济、保护海洋环境和维护海洋权益奠定了比较坚实的基础。但是，新阶段海洋事业和海洋经济发展面临着严峻挑战：一是受资源和市场双重约束的程度进一步加剧，二是我国海洋参与国际竞争的环境和手段发生了重大变化，三是海洋产业结构战略性调整进入攻坚阶段，四是我国面临着极其严峻复杂的海上安全威胁。在以上四方面挑战中，总体研判，我国仍然是海洋大国而非海洋强国。

当今世界上各国把目光纷纷投向海洋，向海洋要资源，向海洋要环境，向海洋要空间，海洋已经成为国际上政治、经济和军事博弈的重要舞台，在这场博弈中哪个国家登上了高科技的制高点，哪个国家就掌握了这场斗争的主动权。习近平总书记为此在党的十八届五中全会上提出，要深入实施创新驱动发展战略。强调“要发展海洋科学技术，着力推动海洋科技向创新引领型转变。建设海洋强国必须大力发展海洋高新技术。要依靠科技进步和创新，努力突破制约海洋经济发展和海洋生态保护的科技瓶颈。要搞好海洋科技创新总体规划，坚持有所为有所不为，重点在深水、绿色、安全的海洋高技术领域取得突破。尤其要推进海洋经济转型过程中急需的核心技术和关键共性技术的研究开发。”为此，我们首先需要站在全局的高度，对新常态下我国海洋科技发展进行前瞻性和战略性研究。郭力泉先生主持的“浙江舟山群岛新区海洋科技发展路径研究”课题也正是在这一大背景下开展，可喜的是这项研究已取得丰硕成果。同时挥笔立书，该书在总结我国海洋科技发展经验的基础上，论述了新常态下海洋科技发展面临的新形势、新任务，同时深入分析了全国16个沿海城市、全国18个国家级新区、浙江省11个地级市以及舟山市的科技发展的状况，提出了舟山群岛新区海洋科技定位与发展路径，从市场需求、产业目标、技术壁垒、研发需求和资源状况五个层面勾画出了舟山海洋第一、第二、第三产业的技术路线图。应该说，该书瞄准舟山群岛新区全方位、大跨度地研究了新常态下海洋科技发展的战略目标、重点领域、关键技术和重大措施。

总之，该成果抓住了新常态下海洋科技发展的机遇，敏锐地把握世界新的海洋科技革命的脉搏，理论联系舟山实际，对浙江舟山群岛新区海洋科技引领战略有新见解、新观点，如能及时加以转化，不仅对舟山群岛新区的海洋经济发展、环境保护和安全保障有十分重要的作用，乃至对我国其他各海洋新区开展科技战略研究都有示范意义。值得庆贺，值得一读。

是为序。

中国工程院院士潘德炉

2016年12月

序（二）

海洋孕育着人类经济的繁荣，见证着社会的进步，承载着文明的延续。随着科技的进步和资源开发的强烈需求，海洋成为世界各国经济与科技竞争的焦点之一，成为世界各国激烈争夺的重要战略空间。

我国是一个海洋大国，拥有18 000多千米的大陆海岸线和约300万平方千米的主张管辖海域。我国也是世界上利用海洋最早的国家，早在2 000多年前我们的祖先就开启了“海上丝绸之路”，拓展了中华民族与世界其他国家的交往通道。党的十八大报告明确提出了“建设海洋强国”的战略目标，充分体现了海洋在党和国家工作大局中的战略地位，标志着我国进入了开发利用海洋和发展海洋经济的新时期。实现海洋强国战略的关键在于科技，依靠科技进步和创新来支撑引领海洋经济发展已成为我国经济社会发展的主脉络，依靠科技成果转化应用和产业化来推动海洋经济发展已成为我国经济社会转型的重要任务。未来几年，是我国海洋科技实现战略性突破的关键时期，迫切需要海洋科技加快实现从支撑为主向创新引领型转变，争取尽快使我国海洋科技水平进入世界先进行列，为建设海洋强国做出更大贡献。

习近平总书记指出，“建设海洋强国是中国特色社会主义事业的重要组成部分。我们要进一步关心海洋、认识海洋、经略海洋”。2015年5月，习近平总书记视察舟山时指出，舟山“开发开放不仅具有区域性的战略意义，而且具有国家层面的战略意义”。舟山是我国海洋事业发展的前沿阵地，是“一路一带”建设的战略节点，是打造面向环太平洋经济圈的桥头堡。2011年国务院批准设立浙江舟山群岛新区，2013年国务院批复《浙江舟山群岛新区发展规划》，舟山成为我国首个以海洋经济为主题的国家级新区，这是国家从全局和战略高度深谋远虑的重要部署，也是舟山一次重大的发展机遇。舟山市委、市政府积极落实国家海洋战略，加快推进浙江舟山群岛新区建设，坚持以世界眼光谋划未来、以国际标准提升工作、以本土优势彰显特色，率先科学发展，实现蓝色跨越，打造“国家级海洋科技基地”，抢占全国海洋经济发展制高点，这与十八大报告的精神、与党中央的战略部署保持高度一致。

郭力泉同志组织舟山市科技局、浙江省海洋开发研究院、浙江海洋大学相关专家，通过大量的调查、分析与梳理，研究出版了《浙江舟山群岛新区海洋科技发展路径研究》，重点呈现了全国16个沿海城市、全国18个国家级新区、浙江省11个地级市以及舟山市的科技发展的现实，从科技进步环境、科技投入、科技产出、科技促进经济社会发展四个维度明确了浙江舟山群岛新区海洋科技定位与发展路径。以图表为主要表现手法，以科技发展支撑海洋产业发展为脉络，勾画出了海洋第一、第二、第三产业发展的技术路线图，具有较强的开创性和可推广性。

该书抓住了海洋科技发展的本质，可为科技支撑引领海洋经济发展提供重要的战略性信息，为政府部门准确掌握我国海洋科技创新治理格局，集聚全球海洋科技创新人才、技术、资本等创新要素提供决策支持；为企业和研发机构加强国际合作、突破关键技术、监控专利风险、以更低的成本和更高的效率获得更强的竞争力等提供支持；为新区深入实施创新驱动发展战略，编制“十三五”科技发展规划与长期发展愿景与路线图提供了重要的参考依据，具有较强的实践价值。

浙江海洋大学校长

2016 年 12 月 8 日

前　言

新中国成立以后，尤其是改革开放以来，随着沿海开放战略的实施，我国的海洋事业取得了举世瞩目的成就，“蓝色国土”得到了前所未有的开发利用。在发展海洋事业的同时，珍惜海洋资源、保护海洋环境、维护海洋权益，日益成为全党全国人民的共识；海洋经济连续多年呈现稳定增长的良好态势，有力地支撑了国民经济的发展和社会的稳定。

实践证明，海洋科技和教育在海洋事业和海洋经济的发展中起着决定性作用。新中国成立60多年来，我国已建成了较为完整的海洋科技和教育体系，海洋科研成果不断涌现，科技贡献率不断提高。目前，我国已组建了一大批国家和部门重点实验室、国家工程技术研究中心和国家海洋科学研究中心，实施了一揽子海洋科技计划，取得了以“蛟龙”号为代表的一批重大海洋新技术、新成果。

党的十八大明确提出“建设海洋强国”。习近平总书记强调，“建设海洋强国是中国特色社会主义事业的重要组成部分。我们要进一步关心海洋、认识海洋、经略海洋。”对海洋科技工作者来说，就是要提高对海洋资源的认知、勘探、开发能力；提高海洋科技对海洋产业发展的引领支撑能力；提高对海洋环境的监测检测保护能力；提高对海洋国土、国家海洋权益的应急处置能力。

本书是浙江省科学技术厅软科学研究计划重点项目的研究成果。该成果尝试从全国16个沿海城市、全国18个国家级新区、浙江省11个地级市等方面对舟山群岛新区目前海洋科技发展的现状、问题、原因及对策进行研究。从科技进步环境、科技投入、科技产出、科技促进经济社会发展四个维度对课题设定的对象进行研究，分析的层面不仅仅涉及海洋科技这一生产力层面，还从农业科技发展的外部环境等生产关系层面进行分析，力求把经济学及其分支学科的基本理论应用到舟山群岛新区海洋科技发展的实践中。当然，这种做法不是为了哗众取宠，而是深入分析的需要，笔者试图做到理论联系实际。

“十三五”时期是全面建成小康社会的决胜阶段，也是舟山群岛新区发展的关键五年和战略机遇期。面对新形势、新任务、新机遇和新挑战，如何加快新区海洋科技进步与创新是广大科技管理工作者和科技人员面临的一个新课题。当前，与省内外的先进城市和新区跨越发展的更高要求相比，新区科技创新工作还存在一定的差距，面临着一些亟待解决的问题。例如，新区科技创新存在先天短板，大院名校缺乏，城市竞争优势不明显，集聚高端科技人才、优秀智力成果等创新资源的基础薄弱；科技综合实力相对滞后，企业自主创新能力不强，国家级的科研平台数量偏少，高新技术产业产值也相对偏小；科技创新氛围不够浓厚，社会层面的科技创新意识、企业科技创新投入的积极性等都有待提高。这些问题都可以归结为海洋科技支撑能力不够，需要海洋科技工作者提供更好的科技引领支撑。舟山市委市政府历来十分重视科技工作，科技工作者也在不断探求科技支撑引领新区发展的方案。在本书写作的过程中，笔者也把发展海洋科技作为解决新区发展问题的突破口，注重理论联系实际，突出基础性、实用性和公用性原则，在行文上尽可能做到通俗易懂、内容清晰、观点明确。

全书分为9章。第1章为导论。主要是我国海洋科技发展研究的综述，包括研究背景、国内外研究现状、研究目的与价值、研究思路与方法、创新与不足。第2章为趋势。通过分析世界主要发达国家海洋科技发展状况，明确了未来海洋科技发展的主要方向；回顾了我国海洋科技和海洋高新技术产业的发展历程，分析了发展现状，指出了发展趋势。第3章为面对。阐述了舟山群岛新区应该如何面对难得的历史机遇，主动应对机遇背后存在的各种挑战和不足，走向适合自身情况的未来之路。第4章为现实。在对舟山海洋科技发展现状进行实地调研与分析评价的基础上，重点分析了科技进步环境、科技活动投入、科技活动产出和科技促进经济社会发展四个维度分析了舟山海洋科技发展的现实基础。第5章为浙江。主要从科技综合竞争力、科技效率、科技贡献率、科技驱动力、科技与经济协同性以及海洋科技六个层面对浙江11个地级城市的科技现状，采用时间序列法进行了研究，明确舟山在浙江科技发展中的定位。第6章为沿海。主要从科技综合竞争力、科技效率、科技贡献率、科技驱动力、科技与经济协同性以及海洋科技六个层面对我国16个沿海城市的科技现状，采用时间序列法进行了研究，明确舟山在我国沿海城市科技发展中的定位。第7章为新区。主要通过比较分析18个国家级新区的设立背景、功能定位、科技优势，重点比较了6个涉海新区海洋科技发展的现实和趋势，提出了舟山群岛新区实现海洋科技发展差异化的路径。第8章为路线。主要阐明了新区海洋科技发展的指导思想、基本原则、战略地位和远景目标；重点以科技发展支撑新区发展为脉络，以图表为主要表现手法，勾画出了新区科技创新发展路线图、海洋产业技术路线图和协同发展路线图。第9章为策略。主要立足政府角度，针对“十三五”时期新区深入实施创新驱动发展战略的目标思路，提出了新常态下新区海洋科技创新发展的战略举措。

本书所反映的观点，仅代表课题组的认识和看法，虽数易其稿，并力求全面和准确，但由于我们认识的局限性，加之世界海洋科技发展日新月异，书中的缺点和不足在所难免，敬请读者批评指正。

作者

2016年10月于舟山

目 次

第1章 导 论

1.1 研究背景

进入21世纪，海洋再度成为世界关注的焦点，海洋的国家战略地位空前提高。许多发达国家已经制定了海洋规划，着力发展海洋经济和海洋高新技术，希望在21世纪的国际海洋竞争中占得先机。近年来，我国着重发展海洋经济，山东、浙江、广东、福建和天津等省、市先后被批准为海洋经济发展试点地区，并取得很大的进展。作为我国首个以海洋经济为主题的国家级新区和21世纪海上丝绸之路建设的排头兵，舟山具备优越的区位优势和丰富的海洋资源，战略地位突出，正在努力打造面向环太平洋经济圈的桥头堡，发展海洋科技成为支撑和引领舟山群岛新区建设的关键。

1.1.1 科技支撑海洋经济可持续发展

依靠科技进步促进海洋经济持续健康发展，是新常态下经济社会发展方式转变的必然要求。开发和利用海洋，发展海洋经济和海洋事业，对促进经济结构战略性调整，加快转变经济发展方式，具有十分重要的战略意义。随着沿海经济的快速发展和临海产业群的崛起，保护海洋生态环境和保证海洋的可持续开发利用已成为当务之急。海洋科技进步可为海洋生态环境的保护与恢复提供急需的技术支持，还可以带动海洋环境监测技术装备、污染控制设施和治理技术产品等海洋环境产业的发展。海洋科技已经从生产力体系中的直接因素转变为主导因素，资源和生态环境与海洋科技的互动关系表现为海洋科技既能够促进对生态系统的有效管理，又能够极大地改变资源利用方式和提高资源利用效率，进而促进海洋经济的可持续发展。

1.1.1.1 *海洋经济的持续发展渐成趋势*

经济发展的无限需求与资源环境的有限承受能力是一对矛盾，在海洋经济发展方面尤为明显，这就要求协调经济与环境双方的能力，实现海洋经济的持续发展。长期以来，我们在发展海洋经济过程中存在着过度开发和将大量污染物排入海洋致使海洋生态不断恶化的后果，不仅对于海洋渔业资源和滨海旅游等产业造成了严重损害，而且减弱了海洋生物的可再生能力。可见，海洋资源的开发利用与海洋环境的有效保护是一对相互制约和相辅相成的矛盾体。现在我们已经意识到了这一问题的严重性，倡导海洋经济的可持续发展，利用海洋经济的发展成果投入到污染治理技术和清洁生产技术的研发之中，通过兴建污染净化和环境保护工程等治理海洋环境污染，打造良好的海洋资源环境既能保证海洋资源进一步的可持续利用，又能促进海洋经济的长远发展。这样就能使得海洋环境保护和海洋资源开发协调发展。可见，海洋经济的可持续发展是指在加快海洋经济发展的同时，做到科学合理地提高海洋资源的开发利用水平和能力，形成一个科学合理的海洋资源开发体系，通过加强海洋环境的保护改善海洋生态环境以实现海洋环境与海洋经济的良性循环和协调发展。

实现海洋经济的可持续发展，需要科学规划海洋发展。舟山属于海岛地貌，受地形、地势、能源等要素制约严重，一方面，土地、厂房等资源储备日益紧张，不能满足国内外投资者的需求；另一方面，舟山群岛新区经济社会发展中还存在着城市建设资金需求规模巨大、融投资模式制约等带来的资金约束，社会发展整体水平和交通商业配套设施相对滞后等现状，要想实现能源的最大效益，舟山不能光靠消耗大量的资源、大量的投资来拉动发展，而是要实现经济发展模式的转变，改变高消耗、高投入的传统型发展模式，采取节约成本，实现资源的最大利用，以集约型的经济发展模式面对资源、环境和开发再发展问题，从而增强舟山自身竞争力。要进一步研究、完善相应的海洋经济和海洋事业发展规划，进一步明确我国海洋发展的战略思路，明确海洋生态环境和资源保护的目标任务，明确海洋经济区域布局的要求和沿海地区海洋经济发展的原则。另外，要大力促进海洋产业发展。要促进海洋三次产业协调发展，实现海陆资源互补、海陆产业互动，提高海洋经济发展质量和效益。

1.1.1.2 海洋经济的持续发展需要科学统筹和技术支撑

海洋经济本质上是一种生态经济，发展海洋经济是一次深刻的范式革命，是实施可持续发展战略的重要实践方式。当今世界，全球科技进入新一轮的密集创新期，以高新技术为基础的海洋战略性新兴产业将成为全球经济复苏和社会经济发展的战略重点。海洋经济的发展必将成为世界经济发展的主流，国家海洋战略的制定和实施是对海洋经济的前瞻性规划。国家海洋经济发展需求的不断提升要求海洋科技发展的质量和速度也逐渐提高。国家海洋战略的实施需要以海洋科技为载体和工具，海洋科技的进步则依赖于科技支撑体系。科技支撑体系在国家海洋战略实施过程中既起着支撑作用，又是一种方向性引导。从国内看，我国经济的发展将越来越多地依赖于海洋。党中央、国务院历来高度重视海洋经济和海洋科技的发展，在《国民经济和社会发展第十三个五年规划纲要》中将发展海洋经济和海洋科技提升到前所未有的战略高度，海洋产业更是成为培育和发展战略性新兴产业的重要领域。

海洋科技水平是沿海国家综合国力和科技实力的重要标志。随着现代科技发展和海洋科技支撑体系的逐渐建立，围绕环境、经济和资源等问题，海洋科技将在科学认识、开发利用和保护海洋方面发挥更加重大的作用。我国高度重视海洋开发在我国经济社会发展中的重要地位，从战略高度进一步认识到发展海洋经济的重要性和紧迫性，继续抓住并用好所面临的机遇和条件，大力发展海洋经济，优化海洋经济布局，合理开发利用海洋资源，科学规划海洋经济发展，努力促进我国海洋经济可持续发展。“十二五”期间，浙江舟山群岛新区建设将紧紧围绕海洋科技创新，先行先试，积极营造科技创新大环境，着力构建科技创新大平台，大力推动海洋产业转型升级，促进各科技要素聚集，推动科学和技术创新，形成人才、项目、平台、产业一体化的科技工作体系[1]。

1.1.1.3　科技支撑体系贯穿“可持续”理念

科技进步是促进经济社会发展的原动力。把经济社会发展真正转移到依靠科技进步和提高劳动者素质的轨道上来，依靠科技进步支撑引领经济发展，促进产业结构调整，改变经济增长方式，已成为加快推进浙江舟山群岛新区大开发、大开放、大发展，实现全面、协调和可持续发展的主旋律。科技进步和技术创新，对经济和社会发展的作用越来越突出。经济科技一体化，既是世界经济与科技发展的客观趋势，又是各国竞相争取的重要目标。舟山群岛新区建设必须做出符合自身情况和需求的海洋科技战略部署，充分发挥科技创新在支撑和引领经济社会发展中的作用，把经济社会发展转移到依靠科技进步上，充分挖掘海洋科学技术发展的巨大潜力，迅速提升海洋科学技术的整体实力和自主创新能力，打破资源和环境等方面的瓶颈制约，走上海洋战略性新兴产业化发展道路。

科技支撑体系是科学规划海洋发展的基础，是海洋产业优化升级的动力，是海洋科技发展的指向标。科技支撑体系贯穿于海洋经济可持续发展的整个理念之中，海洋经济的持续发展，实实在在地需要一套完整的科技支撑体系，毋庸置疑。引入市场机制是海洋科技不可逆转的趋势，任何海洋科技的发展都脱离不了市场的需要。加快发展海洋科技市场化进程，大力培育海洋科技市场，设立海洋科技产业化联谊会，促进企业和科研的联姻和合作[2]。政府可以建立健全海洋科技服务保障体系，通过发展技术人才市场和中介咨询机构、搞好信息、技术、法律、知识产权保护等方面的服务，为海洋科技支撑体系的开展提供宽松的外部环境；还可以利用企业纳税建立相应的科研机会来资助研究所的科研活动，从而形成资金投入与科技发展的良性循环，使资源开发、投资方向、技术开发方向、体制改革与现代及将来的需求保持一致。通过提高生产潜力和确保所有人具有平等地位和机会的方式，使海洋科技的发展满足人类的需求。

舟山群岛新区面临着技术资本的约束与区域科技竞争激烈的问题。在“长三角”地区，享有政策、区位等优势的地区不仅仅是舟山群岛新区，还有上海的浦东，本省的宁波、杭州，以及江苏的苏州、南京等初具规模的经济技术开发区。新区与开发区之间必然存在着各类资源的竞争，主要包括资金、技术、人才的竞争，而对于一个崭新的新区来说，对招商引资上的竞争、高新技术产业和重大投资项目引进的竞争、人才引进率的竞争都将是舟山群岛新区要面临的最大挑战。目前舟山尚存在缺少规模大、技术高、具有强大关联效应的经济项目，缺少强大竞争力的经济实体（资本载体）等劣势，此外民间资本的相对富余与工商业投资的不活跃并存，金融机构对民营中小企业的支持力度不够，融资渠道较少等状况，都是制约舟山群岛新区海洋科技发展的大阻力[3]。

---

① 崔旺来．舟山群岛新区的先行先试［J］．浙江经济，2011，(15)：28-29.

② 崔旺来．浙江省海洋科技支撑力分析与评价［J］．中国软科学，2011，(2)：98-100.

③ 罗争光．上海：海洋科研有望从“考察”推向“深海观测”［EB/OL］．［2010-12-23］. http：//news. xinhuanet. eom/teeh/2010-09/30/c_ 1353-7435. htm.

1.1.2 海洋科技成为全球竞争的焦点

21 世纪是海洋世纪，基于海洋资源占有和开发的海洋权益维护已经成为国际社会斗争的焦点，与之相伴的海洋科技实力较量得到最大化显现。大量事实表明，海洋科技已进入全球科技竞争的前沿，依靠科技成果转化应用和产业化，推动海洋经济发展，促进生态系统良性循环，加强海洋管理已经成为沿海国家的重要任务。2001 年，联合国首次提出“21 世纪是海洋世纪”。进入 21 世纪以来，日本实施了“西太平洋深海研究 5 年计划”，2002 年制定了《新世纪日本海洋政策基本框架》，明确提出 21 世纪实现“海洋科技大国”的目标。2004 年，美国总统布什公布了《美国海洋行动计划》，是对美国《21 世纪海洋蓝图》的具体落实，为美国未来 10 年海洋、海岸带和大湖政策的制定打下坚实基础。2007 年，欧盟委员会为支持《欧洲海洋政策》的制定，制定了《欧洲海洋科学技术战略》，并发表《阿伯丁宣言》，同年颁布了欧盟《海洋综合政策蓝皮书》，提出欧盟海洋发展的重点行动领域，核心是综合管理海洋。2008 年，英国自然环境研究委员会（NERC）发布《2025 海洋科技规划》，该国家规划是为解决海洋关键科学问题，以应对海洋变化的挑战。

我国是海洋大国，海洋经济已成为国民经济的新增长点。党的十六大、十七大、十八大分别提出“实施海洋开发”、“发展海洋产业”、“建设海洋强国”的战略目标。《全国海洋经济发展规划纲要》明确了“逐步把我国建设成为海洋强国”的奋斗目标，“发展海洋经济”首次写入国家“十二五”规划，涉及海洋的产业列入《国务院关于加快培育和发展战略性新兴产业的决定》。山东、浙江和广东等成为国家海洋经济发展的示范区。这体现了党中央、国务院以及沿海省市党委、政府对发展海洋经济的高度重视，标志着我国进入了开发利用海洋和发展海洋经济的新时期。党的十七届五中全会提出，要“坚持把科技进步和创新作为加快转变经济发展方式的重要支撑”；习近平总书记在 2013 年主持中共中央政治局就建设海洋强国研究进行第八次集体学习时强调：“要发展海洋科学技术，着力推动海洋科技向创新引领型转变。要依靠科技进步和创新，努力突破制约海洋经济发展和海洋生态保护的科技瓶颈。要搞好海洋科技创新总体规划，坚持有所为有所不为，重点在深水、绿色、安全的海洋高技术领域取得突破。”在 2016 年 5 月 30 日全国科技创新大会、两院院士大会、中国科协第九次全国代表大会上习近平总书记再次指出：“深海蕴藏着地球上远未认知和开发的宝藏，但要得到这些宝藏，就必须在深海进入、深海探测、深海开发方面掌握关键技术。”有专家统计，发达国家科学进步因素在海洋经济发展中的贡献率已超过 50%，而中国还只有 30%左右。

浙江是我国促进东海海区科学开发的重要基地，在促进我国海洋经济加快发展中具有重要地位。1993 年浙江省提出“蓝色国土”理念，1998 年提出建设“海洋经济大省”的战略构想，2003 年确立了建设“海洋经济强省”的目标。2010 年 5 月，国务院正式批准实施“长三角”区域规划，提出建设舟山海洋综合开发试验区。2011 年 3 月，国务院正式批复《浙江海洋经济发展示范区规划》，浙江海洋经济发展示范区建设上升为国家战略。批复要求，《浙江海洋经济发展示范区规划》实施要突出科学发展主题和加快转变经济发展方式主线，以深化改革为动力，着力优化海洋经济结构，提高海洋科教支撑能力，创新体制机制，统筹海陆联动发展，形成我国东部沿海地区重要的经济增长极。2016 年 7 月，《浙江省科技创新“十三五”规划》提出支持舟山海洋科学城以打造海洋科技创新资源集聚区、海洋新兴产业孵化区、海洋科教研发示范区、海洋科技综合改革试验区为目标，力争成为“长三角”地区具有战略意义的海洋经济高新区和“海上浙江”核心区。

舟山是浙江建设海洋经济强省的桥头堡和主阵地，依托海洋科技，大力发展海洋经济，是建设浙江舟山群岛新区的首要任务。2010 年 5 月，国务院批准实施的《长江三角洲地区区域规划》中明确提出要建设舟山海洋综合开发试验区，将其建设上升为国家战略；2011 年 6 月 30 日，国务院正式批准设立浙江舟山群岛新区，成为继上海浦东新区、天津滨海新区和重庆两江新区后，党中央、国务院决定设立的又一个国家级新区，也是国务院批准的我国首个以海洋经济为主题的国家战略层面新区。2016 年 5 月 31 日，国家发改委正式发文同意《舟山江海联运服务中心的总体方案》，标志着舟山江海联运服务中心建设进入实质启动阶段，这对于实施长江经济带发展战略，加强与 21 世纪海上丝绸之路的衔接互动，推动海洋强国建设具有重要意义。2016 年 3 月，《舟山市国民经济和社会发展第十三个五年规划纲要》提出要“提升海洋科技创新能力，构筑海洋创新创业人才高地，推进军民融合深度发展，打造海洋经济创新发展的先行示范区。”“全力推进海洋科教基地建设，推动重大关键技术创新和应用，实施重大科技专项和成果转化工程，深化科技体制改革，全面提升区域科技创新能力。”另外，舟山市国民经济发展“十三五”规划、舟山群岛新区“十三五”科技创新发展规划提出了舟山群岛新区发展海洋科技的具体措施。

1.1.3　科技创新引领海洋产业的转型

海洋产业已成为经济发展的重要增长点和动力源。随着科学技术的不断发展、人类认识海洋、开发海洋的能力的逐步提高，海洋开发的范围将不断扩大，发现新资源、开发新领域的经济活动将催生更多的海洋产业。发展海洋科技，特别是重点发展海油气、海洋医药、海洋精细化工、海水综合利用等高新技术并使其产业化，可以优化海洋产业的布局和结构，培植海洋经济新的增长点，实现从传统产业向新兴产业的转变，建立可持续发展的现代海洋产业体系。海洋高新技术产业化集高新技术研究、应用开发与商品化生产于一体，海洋新兴产业依靠科技进步和知识推动，能够迅速渗透到国民经济的各个领域，可以有效地提高产业能力和国家的综合实力。浙江沿海和海岛地区位于我国“T”字形经济带的核心，具有得天独厚的海洋资源与区位优势，是我国参与国际竞争与合作的前沿阵地，海洋产业已成为目前浙江省扩大就业的主要领域①。

1.1.3.1　科技创新促进传统海洋产业升级

海洋交通运输业、滨海旅游业、海洋渔业和海洋船舶业四大传统海洋产业是浙江省海洋经济发展的支柱产业。伴随着海洋资源的日益衰竭、海洋环境的不断恶化和劳动力价格的逐步上升，传统海洋产业发展优势和发展动力正在丧失，某些传统海洋产业甚至面临衰

① 崔旺来．浙江海洋产业就业效应的实证分析［J］．经济地理，2011，（8）：1258-1263.

变为“夕阳产业”的风险，只有不断进行科技创新，改进原有技术体系，提高技术层次和效率，才能恢复和保持其旺盛的生命力。要用新技术改造海洋传统产业。海洋传统产业由低层次向高级化转变，必须依靠科学技术，提高自主创新能力。浙江的海洋产业结构从总体上尚处于较低层次，传统产业比重较高，海洋渔业弱质局面尚未有效扭转，临港工业大规模的开发才刚刚起步，海洋第三产业发展明显滞后。海洋产业结构升级滞缓，一方面，造成对海洋资源、海洋环境的压力增大；另一方面，也严重削弱了海洋经济的综合竞争力。因此，必须用新技术加速对传统产业的改造提高，推进海洋产业结构优化升级，提升海洋经济产业层次。如在海洋渔业方面，要重点开发远洋捕捞和海水养殖保鲜、运输、储藏等全程控制技术和装备，提升海洋渔业的产品品质和效益；海水产品加工方面，加强海洋功能食品、超市海洋食品和海洋药物的技术研究及产业化开发，促进海洋生物资源的深度开发和综合利用，提升海水产品精深加工业的规模和水平；临港工业方面，重点开发数字化、智能化技术，用信息化提升水产加工、船舶修造、海洋化工等产业层次，建设临港型先进制造业基地。要注重海洋研究成果和先进实用技术的推广应用，加强在现有技术基础上的集成创新，推动海洋传统产业跨越式发展①。

1.1.3.2 海洋战略性新兴产业培育依赖于科技创新

海洋战略性新兴产业是指在海洋经济发展中处于产业链条上游，掌握核心技术、附加值高、经济贡献大、耗能低的知识密集、技术密集、资金密集，在海洋经济发展中处于核心地位，引领海洋经济发展方向，具有全局性、长远性、导向性和动态性特征的海洋新兴产业。从一定意义上来说，海洋战略性新兴产业就是海洋高技术产业。海洋新能源、海洋高端装备制造、海水综合利用、海洋生物医药、海洋环保和深海矿产资源开发等海洋战略性新兴产业是舟山群岛新区海洋经济建设重点培育和谋划的内容，其形成和发展依赖于新能源开发和利用技术、高端装备制造技术、海水淡化和化学元素提取技术、海洋生物技术、环保技术、深海矿产资源勘探和开发技术等科学技术研发能力及科技成果的应用和转化水平的提升。

培育和发展海洋战略性新兴产业是舟山群岛新区海洋经济建设的重要内容。舟山要积极依托浙江省海洋开发研究院、浙江大学舟山海洋研究中心等区域创新服务中心，充分利用高新技术企业和高等院校的海洋技术优势与海洋专业强项，最大程度发挥现有的海洋科技力量，努力突破海洋开发前沿关键技术，优先培育加快发展形成一批基本条件更好，增长潜力更大，技术条件更成熟以及产业关联度更大的海洋战略性新兴产业，实现产业规模与产业集聚，最终形成国际海洋竞争优势，抢占国内外海洋竞争中的制高点②。

目前，舟山要重点发展浮式生产储油装置、大型港口机械、工程机械、海上钻采平台等海洋工程装备与临港先进装备，充分发挥临港地理优势。积极发展 LNG 船、综合服务船、远洋捕捞船等高端船舶，提高船舶制造能力。依托舟山丰富海洋生物资源，利用普陀海洋生物省级高技术产业基地，大力发展海洋生物制品业，推进新型海洋营养保健品开

---

① 王辉．浙江海洋科技创新体系建设的几点思考［J］．政策瞭望，2007，(7)：44-46.

② John H. Marburger III. Science, technology and innovation in a 21st century［J］. Policy Sci, 2011 (08)：103-108.

发、鱿鱼墨汁多糖等项目建设。通过对海水淡化热膜耦合成套技术与装备的研究开发，对浓盐水利用大型工程试验技术等海水综合利用技术的推广以及对水电联产集成膜法的重点开展，建设舟山海水利用先进示范基地。积极研发和应用波浪能、海洋风能等海洋清洁能源利用技术，有序开展新能源发电并网和微网技术研究，使各类能源转化供电技术和轻型直流输电技术得到应用①。同时，要积极培育发展海洋新材料、港口物联网、海洋环保、海洋文化研发创意等新兴产业。

1.1.3.3　海洋产业集聚岛建设基于海洋科技

聚集科技高层次人才、打造高水准的科研平台、形成门类齐全的研究学科、积累丰厚多样的资料储备，既是海洋科技发展的现实基础，也是海洋产业基地发展的动力所在。海洋科技建设发展为产业基地提供发展的技术平台，是推进海洋产业发展的绝佳动力。通过科技项目引导、组织搭建平台、市场推动等多种形式，结合科研单位与企业优势特点发展多种形式的产学研合作项目，更容易带来海洋产业的快速健康发展。

2013 年，《浙江舟山群岛新区发展规划》明确提出，舟山群岛新区要建设现代海洋产业基地。舟山现代海洋产业基地既包括由船舶产业集群、海洋旅游产业集群、现代渔业集群、大宗物资加工产业集群和临港石化产业集群组成的特殊优势产业集群，又包括由临港装备制造、海洋生物产业、新能源产业和海水综合利用构成的海洋战略性新兴产业，还包括中国（舟山）海洋科学城、金塘岛、六横岛、朱家尖岛、洋山岛、岱山岛西部、泗礁岛、衢山岛等在内的舟山海洋产业集聚区。2016 年 3 月，《舟山市国民经济和社会发展第十三个五年规划纲要》提出，要紧紧围绕“互联网+”、“中国制造 2025”等国家产业发展战略，全面落实浙江省七大万亿元产业、特色小镇、“四换三名”等发展战略，强化创新驱动，实施“两化”融合，顺应新技术、新业态、新模式和新产业的发展趋势，以集群发展、无中生有、跨界融合的理念，重点推进四大千亿元产业，提升发展若干百亿元产业，大力培育战略性新兴产业，积极改造提升传统产业，打造海洋产业集聚岛。围绕重点领域核心技术创新突破和产业化发展，组织实施江海联运工程技术、海洋工程装备制造、海洋生物医药、绿色石化与海洋油气资源开发技术、海洋新能源、海水综合利用等重大科技专项，研发掌握一批核心技术和高新技术产品，力争培育出 1~2 个在省内较有影响的战略性新兴产业集群。加快推动科技成果转化，在简化程序、加大激励、优化服务等方面实施更具优势的创新政策，大力培育技术交易、知识产权、科技咨询等方面的科技中介机构，建设发展科技大市场，为科技成果转化提供专业服务。舟山现代海洋产业基地和海洋产业集聚岛的建设必须依赖于海洋科技的发展。

1.2　国内外海洋科技研究现状

随着世界各主要国家开始越来越重视海洋战略、海洋经济和海洋科技的发展和规划，

---

① 中国舟山政府门户网站．“十二五”舟山加快海洋科技创新行动计划［EB/OL］．［2012-02-20］. http：//www. zhoushan. gov. cn/html/241687. html.

我国学术界对于海洋科技的研究也开始从无到有，从起步走向成熟和完善。国外对海洋科技的理论研究与推进政策已经有半个多世纪的经验，而国内真正对其加以研究是在改革开放以后才开始。对国内外海洋科技研究成果进行综述，既能为我们的理论研究提供扎实的学术基础，又能为我们的海洋科技建设提供有益的指导建议。

1.2.1 国外海洋科技研究综述

自从20世纪50年代开始，世界各主要发达国家还是强调海洋开发的重要性，与此同时，海洋科技需求迅猛发展。美国、英国、日本和韩国等沿海国家的政府和学术机构开始重视海洋科技的研发应用，一系列相关法律法规也陆续出台。美国早在“二战”期间就已经开始重视海洋经济的开发，杜鲁门发表的《大陆架总统公告》就已明确将公海作为管辖范围，1961年肯尼迪总统发表《海洋与宇宙同等重要》的演说强调海洋科技的重要性，积极推动建立海洋科研机构，发展海洋科技和海洋经济。

H. Charnock（1956）从海洋组织化角度研究海洋科学，并将研究海洋科技各个方面的国际组织分为两个大类：政府性质和非政府性质的。而大部分的海洋科技研究成果来自于二者的合作。Fenical（1997）定义了海洋生物技术，发现自然药物的研发是生物技术最为根本的发展模式。20世纪70年代以来，海洋生物技术的蓬勃发展证明海洋有机物需求量日益增大，海洋生物医药是未来治愈疑难杂症的一个重要的备选方案。Lennard D E.（1999）考察了英国海洋科技的发展历程，特别是80年代英国政府通过有计划地重组海洋科技研究机构，组建海洋科技协调委员会，加大财政支持力度，从国家战略高度将海洋科技的研发和推广应用普及到大学、技术学校、企业和政府等研发管理体制。Hong SY（1995）提出了“OK 21”（Ocean Korea 21）的概念，将海洋科技作为韩国21世纪发展的重要推动力，并提出以海洋科技的发展确保韩国的海洋权益，同时海洋科技也是海洋经济持续发展的技术支撑。Misra（2007）提出用核能淡化海水是解决未来饮用水需求的一种可选方案。通过国际原子能组织提供的技术支持，实验性核能海水淡化项目已经进入经济和技术可行性试验阶段。核能海水淡化项目在未来有着极强的竞争力，但是基础设施和资源匮乏是其大规模市场化发展的最大挑战。Markus等（2008）揭示了海洋可再生能源技术所面临的瓶颈和挑战，虽然大规模的海浪能和潮汐能从2000年开始在全球发现和利用，但是相比于风力发电，可再生能源仍然落后10年以上。如果不断加快科技进步，那么海浪能和潮汐能等可再生能源会在未来电力行业发挥重要作用。David Doloreus（2009）以加拿大魁北克地区为例，实证研究了以科技创新为基础的合作组织在海洋科技系统创新中的运用，该研究极大地促进了海洋科技创新在相关领域的运用。Hsieh（2009）分别对美国、日本和中国台湾地区深海产业集群化发展经验进行总结概括，发现综合利用海水的深海产业主要包括水产、农业、生物医药、美容和旅游业等，波特的产业集群理论可以用于解释上述3个地区的深海产业商业化经历，也能显示出深海产业与其相关的经济社会和科学技术之间的相互联系。Brian等（2009）将欧盟海洋风力发电发展方式与美国海洋发电模式进行比较分析，发现二者的海洋电力业模式差别巨大，同时提出美国模式对该行业发展的潜在影响。Yu Zhang，Jan B. A. Arends等（2011）发现，随着人口的不断增长，世界沿海地区污染越来越严重，经济发展和自然环境保护的矛盾非常突出，针对此种情况，创新型生物反应器技术能够培养海洋微生物和深海生物，进行海洋废物处理和清洁能源发电，在不破坏当地海洋生态系统的情况下进行能源利用和粮食生产。Henry Jeffrey 等（2014）详细地分析比较了英国和美国的海洋能源公共资金花费情况。英国投资部门自 2002 年开始已经花费近 3 亿美元资助多个机构，主要用于基础设施建设；而美国则从 2008 年起花费超过 9 000 万美元主要用于基础研发方面，资金来源有持续增加的趋势。Marisa Berrya 等（2015）认为全球气候变暖导致海平面上升，持续影响沿海地区的经济发展和社会活力。通过分析地区的高度、坡度、岩石类型和土地覆盖等因素可以预测海平面上升的可能性以及对人口与基础设施造成的危害。

1.2.2　国内海洋科技研究综述

国内与本课题研究内容相关的海洋科技文献资料比较丰富，特别是对近些年研究的最新进展进行梳理为我们的进一步研究打下了坚实的基础。综合而言，有以下 4 个方面的成果值得总结和借鉴。

1.2.2.1　关注世界海洋科技发展研究

引介和借鉴国际海洋科技发展的最新进展有利于我国海洋科技的定位和发展，国内对于世界海洋科技发展经验的研究方式和论证方法也是较为全面的。按照国别研究、国际比较研究和综合研究分类，有以下 3 个方面的文献值得关注。

1）海洋科技国别研究

在海洋科技分国别研究方面，关于美国海洋科技发展的文献最多，其他还有英国、加拿大和澳大利亚等国家经验的研究。倪国江、文艳（2009）在回顾了美国海洋科技发展政策和海洋科技最新进展的基础上探讨了美国海洋科技发展的主要推进因素，认为美国海洋科技在世界范围处于领先地位是由于科技与经济的良性循环、国家层面的海洋科技战略规划、鼓励海洋科技研发的多方投入以及开展广泛的海洋科技国际合作等，对我国发展海洋科技具有重要的借鉴作用；海洋高新技术产业是海洋科技发展的前沿领域，宋军继（2013）考察了美国海洋高新技术产业发展现状，认为其背后有一个完善的支撑体系：政策支撑、科技人才支撑、产业支撑、平台支撑和市场支撑，使其产业发展形成“海洋科技园”式的实体推进模式和“宏观调控与间接助推”的制度推进模式，呈现出 5 大特征：①政府对产业强力推动；②“官产学研”有机结合；③产业集群共生发展；④技术持续创新与外溢；⑤金融体系全方位支撑。宋炳林（2012）将海洋科技作为美国海洋经济发展的一个重要维度，认为美国是以较高的科技贡献率来确立和维持其海洋经济优势的。从加大海洋高新技术研发投入开始，计算机技术、新材料、新能源提升了船舶制造的自动化，现代海洋渔业进一步升级等推进海洋经济，产生持续效益。王金平、张志强等（2014）介绍了英国海洋科技计划的重点布局，其主要海洋科技战略设计包括英国“2025 年海洋”计划、英国海洋战略 2010—2025、大科学装置战略等。英国海洋科技未来的研究重点则侧重于海洋酸化、海洋可再生能源开发、海岸带灾害等研究。Kenneth White（2010）讨论了加拿大传统海洋产业、新兴海洋产业和海洋科技之间的相互关系，认为海洋科技和海洋产业都受到软硬件技术的影响。倪国江、刘洪滨等（2012）分析了海洋科技创新在加拿大海洋创新系统建设中的重要作用，发现加拿大通过形成世界级的海洋科技创新平台、重视科技创新投入、中小海洋企业成为科技创新主体和搭建海洋科技合作创新框架等方式提升海洋创新系统。谢子远、闫国庆（2011）分析了澳大利亚海洋经济的发展经验，发现重视科学研究，提高海洋科技在海洋经济中的作用是一个重要的方面。通过制定海洋科技计划与战略框架，澳大利亚的海洋科技获得了长足进展。从国际经验看，海洋科技需要一套完整的支撑体系为后盾，其对升级海洋经济的发展模式，提高海洋经济持续盈利能力有着显著的推动作用。

2）海洋科技国际比较研究

海洋科技的国际比较研究主要集中在发达国家之间，目前发展中国家海洋科技的发展状况和经验介绍相对比较欠缺。乔俊果（2011）对美国和英国的21世纪海洋科学战略进行了比较分析，指出在海洋科技领域美国海洋科学研究的优势在自然和文化的海洋资源管理；提高自然灾害的恢复能力；实施海上作业；气候系统中海洋的作用；提高生态系统健康水平；提高人类健康水平等方面。英国则在理解海洋生态系统运作机制；响应气候变化与海洋环境的相互作用；维持和增加生态系统带来的利益等方面处于领先地位。英美两国的相同点则在于都非常重视海洋科技政策的实施过程中各部门的资源共享；两国海洋科技的重大项目都以政府投入为主，同时鼓励民间机构参与；海洋科技投入对象主要是政府的海洋科学重点实验室。王树文、王琪（2012）着重比较了美国、日本和英国3国的海洋科技政策，可谓各有特色。美国的海洋科技政策有3个突出特点：①注重海洋科技的长远规划，并不断加以修正；②重视海洋科技方面的投入；③具有全球战略的视角。在促进海洋科技进步方面，日本的海洋科技政策更强调完备的法案保障；更重视科技创新和高端海洋技术的发展，更注重国际合作。英国的海洋科技政策则注重科技产业化和重视可持续发展的海洋科技。仲雯雯（2013）对战略性海洋新兴产业进行了国内外比较研究，认为国外通过制定国家层面的发展政策与规划、成立专门的管理和协调机构、重视海洋科技的研发、建立有效的投融资机制、注重培养高科技人才和加强国际合作等措施来规范和推动战略性海洋新兴产业的发展等成功经验值得我国借鉴。海洋科技研发和海洋经济发展的特别之处在于海洋是一个公共产品领域，科技研发需要投入大量的前期资金，是企业和个人不能承受的，由此决定了政府在海洋科技研发和应用方面应该起到战略制定、资金投入和人员配置等方面的作用，这是从国际经验比较来看最值得关注的一点。

3）海洋科技综合研究

国外海洋科技综合研究面向海洋科技创新与高新技术产业化发展态势，主要集中于发达国家海洋科技的发展前沿。卢长利（2013）对国外海洋科技的产业集群发展状况进行了研究，发现国外海洋科技产业集群呈现出因势利导、产业相对集中、战略支撑作用等特点，其发展趋势是强化海洋科技的战略地位，加大重点领域投入。值得中国借鉴的有5个方面：①确立海洋经济与海洋产业发展的战略定位；②合理规划空间布局，优化海洋产业；③处理好经济发展与环境保护之间的关系；④以科技创新支撑海洋产业的发展；⑤海洋服务能力体系建设。周芳、卢长利（2013）以日本、美国和德国为例，对国外海洋科技创新体系建设经验进行了总结，认为值得借鉴的建设经验有3个：①重视海洋科技创新战略规划；②加大海洋科技资金投入；③深入广泛开展国际海洋科技合作。刘康（2013）认为国际海洋开发动态表现为 5 个方面：①政策引导国际海洋开发潮流；②国家海洋经济地位稳步提升；③海洋技术创新集聚效应明显；④海洋环境健康状况不容乐观；⑤世界海洋开发格局基本成型。未来的海洋开发有 3 大导向：①海洋权益争端趋于加剧；②海洋科技创新加速突破；③海洋产业开发全面拓展。目前国际海洋科技综合研究面向仍然比较狭窄，更聚焦于海洋科技的经济效益，未有关注经济领域之外的海洋生态和环境保护。加强对海洋生态环境的人文关怀，加强海洋环境治理技术研发力度是海洋科技综合研究必不可少的一个方面，希望沿海各国政府和国际社会在未来会更多地加以关注。

1.2.2.2　国内海洋科技区域发展比较研究

目前针对国内海洋科技发展状况的宏观综合研究主要集中在国内区域海洋科技的比较，包括两个方向的成果：其一是针对沿海省市区之间海洋科技发展程度的比较研究；其二是落脚于某一有代表性的地区或几个地区，然后进行相互比较。这种比较研究能够看出我国海洋科技的整体发展水平，也能看出不同地区之间海洋科技的差异和优劣势。

1）沿海省市区海洋科技发展程度比较研究

这是近年来我国海洋科技发展研究的一个重要方面。海洋科技发展程度的衡量标准包括海洋科技能力、海洋科技支撑力、海洋科技创新水平及海洋科技人才聚集力等，衡量方法包括主成分分析法和动态比较法等。刘靖、李娜（2015）运用聚类和 RSW 指数相结合的方法，对 11 个沿海省市区海洋科技综合实力进行总体排序，发现上海海洋科技实力最强，在样本中处于绝对优势的地位，江苏长期处于中间位置，浙江海洋科技整体实力在“长三角”中相对较弱，处于中等偏后位置，但发展潜力大、增长速度快，2012 年位列第 5。在杜利楠、栾维新等（2015）构建的海洋科技竞争力评价指标体系中，2006—2012 年的数据统计显示：北京、上海、江苏、山东等地区海洋科技投入比较靠前，北京、山东、广东、上海在海洋科技产出方面排在前列，北京、广东、江苏、山东等地环境支撑能力更强。马仁锋、许继琴等（2014）界定并采用主成分方法对比研究 10 个沿海省市津、冀、辽、沪、苏、闽、鲁、粤、桂、琼的海洋科技能力，发现近年来鲁、沪、粤、津位居前列，苏、闽、浙处于中游，辽、冀、琼、桂位居下游。浙江海洋科技能力有逐年上升之势。谢子远、王琳媛等（2013）通过科技投入支撑力、科技成果支撑力、科技效率支撑力 3 个一级指标对 11 个沿海省市区海洋经济科技支撑力进行了比较研究，结果表明天津、上海、江苏、山东 4 个省市没有明显弱项，河北、浙江、海南 3 省没有明显强项，辽宁海洋科技发展不均衡比较突出，福建的弱项远远多于强项，广东和广西科技投入不足。陈鹏、张晓东（2013）衡量了 11 沿海省市区海洋科技人力资源开发利用效率情况，结果表明天津市、河北省、辽宁省、山东省、广东省 5 个省市达到技术有效和规模有效，产出已经达最优；广西壮族自治区、海南省因为规模原因导致综合效率不达标；浙江省、福建省、广西壮族自治区、海南省 4 省区规模报酬递增；上海市、江苏省两省市规模报酬递减。张樨樨、朱庆林等（2011）对 11 沿海省市海洋科技人才集聚力进行综合评价比较，研究结果表明山东、广东属于强集聚力，属于第一梯队；上海、浙江的集聚力仅次之，属于第二梯队；是强集聚力地区。天津、辽宁、江苏的集聚力水平较为接近，属于第三梯队；福建的集聚力一般，属于第四梯队是中集聚力地区；河北、广西、海南集聚力较弱，属于第五梯队，是弱集聚力地区。殷克东、张燕（2009）构建了海洋科技水平评价指标体系，结果发现各沿海省市海洋科技水平的排名从高到低依次为：山东、天津、广东、上海、江苏、浙江、福建、辽宁、河北、海南、广西。殷克东、卫梦星（2009）构建了海洋科技综合实力评价指标体系，发现在2002—2006年间，山东省的海洋科技综合实力始终处于11个沿海省市区首位，天津市、福建省变化幅度较大，天津市的综合实力处于上升通道，而福建省在2006年综合实力突降，其余省市所属梯度均无变化。综合而言，山东、上海和广东保持在我国海洋科技发展排名的前列，河北、海南和广西的海洋科技发展水平及创新能力较弱，这与当地的经济发展水平有着直接的联系。经济水平较高的省市有更多的资金支持和人力资本投入，容易形成海洋科技创新成果，反过来又可以支撑当地海洋经济的快速发展。这种正反馈效应使得发达地区的海洋科技越来越具有优势，要改变这种差距拉大的现状还需要国家总体的统筹安排。

2）区域性海洋科技比较研究

区域性海洋科技比较研究范围更加狭窄，往往聚焦于具有典型共同点的两个或者几个区域之间的海洋科技发展状况的比较，分类标准包括海洋科技发展程度类似，同属海洋经济示范区或者同一地区的几个省份等。王云飞等（2013）比较了青岛与法国的布雷斯特在2011年全球沿海城市海洋科技创新能力。结果表明青岛在人才储备、科技创新成果方面的表现都非常显著，但成果的质量与自主创新的能力需要进一步提升，在海洋科研设备与相关资源上与布雷斯特相比仍有差距。徐进（2012）对浙江、山东和广东3大国家海洋经济示范区的科技创新能力进行了比较分析，发现与山东、广东相比，浙江的海洋科研机构数量明显偏低；科研机构科技活动人员质量总体不高，高级职称比例稍稍占优；海洋发明专利的申请人以高校和科研机构为主，且研究能力分化明显。陈倩（2011）选取了环渤海的天津、河北、山东和辽宁4个省市进行海洋科技投入产出比较分析，通过将海洋科技投入、科技产出、科技效率3个要素得分加权汇总得到环渤海地区海洋科技综合实力得分，结果表明山东排名第1，天津第2，河北排名最后。樊华（2011）发现我国海洋科技创新效率值低，区域差异大；我国沿海海洋科技系统处于规模报酬递增阶段，规模报酬不变和规模报酬递增单元占比更大；海洋科技系统人员结构、海洋产业从业人员科技素养和政府影响力对海洋科技创新效率有直接的正向影响等。从现有的研究情况可以发现，我国发达地区虽然能够较其他地区在海洋科技的资金投入、人员配置和机构设置方面具有明显的优势，但通过与国外同行的比较可以发现，目前我国海洋科技的短板在于科技创新能力和科技成果的产业化转化能力较低。

1.2.2.3 海洋高新技术产业化研究

宋军继（2013）总结了国内海洋高新技术产业发展模式的6种形态：①基于重大技术突破的创新驱动模式；②基于产业分工协作的联动发展模式；③基于多科技平台集成的整合发展模式；④基于专业化园区的集聚发展模式；⑤基于大企业带动的雁阵发展模式；⑥基于要素耦合的一体化发展模式等。殷克东、王玲玲等（2013）运用菲德模型对海洋高新技术产业和海洋传统产业的关系进行检验，表明海洋高新产业对海洋传统产业具有正的溢出效应冲击，海洋传统产业是海洋高新产业发展的格兰杰原因。刘明（2011）对比了政府部门和企业部门在促进海洋高新技术产业化的效率，发现尽管政府部门可以通过设立科技研发和成果转化基金，但是市场可以吸收风险资金投入，市场化运作才是海洋高新技术产业化更有效的途径。白锟（2010）对我国海洋高新技术产业的发展进行了总结回顾，并在借鉴国外经验的基础上提出我国海洋高新技术产业发展模式的选择方案，如市场化要求海洋高新技术的研发周期缩短，需要大量的资金加以支持，以及采用品牌化扩张的方式发展相关海洋高科技产品。陆铭（2009）总结了美国和日本的国外海洋高新科技产业化发展经验，并与国内的天津塘沽海洋高新区、青岛市海洋高新技术产业，以及深圳市东部海洋生物高新技术产业区进行对比，为上海海洋高新技术产业发展提供借鉴。方景清、张斌等（2008）提出了海洋高新技术产业集群的激发机制，认为资源是海洋高新技术产业集群形成的最基本的原因，海洋科技人才是海洋高新技术产业集群发展的推动力量，充足的资金是海洋高新技术产业集群发展的保障，环境制度因素对海洋高新技术产业集群的发展起促进作用。于谨凯、李宝星（2007）认为海洋高新技术产业化机制包括了内在机制、风险投资金融支持机制以及产业集群外在支持机制，海洋高新技术产业化的影响因素则包括海洋高新技术的成熟程度、市场需求规模、基础产业状况等。吴庐山（2005）总结了海洋高新技术产业的特点，除了高投入、高风险和高收益等其他高新技术产业共有的特点之外，海洋高新技术产业则是以新兴科技理论和技术研发为基础，集各种科技知识为一体的一种新兴产业，故而具有高尖端、高复杂和综合性等独有特征。

1.2.2.4　浙江省海洋科技发展研究

浙江是我国的海洋经济大省，为对接国家战略，浙江提出海洋强省战略，在海洋经济发展和海洋科技投入方面位居全国前列，上面提到的一系列研究都表明了这一点。浙江海洋科技发展的专题研究成果也非常丰富，李光全（2012）从创新合作视角考察了浙江省海洋科技创新面临的困境；崔旺来等（2011）对浙江省海洋科技支撑力进行了量化研究和定位，发现浙江海洋科技综合支撑力在 11 个沿海省市排名第 7 位；胡王玉等（2012）就 2000 年以来浙江省海洋产业机构的演化特征和发展态势进行了深入研究，发现部分海洋产业路径锁定严重，需要海洋产业核心技术的创新对其加以改造升级。徐士元、何宽等（2013）应用索罗余值法测算浙江省“十五”和“十一五”期间的海洋科技进步贡献率和浙江省“十一五”期间部分主要海洋产业的科技进步贡献率，发现浙江海洋科技进步贡献率水平高于全国平均值；科技进步速度占海洋经济增长速度的份额最大；海洋经济增长与科技进步贡献率、资本增长速度有正相关关系等。陈红霞、王逸敏（2015）发现浙江海洋科技政策有待完善的地方是对海洋科技投入不足，尤其是对海洋科技经费的投入；缺乏对海洋科技人才的培养和引进；海洋科技成果的转化率相对较低。夏登武（2015）从区域海洋科技协同的组织机制、动力机制与运行机制 3 个方面分析了浙江省海洋科技协同创新机制，提出以建造良好的海洋科技创新制度环境，发挥区域内海洋科技隐形知识的邻近性优势为基础，以外部动力诱导驱动与内部动力激励约束相结合为方法，确保浙江海洋科技协同组织正常运行。浙江海洋科技发展的丰富研究成果与浙江海洋科技的显著发展水平是相匹配的，目前相关成果主要集中于综合能力的横向研究，就海洋科技某一具体领域的专门纵向剖析还比较少，是未来浙江海洋科技研究的重要方向。

随着浙江省积极贯彻落实国家“一带一路”和长江经济带战略，舟山市江海联运服务中心的作用越来越凸显，它是连接长江经济带和海上丝绸之路的关键性节点，将成为浙江发展海洋经济的桥头堡。舟山海洋科技的发展研究受到越来越多的关注，禹光凯、张二林

（2014）通过构建舟山海洋科技投入、产出评价指标体系得出利益相关方在海洋科技发展过程中的相关关系，发现以中型企业为主的涉海企业、政府部门、学校以及科研院所为主导相互协调，共同推动海洋科技发展。项永烈（2013）分析了舟山群岛新区近年来海洋科技发展的主要成绩，但是也存在海洋科技引领支撑经济社会发展较弱、企业自主创新能力较差、技术创新环境的服务能力不足、技术创新资源的基础支撑能力不够等障碍。邹晓燕（2012）提出应该以平台建设为海洋科技创新的重要抓手，加大海洋基础研究的投入和关键性研发的扶持力度，将企业作为“主力军”推进浙江舟山群岛新区海洋科技创新的发展。舟山有着得天独厚的地理位置和国家政策优势，通过产学研紧密结合的方式打造从海洋科技到海洋经济和海洋文化的特色发展之路，促进区域社会经济发展的现代化和国际化是舟山未来发展的必由之路。

1.2.3 海洋科技未来研究趋势

通过综述国内外研究文献不难发现，国内学术界在研究海洋科技方面已经取得了相当多的成果，特别是近年来出现一个研究小高潮，但总体上看高质量、系统性的研究成果还比较少，且存在以下几点明显不足：首先，海洋科技相关研究仅仅局限于实证分析和现象描述层面，尚未上升到理论高度对其内在机制进行深入剖析。鉴于上述文献，我国海洋科技研究领域成果多集中于横向比较和数据罗列，缺乏结构性理论和系统性分析，难以发现当今海洋科技发展的一般规律和未来趋势。其次，缺乏对某一地区海洋科技全面系统的分析性研究，未能对某一地区海洋科技进行全景式立体展示。现存的研究成果中，大多数研究重点是就某一地区的海洋科技某一方面进行分析，或者将其与其他地区进行比较，这种研究在没有充分掌握海洋科技发展现状的情况下，难以提出有针对性的政策建议。最后，缺乏对未来发展前景的细化描述，政策建议往往大而无当，未能提出针对性的海洋科技发展路线图。未来我国海洋科技发展研究应偏向于理论性和系统性的研究方法，对某一地区或者某一领域的海洋科技进行纵向细化分析，能够以现实为依据提出针对性的政策建议，通过制定详尽的发展规划更好地服务于区域海洋科技和海洋经济的发展。

1.3 研究目的与价值

1.3.1 理论意义

习近平总书记在系列讲话中指出海洋经济是技术密集型经济、人才密集型经济、资本密集型经济、陆海统筹型经济。浙江舟山群岛新区是我国首个以海洋经济为主题的新区，承担着先行先试探索海洋经济发展路径的历史使命，探讨海洋科技创新与海洋经济发展的内在逻辑，构建海洋科技支撑引领新区海洋经济发展模式，将丰富区域经济理论、科技创新与管理理论。

1.3.2　战略意义

设立浙江舟山群岛新区是我国建设海洋强国的重大战略决策。纵观世界强国，都是海洋强国，也是海洋经济强国。当今世界，国际经济竞争已聚焦在开发海洋上。海洋经济是技术密集型和人才密集型经济，从一定意义上讲，海洋科技的水平也决定了海洋经济的水平。舟山群岛新区要为海洋强国战略做出应有贡献，必须走海洋科技引领海洋经济发展的道路。2016 年 5 月召开的“科技三会”上习近平总书记指出：“深海蕴藏着地球上远未认知和开发的宝藏，但要得到这些宝藏，就必须在深海进入、深海探测、深海开发方面掌握关键技术。”《国民经济和社会发展第十三个五年规划纲要》提出，要坚持陆海统筹，发展海洋经济，科学开发海洋资源，保护海洋生态环境，维护海洋权益，建设海洋强国。所有这些表明海洋经济将成为我国未来经济发展的主攻方向，海洋科技将是海洋经济发展的动力源泉。浙江舟山群岛新区承担着为国家海洋经济发展先行先试的历史使命，必须要趟出一条海洋科技支撑和引领海洋经济发展的新路。

1.3.3　现实意义

海洋科技已进入全球科技竞争的前沿。舟山是全国首个以群岛设市的地级行政区划，也是我国大陆地区唯一深入太平洋的海上战略支撑基地。“港、景、渔”是舟山最大的海洋特色资源，充分挖掘“海洋生产力”将成为舟山群岛新区经济新一轮快速发展的突破口。加快海洋科技进步与创新，是推动浙江舟山群岛新区建设的第一动力和不竭源泉，是建设海洋经济强市的根本保障，是培育新的经济增长极和加快经济转型升级的科学路径。

1.4　研究思路与方法

1.4.1　研究思路

1.4.1.1　借鉴国外海洋科技研究成果

国外海洋科技研究已经相当成熟。对国外海洋科技发展状况和相关理论研究进行梳理总结，借鉴其经验和精华，对于国内的海洋科技发展以及相关研究都有重要的推动作用。

1.4.1.2　明确新区海洋科技的现实定位

根据国内外学术界对于科技实力评价、科技竞争力评价、科技能力评价的研究文献，在实地调研、调查问卷和相关统计资料的基础上对相关数据进行量化处理，构建海洋科技发展水平综合评价标准。以此为基础，对舟山群岛新区海洋科技的发展现状进行明确定位。

具体而言，可从如图 1.1 所示的 4 个路向加以探讨。

选取 3 组样本进行横向比较分析：

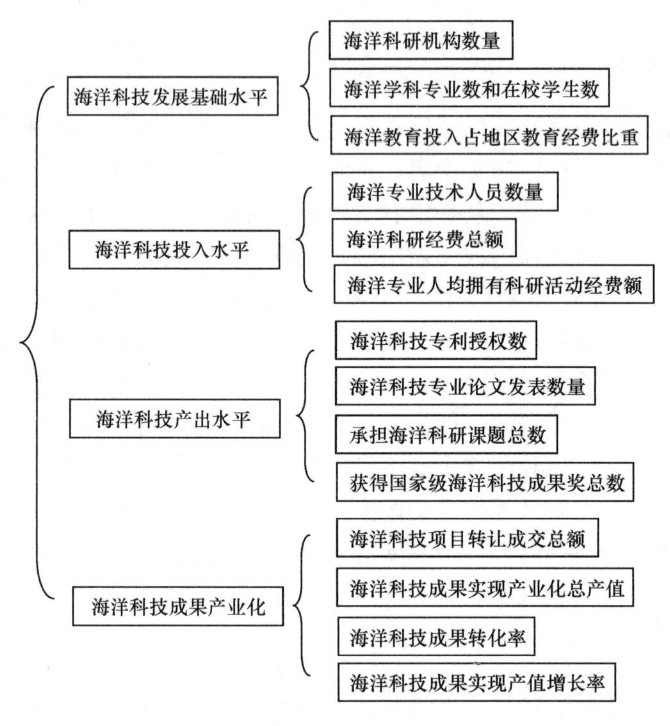

图 1.1　海洋科技创新路向

（1）主要沿海城市海洋科技发展水平：天津、烟台、青岛、威海、连云港、南通、上海、福州、广州、北海、大连、舟山。

（2）国家级新区（特区）科技发展水平：浦东新区、滨海新区、两江新区、深圳特区、舟山群岛新区。

（3）浙江沿海城市科技发展水平：宁波、温州、台州、杭州、绍兴、嘉兴、舟山等。

1.4.1.3　确立舟山群岛新区海洋科技的发展愿景

探讨舟山群岛新区在未来 30 年海洋科技领域发展的可能性，构建“舟山群岛新区至 2050 年海洋科技发展路线图”。借鉴现有相关研究成果，结合前一部分对舟山群岛新区海洋科技发展现状的基础，从海洋科学体系建设和各类海洋高新技术两个维度为新区海洋科技领域的中长期发展构建切实可行的目标规划。

1.4.1.4　谋划新区海洋科技发展的路径

拟从完善相关政策法规、强化海洋科技创新体系建设、加强海洋技术人才队伍建设、加大经费投入力度、扩展对外交流合作、加快海洋科技成果产业化示范基地建设、建立产业标准化程序等方面进行探讨，保证舟山群岛新区海洋科技发展目标的实现。

1.4.2　逻辑框架

总体逻辑框架可以用图 1.2 简要表示。

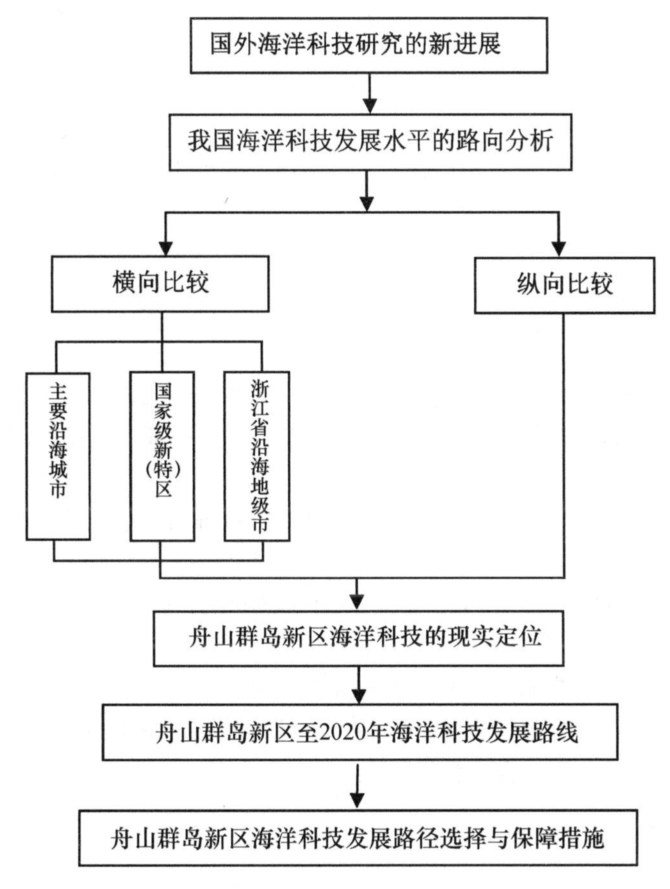

图 1.2　本研究总体逻辑框架

1.4.3　研究方法

1.4.3.1　文献研究法

广泛搜集、整理与课题有关的理论论著、国内外学者和研究机构对海洋科技创新、海洋科技发展的最新研究成果，以及国内外各类机构关于海洋科技各方面的信息资料。

1.4.3.2　实证研究法

实证研究法是区域与发展经济学研究中普遍采用的研究方法，即对相关统计资料进行量化分析研究。本研究结合国家统计局、国家海洋局、江浙沪统计部门，以及世界银行、世界贸易发展组织（WTO）等国际机构发布的统计资料，并在对相关数据进行分析整理的基础上，对新区海洋科技建设进行分析，量化科技进步对舟山群岛新区发展的推动作用。

1.4.3.3　历史分析法

本研究将舟山群岛新区经济、政治、社会、文化和生态的发展与舟山群岛新区建设联系起来，在运动、互动、变动中探寻科技支撑引领舟山群岛新区建设的新趋势。

1.4.3.4 动态比较分析法

本研究在分析国内沿海城市和新区的经济、社会、文化、生态和科技协同发展方面采取动态比较分析方法，总结出科技创新推动我国地区建设方面的经验，为舟山群岛新区海洋科技建设提供借鉴。

1.5 主要创新点

（1）首次对我国海洋科技发展状况进行了系统的调查、梳理和实证考量。

（2）创立了区域海洋科技评价体系，并对我国沿海城市海洋科技从纵向和横向两个维度进行了评价。

（3）首次对我国 17 个国家级新区的科技创新体系进行了全面分析，尤其是对我国 4 个涉海新区海洋科技进行了比较。

（4）首次从理论和实践结合的视角对海洋科技如何引领舟山群岛新区海洋经济发展进行了系统论证。

（5）首次勾画了舟山群岛新区海洋科技发展路线图。

（6）理论研究学者、行政管理者和科技工作者组成研究联合体，开展思想碰撞，智慧融合，理论与实际相互印证，实施合作研究。

第2章　趋　势

2.1　世界海洋科技发展

21世纪是海洋世纪，以海洋科技为支撑的海洋资源开发和利用已立体化。成熟的海洋事业背后是其实力强大的海洋科技的支撑，海洋科技发展离不开国家的政策支持和科研机构的快速发展。世界主要发达国家海洋科技发展对推动我国海洋科技进步具有重要的借鉴作用。

2.1.1　美国的海洋科技发展

美国属于世界一流海洋强国，海洋科技支持政策为美国海洋事业的快速兴起提供了巨大发展空间。1945年9月，杜鲁门总统发表《杜鲁门公告》（即《大陆架公告》），宣称美国对海岸公海下的大陆架地底与海床的自然资源具有控制权和管辖权。1966年7月，约翰逊总统签署《海洋资源和工程开发法令》，促进美国一系列开发和保护海洋措施的实施。20世纪70年代中期到90年代，美国政府为了加强海洋资源开发、保护海洋环境并加强海洋科技的支撑力度，出台了《全国海洋科技发展规划》、《90年代海洋科技发展报告》等海洋科技管理政策。21世纪以后，美国为了保持其世界领先的地位，又颁布了《发掘地球上最后的边疆：美国海洋勘探国家战略》、《2001—2003年大型软科学研究计划》。2007年颁布的《规划美国今后10年海洋科学事业：海洋研究优先计划和实施战略》，全面规划美国之后10年海洋科技的发展步骤。

美国拥有着全球科研水平最高、数量最多的海洋科研机构。据汤森路透集团2011年发布的世界海洋学研究机构排名中，前30位海洋学研究机构中美国占了17个（表2.1），其中伍兹霍尔海洋研究所以其高引用率论文和总被引频次排名第1。美国高校在海洋科技人才培养方面成就突出，如佐治亚大学、麻省州立大学、南加州大学、缅因大学等都设有专门的海洋类学科，在探测海洋地质活动、预测全球变化趋势、生物地化循环机理等方面做出了重要的理论创新。以“海洋科技园”为主要发展模式，高新技术和现代金融相互融合，形成了以海洋油气业、海水利用业、海洋生物制药和海洋新能源为代表的海洋高新技术产业化。

表 2.1　世界排名前 30 位的海洋学研究机构　　单位：篇

排名	海洋学相关机构	高被引论文	篇均引文数	总被引数
1	美国伍兹霍尔海洋学研究所（Woods Hole Oceanographic Institute）	43	97.19	4 179
2	美国国家海洋和大气管理局（National Oceanic and Atmospheric Administration）	23	134.43	3 092
3	美国华盛顿大学（University of Washington）	21	126.76	2 662
4	美国加州大学圣地亚哥分校（University of California, San Diego）	23	87.83	2 020
5	澳大利亚联邦科学与工业研究组织（Commonwealth Scientific and Industrial Research Organisation）	21	95.38	2 003
6	美国夏威夷大学（University of Hawaii）	20	99.55	1 991
7	美国加州大学圣塔芭芭拉分校（University of California, Santa Barbara）	18	105.28	1 895
8	阿尔弗雷德韦格纳极地与海洋研究学院（Alfred Wegener Institute for Polar and Marine Research）	18	97.61	1 757
9	美国麻省理工学院（Massachusetts Institute of Technology）	12	144.08	1 729
10	英国普利茅斯海洋实验室（Plymouth Marine Laboratory）	15	113.27	1 699
11	新西兰奥塔哥大学（University of Otago, New Zealand）	11	148	1 628
12	美国迈阿密大学（University of Miami, US）	20	76.35	1 527
13	英国东英吉利大学（University of East Anglia, UK）	11	124.27	1 367
14	美国弗吉尼亚海洋科学研究所（Virginia Institute of Marine Science）	19	68.47	1 301
15	美国罗格斯大学（Rutgers State University）	10	126.8	1 268
16	美国国家大气研究中心（National Center for Atmospheric Research）	10	114.7	1 147
17	美国普林斯顿大学（Princeton University）	10	109.7	1 097
18	美国航天局（NASA）	11	98.73	1 086
19	澳大利亚塔斯马尼亚大学（University of Tasmania）	12	89.75	1 077
20	美国南加州大学（University of Southern California）	10	107.3	1 073
21	美国加州大学圣克鲁兹分校（University of California, Santa Cruz）	11	95.73	1 053
22	日本东京大学（University of Tokyo）	10	101.8	1 018
23	美国俄勒冈州立大学（Oregon State University）	12	84.08	1 009
24	美国得克萨斯农机大学（Texas A&M University）	10	75.1	751
25	西班牙 CSIC 集团（CSIC）	16	41.69	667
26	加拿大渔业与海洋部（Fisheries and Oceans Canada, Canada）	10	63.8	638
27	加拿大达尔豪西大学（Dalhousie University）	11	51.18	563
28	新西兰国家水资源和大气研究所（National Institute of Water and Atmospheric Research）	12	43.25	519
29	比利时根特大学（Ghent University）	10	38.4	384
30	德国莱布尼茨海洋科学研究所（Leibniz Institute of Marine Sciences（IFM-GEOMAR））	10	24.4	244

资料来源：王淑玲，管泉等. 全球著名海洋研究机构分布初探 [J]. 中国科技信息，2012（16）.

美国海洋科技以市场化为导向，通过政府、科研机构和企业的联合将科技成果迅速转化为生产力，形成了海洋经济的繁荣发展。20 世纪 90 年代初，由 30 多个海洋机构联合组成的海洋联盟将联邦政府、海洋科研机构和企业组织为一体，促进了海洋科研成果的商品化和产业化，另外，全国海洋资源技术总公司以加速海洋资源开发技术产品发展为目标，起到了同样作用。由于这种联合，美国海洋传统产业快速升级为现代海洋产业。美国的海洋渔业已从近海捕捞发展为远洋捕捞，从传统海洋捕捞业增加了海水养殖和水产品精深加工；计算机技术和新能源新材料广泛应用于船舶设计，大大提升了海洋资源的开发和利用。

2.1.2　英国的海洋科技发展

英国是以海洋为生的一个大西洋岛国，一直非常重视和大力支持海洋科技的研发和应用，通过政府、科研机构和企业的一体化合作，推进海洋资源和海洋经济的发展建设。20 世纪 80—90 年代，英国通过制定海洋科技预测计划，联合政府、科研机构和产业部门统一进行技术研发，强化了投资力度和研究深度，促进海洋技术和海洋经济的发展。1986 年英国建立了“海洋科学技术协调委员会”，使政府可以从宏观上管理全国海洋科技活动，通过制定英国海洋科技的各种发展规划，进而协调各部门的海洋科技活动。1990 年，英国政府又发布海洋科学技术发展战略报告，为其后数十年英国海洋科技发展规划了蓝图。1995 年，为了适应国内和国际的海洋科技发展需要，英国成立了南安普敦海洋学中心，该中心致力于海洋生物、海洋化学和河口研究，吸收了海洋科学研究所迪肯实验室和海洋科学调查船队基地，研究目标更明确，实力更加雄厚。

21 世纪以来，英国海洋科技研发重点放在海洋研究远景规划设计，倡导科技力量关注对英国有战略意义的研究领域。2000 年，自然环境研究委员会（NERC）和海洋科学技术委员会（USTB）提出海洋资源的可持续利用和海洋环境预测等科学规划，为其后 10 年的海洋科技发展制定了总体战略。2005 年，时任首相的布朗提出“建立新的法律框架，以便更好地管理和保护海洋”的承诺，说明英国开始综合布局海洋开发和研究已经上升到国家战略层面。2007 年，英国启动“海洋 2025”（OCEAN 2025）重大海洋研究计划，规定英国自然环境研究委员会在 5 年内提供约 1.2 亿英镑的科研经费以保证该计划的实施。2008 年，为协调英国海洋研究和海洋战略的实施，并提高英国海洋的科研效率，海洋科学协调委员会（Marine Science Co-ordination Committee，MSCC）成立。2009 年，英国发布《英国海洋管理、保护与使用法》得到王室批准，为英国的整体海洋经济、海洋研究和海洋环境保护提供了法律基础。2010 年，英国正式发布《英国海洋科学战略 2010—2025》，由政府通过海洋科学协调委员会（MSCC）制定，确定英国海洋科学在未来的重点研究领域放在海洋生态系统运行、应对气候变化、保护海洋环境等方面。英国近些年推出的这一系列国家级海洋战略和研究计划都具有广阔的国际视野，目标是“建设世界级的海洋科学”，并致力于领导欧洲海洋研究。

表 2.2 英国海洋科学组织成员机构一览表

机构类别	机构名称	机构职能
政府部门	商务、创新与技能部（BIS）	资助 7 个研究委员会，给各研究项目和团队分配公共财政支出资金
	能源和气候变化部（DECC）	确保安全、有效利用能源；向低碳模式转变；实现国际气候协议目标
	环境、食品与农村事务部（DEfra）	进行沿海地区环境、海洋综合管理以及经济社会研究
	国际发展部（DFID）	渔业研究和气候变化
	交通部（DfT）	海事与海岸警卫队是其执行机构
	气象局（Met Office）	海洋气候预报及变化监测
	国防部（MOD）	海洋防卫
	北爱尔兰农业农村发展部	负责北爱尔兰海洋渔业、水产业及渔产品安全政策
	北爱尔兰环境保护部	北爱尔兰沿海地区的环境
	苏格兰农村事务与环境部	苏格兰海洋发展事务
相关管理组织	环境保护组织（EA）	针对海岸环境和海水质量
	资源环境委员会（NERC）	海洋环境研究，发布引导全球有关气候和地区环境变化响应
	联合自然保护委员会（JNCC）	海洋环境研究
	国家海洋管理组织（MMO）	海洋战略、海域使用管理、渔业管理、海洋自然资源、紧急事件等
	苏格兰海洋组织	苏格兰海洋发展事务
海洋科学研究机构	农产品与生物科学机构	实施研发、监测、技术转移和专家建议以支持北爱尔兰渔业和水产资源的持续发展。执行项目核心是提供海洋、海岸和水环境的调查数据
	环境、渔业和农业科学中心	DEFRA 的海洋科学机构，在海洋和水环境健康方面扮演着重要角色，有 500 名员工，是英国最大的应用海洋科学实验室，是科学、政策和项目之间的桥梁

资料来源：乔俊果. 21 世纪英美海洋科学战略比较研究［J］. 海洋开发与管理，2011（2）.

2.1.3 澳大利亚的海洋科技发展

澳大利亚是世界唯一一个以整个大陆为疆界的国家，政府对于海洋科技和海洋资源的管理非常重视，在行政和功能方面综合管理涉海部门协调合作，保证海洋科技的快速发展和海洋资源的有效利用。为综合协调海洋产业关系，管理机构层次关系，澳大利亚联邦政府的工业部、科学部和旅游部在 1997 年联合公布了《澳大利亚海洋产业发展战略》，加强了澳大利亚海洋科技的世界竞争力。1998 年公布的《澳大利亚海洋科技计划》，从认识海洋环境、管理利用海洋环境和加强海洋环境基础设施 3 个方面制定科技研发行动计划。进入 21 世纪后，为紧跟海洋科技发展的国际形势，澳大利亚政府于 2009 年 3 月提出了“海洋研究与创新战略框架（A Marine Nation：National Framework for Marine Research and Innovation）”。

澳大利亚的海洋科技研究机构主要包括澳大利亚联邦科学与工业研究组织（CSIRO）、澳大利亚海洋科学研究所（AIMS）等。作为澳大利亚最大的综合研究机构，CSIRO 总部在堪培拉，创建于 1926 年，其研究领域几乎涉及所有学科，除了核科学和临床医学。CSIRO 的科研成果体现在近年来启动的 9 个国家旗舰研究计划，通过与其他科研机构和公司企业的跨领域、跨部门合作，实现澳大利亚经济持续发展，拓展新兴工业领域，最终增强国家竞争力的重大科研目标。AIMS 在评价和监测海洋生物多样性、气候变化影响生态系统、海水环境和质量等方面处于世界领先地位。AIMS 的研究重点集中于热带海洋科学，涵盖从海洋微生物到海洋生态系统的广大领域，并对世界遗产大堡礁和澳大利亚西北部 Ningloo 原始海洋公园的保护有着重点研究。AIMS 研发的大堡礁海洋观测系统（GBROOS）是世界上首个珊瑚礁监测数据在线系统，通过分析珊瑚礁的最新数据来监测珊瑚礁的变化，达到对大堡礁的安全保护。

2.1.4　日本的海洋科技发展

日本是一个典型的海洋国家，也是名副其实的海洋大国。日本政府颁布了一系列海洋科技发展战略指导性文件，力图通过“产官学研”密切结合的方式展开海洋开发战略。2007 年 4 月，日本国会通过了《海洋基本法》，强化了日本在海洋开发与海洋环境之间予以协调、确保海洋安全、充实海洋科学知识、健全发展海洋产业、海洋的综合管理和关于海洋的国际合作。2008 年，第一版《海洋基本计划》出台。2013 年 4 月，日本内阁会议正式通过第二版《海洋基本计划》，明确提出日本在此后 3 年将致力于周边海域“可燃冰”及稀土储量的勘查，争取在 2018 年前确立甲烷水合物的商业开采技术，使其成为值得期待的新能源。

日本政府主导的海洋科技计划主要包括深海研究计划、天然气水合物研究计划和海洋走廊计划等。日本科技厅曾开展西太平洋深海研究 5 年计划，并在天然气水合物研究开发方面处于领先地位。1994 年，日本通产省拟定一项为期 5 年的天然气水合物研究计划，总投资 6 亿美元以上。日本海洋科技研发由大学、政府部门及相关产业承担。其中政府部门科研主要集中于海洋科学技术中心，承担着研究开发、设施配给、知识培训和信息处理的职责（表 2.3）。日本海洋科技中心成立于 1971 年 10 月，2004 年 4 月成为独立的政府机构。截至目前，日本海洋科技中心一共拥有 6 个研究中心，分别是横须贺本部、陆奥海洋学研究机构、东京办公室、横滨地球科学研究所、高知县矿样研究中心和全球海洋数据中心。

表 2.3　日本海洋科技中心组织结构

海洋科技中心	研发部门	全球变化研发机构（RIGC）
		地球进化研发机构（IFREE）
		地球生物科学机构
	发展和推进部门	海洋技术和工程中心（MARITEC）
		地球模拟中心（ESC）
		海洋-陆地科学数据研发中心（Drc）
		深海探测中心（CDEX）
		最新研发和技术推进部门
	管理部门	计划部门
		行政部门
		金融合约部门
		安全与环境管理办公室
		审计办公室

资料来源：周芳，卢长利．国外海洋科技创新体系建设经验及启示［J］．对外经贸，2013（4）．

海洋科技对日本经济持续发展的重要性不言而喻，目前日本已经将开发利用海洋的方式从以往单纯依靠扩大海洋资源开发，转为依靠技术进步和创新，带动并改造传统海洋产业的新型模式上来。日本海洋新能源开发和海洋新技术研究近年来发展非常迅速，如浪力及潮流发电、海洋温差发电、海风发电等海洋资源发电系列，提取海水中的铀和锂为原子能能源、核聚变能源和电子工业提供资源，海底锰结核矿床、海底热液矿床和海底富钴结壳矿床等矿物质开发技术，以及海底可燃冰、海底稀土和海洋藻类生物燃料提取技术。海洋卫星已成为日本海岸观测系统和全球海洋观测系统（GOOS）的重要组成部分，并且利用 ADEOS 卫星实现了对海面水温、海面风和海洋水色的同时观测。由于拥有独特优良的深层水资源，日本在食品生产中取得了一系列的新成果，例如高级食用盐的生产、海水冰的制造等。

2.1.5　海洋科技发展方向

通过几乎囊括各个大洲的发达国家海洋科技发展状况和趋势表现，我们可以看出未来海洋科技发展的主要方向表现为以下 5 个方面的特点。

2.1.5.1　国家与区域发展需求导向更加突出

在经济全球化越来越紧密的时代，海洋开发与科技发展越来越成为国家和区域关注的重点。开发海洋中蕴藏的储量丰富的生物、能源、油气、空间、旅游和矿产等战略性物资已经成为沿海各个主要国家竞相追逐的重要目标。为了解决全人类所面临的人口大爆炸、自然环境恶化和陆地资源匮乏的 3 大难题，各个国家不得不将注意力转向了海洋。海洋经济以其强渗透能力、广泛的辐射面和强大的带动能力等特点，成为促进世界经济继续增长的新的动力。而且随着海洋科技的进步，更多和更丰富的海洋资源能够被转化为经济产出，为海洋经济提供持续动力。以此为基础，海上综合实力的增强直接影响着各国在世界政治地位的提升，海洋科技成就甚至可以影响一个国家的兴衰。海洋军事技术和海洋军事力量成为一国国防的侧重点，以海洋制衡陆地越发成为国际战略的最新思路，海洋权益成为国际战略竞争的新重心。鉴于经济、政治和国防等方面的多层次考虑，各国已经加强对基础性的海洋科技研发和应用的引导，通过政策倾斜和资金支持鼓励海洋科技的不断更新发展。

2.1.5.2 大科学研究思想成为学术界的共识

海洋科技已不单纯是一门传统意义的专业，而是一种跨学科和跨领域的综合性系统性研究。从体系构成来看，海洋科学体系非常庞杂，包括了海洋物理学、海洋地质学、海洋化学、海洋气象学、海洋生态学和环境海洋学等，涵盖众多的学科构成一个大科学体系。同时，海洋又是地球系统的一个子系统，它在地球系统里发挥着非常重要的作用。海洋既是复杂系统中的一分子，又是许多子系统的集合，对它的研究尤其要体现组织性和系统性的大科学研究思想，这已经是学术界的基本共识。具体体现在主要发达海洋科技国家在实际操作层面不再是科学家的单打独斗，也不只是科研机构的独立研发，而是表现为横向的各层次合作。既包括不同领域科学家个人之间的合作，也包括科研机构与大学、企业、政府的合作，甚至是政府之间推动的国际合作。例如由政府间海洋委员会（IOC）、世界气象组织（WMO）、联合国环境规划署（UNEP）和国际科学联合会（ICSU）联合发起组织的全球海洋观测系统（GOOS）就是一个对海洋进行持久观测分析的系统性计划。该计划不仅是由不同的科研机构参与其中，而且包含多领域的海洋技术：海洋遥感遥测、水声探测和探查技术、自动观测、潜器制造技术等。

2.1.5.3 海洋经济竞争力关键在于技术创新能力

海洋经济仍然是世界经济中的新兴产业，各国正加紧打造海洋经济的竞争力，其关键是大力发展海洋科技的创新创造能力。就整个世界海洋经济状况来看，海洋第三产业的发展明显跟不上时代的要求，需要利用创新技术改造提升传统海洋产业，实现海洋产业结构优化升级，打造海洋经济综合竞争力，提升海洋经济产业层次。在海洋科学基础研究方面，遥感技术、分子生物学技术和现场系泊设备等创新型技术提升了海洋科研领域的范围，推进了海洋科学观测研究的前沿边界。在海洋观测工具方面，遥感遥测技术、海上浮标、平台、深潜技术、水声技术、水下图像传输技术等使得数据采集和图像传输更为精准及时。海洋科技研究的方法论，如系统论、协同论、信息论等已经被移植应用到经济理论和管理理论之中，这间接影响了海洋政策的制定和海洋综合管理方式，是海洋科技影响海洋经济发展的另外一条路径。除大力发展基础科学研究之外，相关配套措施也在积极建设之中。一方面关注海洋科技创新成果的转化应用，将科技创新与海洋资源开发和产业结构调整进行深入融合，激发企业的参与积极性；另一方面海洋科技创新的目标不单纯是经济价值的开发应用，海洋生态健康也是不可忽视的部分。海洋生态文明在未来占有更加突出的地位，海洋科技创新要实现生态环境保护和海洋经济发展的和谐一致。

2.1.5.4 重大研究计划成为重要的组织模式

海洋科学是一项复杂的系统性工程，其涵盖范围小至基因、细胞、微生物和湍流等，大至气候变化和洋流循环；上至遥感卫星和臭氧层，下至海底板块运动和探测。其研究需要以一种逻辑严密的科研计划形式整体性加以规划和实施。海洋是一个整体，在这一巨大的开放性生态系统之中，由于人类对于自然资源的不断开发和利用，生态环境和自然资源已经出现了非常突出的问题，表现为灾害频繁发生，如全球气候变暖、海水环境污染、鱼类资源剧减、海洋灾害的加剧等一系列问题。对海洋资源的利用和对海洋问题的防治都需要宏观方面的国际合作，制定重大研究计划解决世界性问题。以20世纪初海洋研究国际合作组织（ICES）成立为标志，国际合作的海洋科学研究计划应运而生，既包括宏观方面的海洋科学研究，如热带海洋与全球大气计划（TOGA）、世界大洋环流试验（WOCE）、全球海洋通量研究计划（JGOFS）、国际地圈生物圈计划（IGBP）、深海钻探计划（JOIDES）和大洋钻探计划（ODP）、全球海洋生态系统动力学研究计划（GLOBEC）等大规模的国际合作研究计划，也包括微观层面的如细胞工程、染色体工程、基因工程等分子生物学手段开发海洋生物资源。重大研究计划的组织模式既有利于系统性地解决海洋开发带来的负面问题，也有利于明确国家政府、企业组织和科研机构在海洋开发过程中的角色定位，更好地满足国家和地区对海洋科技发展的需要。

2.1.5.5 海洋科技园成为重要的发展模式

由于海洋研究的跨学科属性和大科学思维，世界先进海洋科技的研发创新需要不同机构的集聚，其实现机制就是海洋科技园区的兴起。海洋科技园区作为海洋科技研发的重要载体，通过引入科技研发中心、海洋产业孵化中心和国际交流中心等进行协调统一管理，实现科研机构、企业和政府部门的有机统一。法国的布列塔尼海洋园区和普罗旺斯-阿尔卑斯-蓝色海岸的海洋安全与可靠性科学技术园区，前者通过海上通道安全、船舶工程与维修、海洋能源开发和沿海环境保护等改善海洋安全和环境，后者则通过吸引50多家科研机构和100多家企业的加入致力于海上安全和预警机制的建设。美国则在夏威夷和密西西比河口区分别建立了海洋科技园区，前者以夏威夷自然能实验室为重点，主要针对海洋热能转换技术研发及其市场推广，以及海洋矿产、海洋生物、海洋环境保护等领域的研发应用。后者则通过军事和空间领域的技术研发逐步转移向海洋资源与海洋空间的研发，使得密西西比河区域海洋经济快速发展。加拿大的温哥华海洋科技园区（VITP）通过发展信息技术、新媒体、生命科学、环境技术、能源和海洋技术等高科技集群为新兴和成长中的科技企业提供地方和资源。联合其所在的维多利亚市3所地方世界级专科学校：维多利亚大学、卡莫森学院和皇家大学，以及一些辅助团体，促进海洋科技和商业的成功发展。我国近几年也开始加快海洋科技园的建设，并积极融入国际合作领域，如2011年被授予国内首家“国家科技兴海产业示范基地”的上海临港海洋高新技术产业化基地，于2012年7月联合德国、法国、加拿大、美国和日本等国的海洋科技园区倡议成立“海洋科技发展联盟”，共同推进海洋环境保护及科技创新，并与美国、日本等国在海洋技术的应用、海洋环境资源开发与保护等领域开展合作。

2.2 我国海洋科技发展

我国的海洋科技发展起点低、起步晚、发展快。新中国成立后，国家制定了一系列推动海洋科技发展的相关政策。经过 60 多年的发展，取得了令人瞩目的成绩，无论从增量到存量，还是海洋科研能力和应用水平都有了长足发展，为我国海洋经济的可持续发展奠定了扎实的基础。

2.2.1　发展历程

我国在开发海洋技术，利用海洋资源方面有着非常悠久的历史，尤其是航海和造船技术一度处于世界领先水平。但这一历史传统在近代逐渐没落，到了新中国成立前夕，海洋科技研究基本已经停滞。

新中国成立后，我国海洋科技事业在非常单薄的基础上重新起步，当时海洋科技专业研究人员仅仅 20 余人，1957 年开始配备一艘由旧拖轮改装的千吨级调查船，条件非常艰苦。为响应我国政府 1956 年提出的“向科学进军”的号召和“建设一支强大海军，发展我国海洋事业”的指示，科学规划委员会海洋组制定了《1956 年至 1967 年海洋科学发展远景规划》，并形成了一批海洋教育和研究机构。1958 年由 60 多个单位的 600 多名科技人员参与的“全国海洋综合调查”为我国海洋综合调查拉开了序幕，为我国海洋科技的发展奠定了基础。这一时期海洋科研成果非常丰富，出版了涵盖浮游生物、软骨鱼类和经济海藻等 10 多部专著，物理海洋学和海洋声学等方面也取得了重要突破，不少成果居世界领先。

国家海洋局于 1964 年 7 月 22 日成立，开始主管海洋科研机构、制定海洋发展规划和组织海洋调查等工作。60 年代末，我国海洋科技攻克的难题一个是通过对渤海冰的立体调查和观测破解了渤海冰封的发生和变化规律，另一个是调研渤海海底的石油地质，发现渤海是含油沉积盆地，后来建成中国第一个海上开发油田。国家海洋局先后组织的“南海中部调查”和“东海大陆架调查”基本上掌握了西沙群岛、中沙群岛、南沙群岛和东海大陆架的基本资料。这一时期的海洋科研成果集中于我国近海流系，包括东海、南海和黄海的水流特征与形成机制；对我国近海海洋生物的物种分布与生活习性进行系统研究，为我国海洋渔业的发展奠定了基础。

改革开放以后，我国海洋科技事业重换生机。科研机构方面，国家建立南极和大洋研究考察与管理机构，并新建大型海洋综合考察船和专业调查船实施科技专项研究。1984 年我国的调查船队已经配备 165 艘不同类型的调查船，使得我国海洋科技从近海走向大洋和极地。1980 年开始实施的“全国海岸带和海涂资源综合调查”专项和其后的“全国海岛资源综合调查”集中对我国海岸带、海涂和海岛进行调研，搜集了关于自然条件、资源数量和社会经济状况的数据资料。1984—1995 年，我国实施了 3 次南沙群岛及邻近海区综合科学考察，为南沙群岛的开发保护提供了数据支持。此外，还有自 1983 年起实施的多次对太平洋海域多金属结核资源的系统调查，标志着我国海洋科技走向大洋和极地。这一时期的海洋科技成果集中于物理海洋学的海洋综合动力方面，海洋声学，海洋地质与地球物理学，海洋生物学推动的海洋药物科学等。

1995 年，随着国务院发布《关于加速科学技术进步的决定》，我国海洋科技事业开始进入全面快速发展的 10 年。2000 年，我国为提高对西北太平洋海区环境的认知，组织了西北太平洋海洋环境调查与专项研究；2003 年 9 月批准的“我国近海海洋综合调查与评价”则是以查清中国海海洋资源和环境为目标；2004 年我国在北极建立第一个科学考察站“黄河站”以评估北极变化如何影响我国气候；2005 年我国在南极考察的内陆冰盖考察队代表人类首次登上南极内陆最高点冰穹 A；2006 年初我国完成了环球综合海洋科学考察，在多金属结核合同区开展环境基线和多金属结核调查。这一时期的海洋科技基础研究主要围绕近海环流、海洋生态系统、海水养殖病害和边缘海形成和演化等。在实施国家“863”计划和科技攻关计划发展海洋高新技术的同时，我国加强与美国、日本、加拿大、德国和法国等国家的海洋科技合作，积极参与全球海洋生态动力学、大洋钻探和海岸带陆海相互作用等国际海洋科技合作研究项目。

进入 21 世纪以后，随着科技体制改革的不断深化，我国海洋科技已经形成加强基础研究、发展高新技术和面向经济建设主战场的战略格局，海洋科学研究和技术开发初步形成体系。科技工作者可以实现从太空、高空、海面、海水层、海底到地壳多学科综合观测展开海洋调查。全国已经建成 43 个涉海国家与省部级重点实验室，5 个国家工程技术研究中心和 29 艘先进的海洋综合调查船和专业调查船，还有海洋信息共享平台和数据库、海洋微生物和极地资源保藏中心等，为海洋科技的进一步发展提供支持。“蛟龙”号载人深潜器最大下潜深度 7 062 米，使我国成为继美国、法国、俄罗斯、日本之后第五个掌握大深度载人深潜技术的国家。2014 年我国具有代表性的海洋科技重要成果有国产“海马”号无人遥控潜水器（ROV）通过 4 500 米海试验收、成功研发具有完全自主知识产权的“海燕”水下滑翔机、南极科考取得重大进展、首次进行 300 米饱和潜水作业、“蛟龙”号首次下潜到西南印度洋海底热液区作业等。

2.2.2 研发状况

海洋科技的发展离不开专业研发人员和相关从事海洋科技活动人员的贡献，也离不开国家和企业对于海洋科技的资金投入。对于我国近期海洋科技研发状况的细致分析有利于理解海洋科技的支撑基础，更能掌握我国海洋科技未来的发展态势。海洋科技研发状况既包括海洋科技相关的科研机构数量、科研机构从业人员数量，也包括海洋科技活动人员数量、海洋科研机构经费收入和海洋科技课题数量等，甚至还包括海洋科技人才培养状况，海洋科技人才是我国海洋科技研发的后备军。这几个维度奠定了我国海洋科技发展的未来实力和研究深度。

2.2.2.1 海洋科研机构数量

海洋科研机构承担着海洋科技创新发展的主要任务，它的数量和质量直接影响着一国海洋科技发展的整体水平。表 2.4 收集了 1996—2014 年共 19 年的数据，显示了我国海洋科研机构总数的变化趋势。不难发现，20 世纪 90 年代末到 21 世纪初的几年里，我国海洋科研机构数量呈现出平稳下降的趋势，从 1996 年的 109 个径直下降到 2001 年的 104 个，但是总体变动幅度不大。在 2002 年和 2003 年出现了一波上升期，海洋科研机构数量一度达到 109 个，但是好景不长，2004 年和 2005 年再次回到最低的 104 个。2006 年以后，我国海洋科研机构数量迈上了一个新台阶，从 2005 年到 2006 年，以 30.77%的增长幅度上升到 136 个，一直到 2008 年基本平稳处于这个水平上。2009 年是另外一个爆发式增长点，当年的海洋科研机构达到 186 个，年增幅达到 37.78%，也是所统计的数据中数量最多的一年。之后则连续 3 年平稳回落，到 2014 年有所提升，达到 189 家。

表 2.4　1996—2014 年我国海洋科研机构数量　　单位：个

年份	1996	1997	1998	1999	2000	2001	2002	2003	2004	2005
数量	109	108	107	107	105	104	109	109	105	104
年份	2006	2007	2008	2009	2010	2011	2012	2013	2014	2015
数量	136	136	135	186	181	179	177	175	189	—

资料来源：1997—2015 年《中国海洋统计年鉴》。

2.2.2.2　海洋科研机构从业人员数量

海洋科研机构从业人员是海洋科技进步的直接推动者，是海洋科技领域的一线工作人员，它与海洋科研机构有着非常紧密的联系。表 2.5 统计了 1996—2014 年 19 年的我国海洋科研机构从业人员数量，其发展变化趋势与表 2.4 的海洋科研机构数量有相似也有不同。随着海洋科研机构的不断下降，海洋科研机构从业人员数量从 1996 年到 2005 年的 10 年时间里出现稳步下降的趋势，1996 年有 17 879 人从事海洋科研活动，到 2005 年仅有 12 979 人，年均下降率为 3.5%。2006 年出现了海洋科研机构从业人员数量的大拐点，一年增长 5 292 人，幅度达到 40.77%，成为历史新高。此后直到 2008 年，海洋科研机构从业人员数量都是小幅温和上涨，没有超过两万人。但在 2009 年海洋科研机构从业人员数量发生了一次质的飞跃，比 2008 年增加 14 938 人，达到 34 076 人。其后几年海洋科研机构从业人员数量一直稳步增长，一直达到 2014 年的 40 539 人。整个发展过程中，2005 年是一个重要的拐点，而 2009 年则是一个大的增长点。

表 2.5　1996—2014 年海洋科研机构从业人员数量　　单位：人

年份	1996	1997	1998	1999	2000	2001	2002	2003	2004	2005
数量	17 879	17 725	17 351	16 119	14 626	14 206	14 049	13 881	13 453	12 979
年份	2006	2007	2008	2009	2010	2011	2012	2013	2014	2015
数量	18 271	18 669	19 138	34 076	35 405	37 445	37 679	38 754	40 539	—

资料来源：1997—2015 年《中国海洋统计年鉴》。

2.2.2.3　海洋科技活动人员数量

海洋科技活动人员是指直接从事科技活动的海洋科技专业技术人员，表 2.6 统计了 1996 年到 2014 年我国海洋科技活动人员的数量。从表 2.6 中可以看出，海洋科技活动人员数量的变化趋势基本上与海洋科研机构从业人员数量一致，因为前者是后者的一部分。1996—2005 年的 10 年间，海洋科技活动人员数量持续下降，从 12 587 人降至 9 875 人，年降幅达 2.66%。2006 年从谷底强力反弹，海洋科技活动人员数量年增 41.17%，达到 13 941 人，是历史新高。2006—2008 年海洋科技活动人员数量稳步增长，到 2009 年再次出现飞跃式增长，增幅为历年最大，达 78.03%。其后直到 2014 年的 6 年间，海洋科技活动人员数量均是稳步提升。

表 2.6 1996—2014 年我国海洋科技活动人员数量 单位：人

年份	1996	1997	1998	1999	2000	2001	2002	2003	2004	2005
数量	12 587	12 802	12 063	11 228	10 701	10 396	10 253	10 171	10 193	9 875
年份	2006	2007	2008	2009	2010	2011	2012	2013	2014	2015
数量	13 941	14 825	15 665	27 888	29 676	30 642	31 487	32 349	34 174	—

资料来源：1997—2015 年《中国海洋统计年鉴》。

2.2.2.4 海洋科研机构经费收入

海洋科研机构经费收入表明了国家海洋科技经费投入的规模和力度，从资金方面显示我国海洋科技研发状况。从可查阅的文献数据来看，2006 年开始才有海洋科研机构经费收入的单独数据，此前并无这一统计指标。表 2.7 统计了从 2006 年到 2014 年我国海洋科研机构经费收入状况。从表中可以看出，2006—2008 年，我国海洋科研机构经费收入持续稳定增长，从 52.89 亿元增长到 87.696 5 亿元。但 2009 年是一个大的增长点，增长 72.464 5 亿元，增幅为 82.63%，2010 年是另一个非常大的增长点，直接跃升至 1 955.082 3 亿元。此后从 2010 年到 2014 年，海洋科研机构经费收入稳步增长，最终达 3 100.99 亿元。

表 2.7 2006—2014 年我国海洋科研机构经费收入 单位：亿元

年份	2006	2007	2008	2009	2010	2011	2012	2013	2014
数量	52.89	77.39	87.70	160.16	1 955.08	2 322.19	2 577.23	2 655.64	3 100.99

资料来源：2007—2015 年《中国海洋统计年鉴》。

2.2.2.5 我国各地区海洋科技研发状况

以上 4 个指标是针对我国海洋科技研发状况的总量分析，各自进行近 19 年来的纵向比较。对各地区某一年度的海洋科技研发状况进行分析，则是对我国海洋科技研发状况的横向切片比较。表 2.8 选取了 2014 年 11 个沿海省市区的海洋科研机构数量、海洋科研机构从业人员数量和海洋科研机构 R&D 经费内部支持额以及各自所占全国的比重等数值进行横向比较。

从表中可以看出，2014 年全国拥有海洋科研机构最多的省是广东，所占总比重是 13%。广东虽然海洋科研机构数量最多，但是海洋科研机构从业人员数量只有 3 853 人，占全国的 10%，排名第 3，处于中上水平，其海洋科研机构 R&D 经费内部支出 1 408 427 千元，排名也是第 3，比较稳定。就这三个指标整体而言，浙江省排名处于中等水平，拥有 20 个海洋科研机构，占全国的 11%，排名第 4；海洋科研机构从业人员 1 914 人，占全国 5%，排名第 7；海洋科研机构 R&D 经费内部支出，占全国的 2%，排名第 7。在环渤海地区，山东遥遥领先，辽宁和天津发展水平差不多，但河北相对来说比较落后，需要加大支持力度。“长三角”地区的上海、江苏和浙江情况差不多，但是上海海洋科研整体水平处于优势。海峡两岸地区的福建省海洋科研机构数量处于全国中等水平，但海洋科研机构

R&D 经费内部支出明显偏低，需要加大投入力度。环北部湾地区整体而言处于全国比较靠后的位置，广西和海南无论在海洋科研机构数量、海洋科研机构从业人员数量，还是在海洋科研机构 R&D 经费内部支出方面都处于全国靠后的位置，需要加大扶持力度。

表 2.8　11 个沿海省市海洋科研指标（2014 年）

区域	省（市区）	海洋科研机构（个）	占全国比重（%）	海洋科研机构从业人员（人）	占全国比重（%）	海洋科研机构 R&D 经费内部支出（千元）	占全国比重（%）
环渤海地区	天津	14	7	2 772	7	796 171	5
	河北	5	3	547	2	68 450	0
	山东	21	11	3 922	10	1 950 815	12
	辽宁	22	12	2 246	6	570 547	4
长江三角洲地区	上海	15	8	3 866	10	2 163 707	14
	江苏	11	6	3 161	8	1 060 412	7
	浙江	20	11	1 914	5	391 208	2
海峡西岸地区	福建	14	7	1 156	3	354 156	2
珠江三角洲地区	广东	25	13	3 853	10	1 408 427	9
环北部湾地区	广西	11	6	1 199	3	95 296	1
	海南	3	2	277	1	—	—

数据来源：《中国海洋统计年鉴（2015）》。

2.2.2.6　海洋科技课题数量与比重

海洋科技课题反映了我国海洋领域研究的范围和方向，是为了解决海洋资源开发和海洋经济发展而设立的各类海洋项目。课题数量的多少一定程度上代表了国家海洋科技对前沿领域问题的关注情况和重视程度。我国在 2005 年之前，海洋科技课题数量一直平稳上升，到 2005 年达到 4 082 项，相较于 1996 年增长了 44.44%，幅度不大。此后，海洋科技课题经历了一个快速上升期，到 2009 年达到 12 600 项，较 2005 年增长 208.67%。2009 年以后，我国海洋科技课题数量稳步上升，2010 年为 12 600 项，2011 年为 14 253 项，2012 年为 15 403 项，2013 年为 16 331 项，2014 年为 17 702 项，也从侧面反映出国家对海洋科技研究的充分重视。

除了总体数量之外，海洋科技课题内在结构方面是由基础研究、应用研究、试验发展、成果应用和科技服务等构成。表 2.9 整理了我国从 1996 年到 2014 年共 19 年海洋科技各类课题所占的比例，通过分析发现，基础研究课题所占的比重呈一直上升的趋势，从 1996 年占比 6.46%上升到 2014 年的 25.12%，是原来的 4 倍多，出现了继 2006 年后的又一个峰值。应用研究课题占比浮动变化不大，整体在 25%左右徘徊，最高时在 2008 年达到 31.5%，最低在 2005 年达到 21.56%，从 2008 年到 2013 年逐年降低，降到 22.87%的低位，随后在2014年出现回升，比例达23.29%。试验发展与应用研究变化趋势相似，所占比重也是变化浮动不大，整体在20%左右徘徊，10多年之间轻幅震荡，高峰期出现在2000年起的3年间，到2002年达到顶峰27.75%，其后呈下降趋势，低谷出现在2008年，试验发展课题当年占比17.05%，之后逐渐回升到2014年的25.31%。成果应用项目则呈不断下降的趋势，1996年所占比重最大，为21.54%，其后各年有所下降，但直到2000年之前都超过20%。进入21世纪之后，仅有2003年超过20%，为20.03%，总体趋势则是不断下降，并在2006年之后降至10%以下，2006年是10.6%，2007年则为9.15%。最近几年的成果应用课题是在10%上下浮动，2014年的数据是10.51%。科技服务课题占比变化也是不大，1996年出现高峰是28.97%，其后各年均是在20%上下波动，振幅不超过3个百分点，2014年的最新数据是15.77%。综合而言，基础研究占比上升，成果应用占比下降，表明我国的海洋科学研究更加注重基础性和前沿性研究，更加有利于我国海洋科学的长远发展。

表2.9　1996—2014年海洋科技各类课题所占的比重　　单位：%

年份	基础研究	应用研究	试验发展	成果应用	科技服务
1996	6.46	22.26	20.78	21.54	28.97
1997	12.53	26.02	20.76	19.34	21.35
1998	12.53	28.71	18.57	19.53	20.66
1999	12.39	29.09	18.27	21.15	19.11
2000	10.50	26.22	24.69	19.96	18.62
2001	11.76	22.28	24.44	18.71	22.80
2002	11.58	25.53	27.75	16.76	18.38
2003	13.13	25.70	21.34	20.03	19.80
2004	14.64	27.49	22.51	16.43	18.93
2005	16.29	21.56	24.82	14.43	22.91
2006	25.59	26.30	18.78	10.60	18.73
2007	23.74	28.45	17.87	9.15	20.80
2008	25.06	31.50	17.05	8.30	18.09
2009	21.85	26.49	20.24	8.52	22.90
2010	23.05	25.97	21.08	10.09	19.81
2011	24.39	25.93	20.03	10.19	19.46
2012	24.38	25.02	23.17	9.84	17.59
2013	26.18	22.87	24.47	9.28	17.19
2014	25.12	23.29	25.31	10.51	15.77

数据来源：1997—2015年《中国海洋统计年鉴》。

2.2.2.7　海洋科技成果状况

海洋科技成果形式多种多样，有代表性的包括专利的申请和受理、科技论文和科技成果等。这些成果形式表明了我国海洋科研投入的产出结果，对我国参与海洋领域的国际竞争具有重要的战略意义。

表2.10统计了从2005年到2014年共10年间我国海洋科技成果的数量情况，数据表明，无论是专利申请和受理，还是科技论文和著作，各自数量都是随着时间持续增加，且都以2009年为分水岭，其后数量水平上了一个大台阶。专利申请数量从2005年的392件上升到2008年的869件，年均增长30.39%，2009年则增长到2 550件，增长率为193.44%。2009年后专利申请数量也是稳定增长，到2014年达到6 111件，年均增长20.3%，较前一阶段有所下降。发明专利是专利类型中技术含量最高的，该类型在专利申请中所占比重增长非常明显，从2005年的59.2%上升到2011年89.1%的最高点，说明我国海洋科技领域专利申请不仅数量迅速上升，而且质量也快速提高。专利质量提升的另一个证据是专利受理占专利申请的比重同样不断上升，该数值从2005年的42.3%上升到2009年的49%，2014年这一数值则为65.8%。专利受理数从2005年的166件上升到2008年的441件，年均增长38.5%，2009年增长为1 250件，年均增长率为36.69%。到2014年该数值达4 020件，自2009年起年均增长率为36.9%，也是较前一阶段略降。专利受理当中的发明专利占比从2005年的63.9%上升到2009年74%的峰值，其后又逐年下降至2014年的65.8%，可见专利受理中的技术含量并未如专利申请的情况一样。科技论文数量从2005年的4 189篇上升到2008年的9 485篇，年均增长率31.31%，2009年发表数量为14 451篇，年增长52.36%。2014年这一数值是16 908篇，从2009年起年均增长3%。国外发表论文所占比重除2005年较少之外，其他各年都在25%左右，趋势比较稳定，2014年有个较大跃升，为34.6%。海洋科技著作从2005年101部上升到2008年的154部，年均增长15.10%，2009年该数值为248部，年增长61.04%。2009年到2014年的314部，年均增长4.4%，增长弱于前一阶段。

表2.10　2005—2014年我国海洋科技成果状况

年份	专利申请		专利受理		科技论文		科技著作（部）
	数量（件）	发明专利（%）	数量（件）	发明专利（%）	数量（篇）	国外发表（%）	
2005	392	59.2	166	63.9	4 189	14.4	101
2006	567	76.5	379	59.6	8 492	24.1	110
2007	645	73.6	398	58.8	9 104	25.8	141
2008	869	77.3	441	68.2	9 485	25.0	154
2009	2 550	84.7	1 250	74.0	14 451	22.1	248
2010	3 829	85.5	1 482	66.7	14 296	27.0	254
2011	4 112	89.1	2 034	66.6	15 547	26.8	278
2012	5 120	82.1	2 746	68.6	16 713	27.9	338
2013	5 340	82.4	3 430	65.5	16 284	34.0	384
2014	6 111	78.8	4 020	65.8	16 908	34.6	314

数据来源：2006—2015年《中国海洋统计年鉴》。

2.2.2.8 海洋科技人才培养状况

海洋科技的持久发展依赖于高质量海洋人才源源不断地被培养出来，大力发展海洋高等教育，构建结构合理的海洋科技从业人员梯队是我国海洋科技能够参与国际竞争的关键。

表2.11汇总了2003—2014年共12年间我国海洋高等教育各层次人才毕业生数量，分别包括博士毕业生、硕士毕业生、普通高等院校本专科毕业生、成人教育和中等职业教育毕业生。海洋博士毕业生数量稳定提升，2003年为146人，到2008年则为395人，年均增长率为22%。2009年该数值出现了一个大的提升，上升到627人，增幅为58.7%。2009年之后海洋博士毕业生数量则先升后降再升，以2010年的679人为峰值，后降至2012年的615人，2014年则再次升为672人。海洋硕士毕业生情况类似，2003年为416人，以年均27.9%的速度增至2008年的1 424人，经过85.7%的增幅跃至2009年的2 644人，其后逐步上升至2014年的3 031人，2009年到2014年年均增幅为2.4%，增速明显放缓。海洋类普通高等院校本专科毕业生数在2003年为9 390人，持续稳定上升至2008年的17 757人，年均增幅13.59%。2009年跃升至37 245人，年增幅109.75%，其后波荡上升至2014年的48 211人，平均每年增长5.0%，比前一阶段增速要小。海洋成人教育毕业生数量与海洋中等职业教育毕业生数量变化趋势与前面分析的类似，总体都是呈现上升趋势，并于2009年有一个大幅的跃升，其后增幅明显减少，具体数字不再一一列举。

表2.11 2003—2014年海洋高等教育各层次人才毕业生数量 单位：人

年份	博士	硕士	普通高等院校本专科	成人教育	中等职业教育
2003	146	416	9 390	—	—
2004	179	546	10 120	1 734	2 642
2005	235	771	11 109	2 234	5 293
2006	330	940	13 203	745	6 277
2007	323	1 216	15 364	3 214	9 439
2008	395	1 424	17 757	4 161	9 572
2009	627	2 644	37 245	9 924	73 446
2010	679	2 915	44 653	10 336	33 269
2011	601	3 034	50 058	6 969	104 479
2012	615	3 217	49 834	8 893	43 561
2013	673	3 356	50 880	9 024	30 612
2014	672	3 031	48 211	8 650	24 193

资料来源：根据2004—2015年《中国海洋统计年鉴》整理。

2.2.3 发展政策

我国海洋科技发展政策可以追溯于1956年国家制定的海洋科学远景规划，至今已有近 60 年的光辉历程。特别是改革开放以后，海洋科技的发展迎来了一个新的起点，随着经济体制从计划经济向市场经济的转变，国家海洋科技政策开始越来越明确地紧跟时代步伐。我国的海洋科技从薄弱的基础做起，到现在从太空到地壳的全方位视角认知海洋，海洋科技政策的支持和引导功不可没。

1977 年 12 月的全国科学技术规划会议旗帜鲜明地确立“查清中国海、进军三大洋、登上南极洲，为在 21 世纪内实现海洋科学技术现代化而奋斗”的研究目标和路径，从此开启了新时期我国海洋科技的发展方向。我国又于 1978 年重新部署了科学技术研究工作，并启动海洋科技的相关政策。《1978—1985 年全国科学技术发展规划纲要》正式将海洋科技列为主要内容，海洋捕捞、海水养殖、发展海上开采石油的技术和成套设备、现代化港口建设的新技术、大型、专用船舶的研制以及航海新技术被确立为主要的发展方向。

20 世纪 80 年代，海洋科技政策的主题就是科研机构和高校通过体制改革促进海洋科技成果的生产和应用，努力创造经济价值。在海洋资源开采和使用方面，逐渐出现一系列比较有代表性的相关规定。1989 年财政部颁布《开采海洋石油资源缴纳矿区使用费的规定》确立了海洋油气开发方向开始向气倾斜，油气并重成为相关财政政策的主导。1993 年国家海洋局的《国家海域使用管理暂行规定》实施后，海洋石油生产平台开始收取海域使用金，但是海洋勘探石油平台不收。1997 年《在我国特定地区开采石油（天然气）进口物资免征进口税收的暂行规定〉的通知》指出海洋石油（天然气）勘探、开采进口设备、材料免征收进口税。这些规定对促进我国海洋科技的发展和实际应用起到了重要的推动作用。

针对海洋开发过程中出现的海洋科技问题而颁布海洋技术政策是从 20 世纪 90 年代真正开始的。1991 年首次召开的全国海洋工作会议颁布的《90 年代中国海洋政策和工作纲要》，提出了 10 个方面的宏观指导意见以确保 90 年代中国海洋事业的顺利进行。1993 年实施的《海洋技术政策》以及《海洋技术政策要点》目标是以国家引导海洋科技队伍建设，突出科技人才开发海洋资源和海洋空间的能力，弱化海洋相关行业内部的技术问题，是国家综合配置海洋科技资源的有效尝试。1995 年的《全国海洋开发规划》由国家计委、国家科委、国家海洋局联合印发，中国开始全面地开发和利用海洋。国家开始增加对海洋科学技术进步的投入，促进实施各种重大科技计划，推进海洋资源开发和海洋产业的形成，并在海洋环境保护方面逐步加强科技研究。1996 年我国在《中国海洋 21 世纪议程》中正式提出“科教兴海”的战略决策，奠定了其后我国统筹海洋科技政策、提升海洋科技战略地位的中国海洋科技政策的重要方向。

进入 21 世纪以后，我国海洋科技政策开始全面推动创新，鼓励高新技术的开创性研究。2002 年的《国家产业技术政策》由国家经济贸易委员会、财政部、科学技术部、国家税务总局 4 家部门联合发布，将高新技术，特别是海洋技术作为重点支持的对象。2002 年党的十六大将实施“海洋开发”首次上升到国家战略的位置。国务院于 2003 年颁布的《全国海洋经济发展规划纲要》，将海洋产业技术的研发放在重要的支持位置。通过实施人才战略和海洋科技创新能力建设，促进海洋科技研究领域和海洋经济发展取得重要成果。在海洋科技创新方面，我国出台了一系列细则条例，保证海洋科技创新战略的落实和实施。如国家海洋局发布的《海洋科技成果登记办法》、《国家海洋局重点实验室管理办法》、《海洋公益性行业科研专项经费管理暂行办法》等。2006年商务部和国家税务总局公布的《中国鼓励引进技术目录》明确将变水层拖网捕捞技术及设备的关键技术、深海钻探海上油气田欠平衡钻井、深水大网箱养殖配套技术、完井技术等作为减税优惠对象。2007年《关于落实国务院加快振兴装备制造业的若干意见有关进口税收政策的通知》中明确大型船舶、海洋工程设备进口等属于减免税收的行列。

在鼓励进口先进海洋科技措施的同时，国家开始注重海洋科技研究自主创新能力的培养。2006年国家海洋局发布的《国家“十一五”海洋科学和技术发展规划纲要》和2007年国务院制定的《全国科技兴海规划纲要（2008—2015年）》标志着我国海洋科技发展战略的方针路线开始转向自主创新，海洋科技开始获得相对独立的地位。国务院2008年批复的《国家海洋事业发展规划纲要》将大力发展海洋高新技术和关键技术作为重点工作。2011年国家海洋局联合科技部、教育部和国家自然科学基金委等部门发布的《国家“十二五”海洋科学和技术发展规划纲要》对我国2011—2015年海洋科技发展做了总体规划，海洋科技转向引领和支撑海洋经济和海洋事业科学发展。目前国家海洋局正在会同有关部门编制《国家海洋科技创新总体规划（2016—2030年）》、《全国科技兴海规划（2016—2020年）》、“十三五”海洋科技创新专项规划以及海洋环境安全保障、深海关键技术与装备等涉海重点专项。

综合来看，我国海洋科技面向的重点从传统海洋产业逐步转向新兴海洋产业，海洋科技政策逐步从依赖于国家大政策转向专门的独立政策，政策措施更有针对性，重心也从引进参照别国转为自主独立创新。可以预见，随着海洋强国战略的实施，海洋科技政策的制定将更加综合考量跨行业和跨部门的融合互动，引领我国海洋事业的新发展。

2.3 海洋高新技术产业

海洋高新技术产业是高新技术在海洋领域产业化的过程和结果，标志着国家海洋科技发展的水平，也展示了国家海洋经济发展的未来。

2.3.1 发展历程

高新技术一词最早于1983年出现在美国的出版物中，“高技术”开始作为固定用语传播开来。国内首次使用“高新技术”一词始于1986年，王大珩、王淦昌、杨嘉墀和陈芳允4位科学家提出的“关于跟踪研究外国战略性高技术发展的建议”，提议发展我国高新技术，追赶世界先进水平。国务院于同年3月批准了《高技术研究发展计划（“863”计划）纲要》，统筹部署高技术的集成应用和产业示范，发挥高技术对未来的引领。

我国海洋高新技术的研发始于20世纪50年代，改革开放后快速发展，重点从基础性调查转向应用研究和技术研发。特别是在国家的“863”计划、“973”计划、国家科技兴海战略等一系列政策支持下，海洋高新技术及产业化获得突破性进展，形成包括研究、开发和产业化3大内容的创新机制。目前我国海洋科技形成了海洋环境技术、资源勘探开发技术和海洋通用工程技术3个大类，主要包括了海洋生物技术产业、海洋信息技术、海洋油气资源勘探开发技术、大洋矿产资源勘探开发技术、海水淡化和利用技术、海洋能源技术、海洋空间利用以及海洋工程技术、海洋监测和探测技术、海洋生态系统模拟技术、海洋深潜技术、海洋化学资源提取技术等 20 多个技术领域。

2.3.2　发展现状

一条完整的科技创新产业链条包括研究、开发和产业化 3 个重要的环节，海洋高新技术的产业化也是产、学、研三者的联合。在我国，海洋高新技术的具体内容主要包括海洋生物技术、海洋信息技术、海洋资源综合开发利用技术、海洋工程和船舶设计技术与装备、海洋生态安全与环境保护技术等。

2.3.2.1　海洋生物技术发展现状

20 世纪 80 年代以后，海洋生物技术从实验室转向实际推广环节，成为沿海各国海洋农牧业发展的关键技术之一。美国、日本、英国和法国等发达国家分别制定了“海洋生物技术计划”、“蓝色革命计划”、“海洋蓝宝石计划”等国家级规划指导和推进本国大海洋概念的生物项目。我国海洋生物技术的优势主要表现在资源调查、遗传育种和养殖等方面，重点研究海洋生物的生长和抗逆等研究，选育优质高产的鱼、虾、贝类和藻类的新品种。基础研究方面的藻类学研究在世界居领先地位，养殖规模上海藻、对虾和贝类的产量，褐藻胶工业排在世界前列。一系列技术已经成功研发出来，应用于海洋生物资源的可持续利用，如渔业资源养护与增殖技术、重要资源生物栖息地受损修复技术、近海渔业资源可持续利用管理与恢复保护技术、人工鱼礁工程与海洋牧场建设关键技术、远洋与极地重要海洋生物资源开发利用技术、远洋渔场环境信息获取技术、渔具标准化技术和海岸滩涂耐盐植物开发利用技术等。在此基础上，大力发展生态养殖系统构建技术和养殖容量评价技术、海水养殖生物病害控制技术、海水养殖高效健康饲料开发技术、深海网箱养殖开发技术与装备、海产品安全检测技术、食源性疾病监控技术和受损养殖区养殖功能修复技术等系列海水健康养殖技术，保证海洋生物资源利用的可持续发展。

2.3.2.2　海洋信息技术发展现状

海洋信息技术在海洋开发领域拥有着越来越重要的综合地位。现代通信领域的高新技术最新成果已经逐渐充分应用到海洋信息技术的发展，包括海洋卫星遥感、卫星观测、卫星导航定位、海洋与海岸数据的采集分析、海上通信和定位等。我国基本上已经建立完善的近海海洋环境监测技术体系，自主研发了一系列海洋动力环境长期实时检测仪器和系统、海洋污染与水质要素现场快速检测技术、生态环境质量健康监测与评价技术，建设了海洋动力环境要素遥感应用模块，对我国近海海洋动力过程进行立体监测并开展信息服务。在浮标、高频地波雷达和声学检测等关键技术方面有所突破并形成近海环境监测系统，近海海洋灾害预警技术主要用于风暴潮、灾害性海浪、赤潮和海啸的预警分析，全球海洋环境预测预报技术侧重于厄尔尼诺海洋环境变异预测技术与全球海-气耦合模式研究，海洋灾害和海上突发事件应急保障综合集成技术包括了海上突发事件应急指挥系统、海洋灾害预警和应急保障数据库系统、海洋灾害及海上突发事件应急保障辅助决策支持平台技术，海上突发事件应急预报技术侧重于溢油应急预报、水质污染应急预报和海上失事目标搜救应急预报技术等。

2.3.2.3 海洋资源综合开发利用技术发展现状

海洋科技横跨众多学科，涉及许多领域的高新技术，海洋资源开发需要众多综合技术的运用。海洋能源与矿产资源的开发技术是海洋资源综合开发的重要内容，近海油气勘探与开发的关键技术包括近海海域油气勘探技术、海洋油气藏描述技术、采收率提高关键技术、边际油气田开采技术和海上油气田工程安全保障技术、边际油气田水下生产系统、地质导向钻井系统和第二代钻井中途测试系统等。深水油气资源勘探开发关键技术和设备侧重于深水复杂构造和高精度中深层地震勘探技术、深水钻井、采油和工程保障等技术和装备。海底天然气水合物勘探开发关键技术和装备包括地球物理和地球化学勘探、钻探取样与装备、开采机理与开采模拟实验技术。深海探测与大洋矿产资源勘探开发关键技术侧重开发海底地形地貌和构造探测、海底直视探测和取样、水下运载、高精度地震探测、数控测井、海底多参数探测、矿产资源综合快速评价、海底长期观测、深海环境模拟与样品保真技术等。海洋可再生能源开发利用技术重点开发海岛与沿岸风力发电技术，开发潮汐能、潮流能、波浪能和温差利用技术、波浪能发电站和温差电站的建设等。目前大型海水淡化技术和产业化应用研究、开发可规模化应用的海水淡化装备和膜法低成本淡化技术及关键材料是海水淡化技术的主要研究内容。海水直接利用技术则侧重于海水预处理技术和浓盐水综合利用技术；海水化学资源提取关键技术则面向千吨级气态膜法浓海水提溴产业化技术、浓海水制取浆状氢氧化镁技术等。

2.3.2.4 海洋工程和船舶设计技术与装备发展现状

大型海洋工程技术与装备侧重于海上油气田新型开发平台、浮式生产系统、油气高校储运装备和海底管道智能综合探测技术等。近年来通过多学科联合发展，海洋工程技术发展迅速，又发现了多个新的海底油田和生产油井，特别是东海“春晓油田”，是东海油气田范围最大、储量最多和品质最优的大型天然气田。海上船舶技术与装备则侧重海上重大交通运输基础设施建设、养护和装备制造技术、液化天然气船关键技术、万箱级超大型集装箱船和大型全冷式液化石油气船等船舶开发技术、特种船舶设计制造技术和海上交通智能化和海上综合运输保障可视化指挥系统技术等。我国海洋船舶在20世纪70年代以后开始了大型化和自动化进程，新建船舶质量显著提高，特别是在船型的调整、更加节能、环保和安全，达到世界先进水平。90年代以后，造船业开始高速发展，特别是船舶的现代化和高质量受到世界各地船主的欢迎，目前我国的造船总吨位处于世界第2位水平。

2.3.2.5 海洋生态安全与环境保护技术发展现状

随着海洋资源的开发利用和产业化，海洋生态环境遭受的压力越来越大，环境破坏日益严重，需要大力发展海洋生态安全和环境保护技术。目前已经在3个方面取得了重要进展，近岸重点海域综合整治技术侧重于渤海、长江口等入海污染物的总量控制和趋势的预测，预测和防治近海海洋自然灾害，应急处理海上溢油、赤潮和突发污染事件，预测和预警海域环境质量问题，发展海域污染治理工程技术；海洋生态修复技术针对红树林、海草床、珊瑚礁、滨海湿地和海岛等典型海洋生态系统加以修复和恢复，发展近海海域富营养化防治生态工程、污染物海洋处置、病毒和病害监控技术、海洋生态受损评估与重建技术；海洋生物多样性保护技术负责监测与评估海洋生物多样性，监测与救护珍稀濒危动物，繁育和养护典型海域水生生物和珍稀濒危物种，评估并预警海洋生物分布多样性和数量程度等技术研发。

2.3.3　发展趋势

海洋高新技术产业发展方向源于现实需要，前进动力源于理论创新和科学创造，实际运用源于产学研一体化合作。目前，其发展趋势主要表现为 5 个方面。

2.3.3.1　海洋环境观测和监测技术向全方位和长时序方向发展

海洋观测进入了从空间、水面、沿岸、水下、海床对海洋环境进行多平台、多尺度、准同步、准实时、高分辨率的四维集成观测时代。可视化的、实时的、长时序的海洋环境监测，对海洋矿产资源的成矿机理、开发环境、环境影响评价以及对深海生物及其基因研究都有重要的意义。深入海洋内部看海洋，在实验室内研究海洋，从视频和网络中学习海洋知识，已成为 21 世纪海洋科学技术发展的新特点和新趋势。发展适于深海环境监测的传感器或仪器，发展适于深海环境观测的移动或固定平台，发展水下观测系统的供电、数据通信和组网技术，发展空间、水面、水下、海底多平台立体观测技术，建立长期的水下或海底观测网，是海洋环境监测技术发展的基本趋势。基于海床的海底观测成为继调查船和卫星之后的第三个海洋观测平台，新技术的发展和应用显著提高了海洋环境信息的获取能力，从而也推动了海洋科学的深层次发展。融合计算机图形学、控制学、数据库、实时分布系统和多媒体技术等多学科的信息综合技术，也将是海洋信息领域研究与应用的重点。在今后一段时期内，开展海洋“3S 技术”、海洋信息同化处理技术、海洋数据仓库与数据挖掘技术、可视化模型构建技术、虚拟现实技术、分布式海洋空间决策支持技术和网格 GIS 体系信息共享技术等的研究与应用，是海洋信息技术发展的基本趋势。

2.3.3.2　海洋油气资源勘探开发技术形成自主开发模式

海洋油气资源开发技术的研发重点突破深水海域油气资源勘探开发关键技术，初步形成适应中国南海特点的深水油气自主开发模式，填补我国深水油气开发的空白，通过水下生产系统关键技术的研究，为我国边际油田和深水油田低成本高效开发提供技术支撑。深水高精度地震勘探、复杂油气藏识别、深水钻完井技术，以及大型物探船、钻井生产平台、多功能浮式生产储油装置、天然气水合物开发技术装备等深水油气勘探开发技术与装备，将成为国际海洋高技术竞争的热点之一，并引导和支持深水油气产业的发展。未来在天然气水合物资源探测技术方面，重点突破我国天然气水合物调查研究面临的理论与技术瓶颈，提高地质-地球物理-地球化学勘探技术的分辨率、精确性、综合性，重点突破天然气水合物钻井与测井技术，探明我国重点海区水合物矿藏赋存状况并全面评价。海洋矿产资源勘查技术向着近海底和原位勘探方向发展，精确识别、原位测量、保真取样、快速评估等技术已成为发展重点。多金属结核、富钴结壳、热液硫化物的开采技术将完成技术储备和试验性开发研究，深海矿产资源将进入商业性开发的初期阶段。深海微生物的保真取样和分离培养技术不断完善，深海微生物及其基因资源在医药、农业、环境、工业等领域将获得较为广泛的应用。热液冷泉等特殊生态系统的研究，将在揭示深海特有的生命现象和生命规律方面获得重大突破。

2.3.3.3 海洋能源利用技术向应用规模化和营运商业化发展

涡轮机大型化、应用规模化才是未来潮流发电技术产业化的发展方向，也是我国潮流发电技术未来的发展方向。因此，我国的潮流能发电技术发展方向上应发展能适应不同来流方向的、易于维修的水平轴水轮机发电技术，并在此基础上借鉴国外的先进经验，研发大型的潮流发电机组，为规模化开发应用奠定基础，海浪能开发利用方面，我国波浪能源开发利用技术发展趋势主要呈现以下几种特点：一是由试验型向商业化示范型发展；二是波能转换装置由小型向大型发展；三是由单一利用方式向收缩波道式、点吸收式、筏式等装置的多种利用方式，运行模式由单一向多种模式发展。海洋温差能的开发利用方面，海洋温差能被国际社会认为是最具潜力的海洋能源，预计新一代大型海洋温差能系统将是外海漂浮式平台系统，其海洋温差能开发利用技术向高效性、可靠性、低成本的方向发展，利用海洋温差发电技术制氢，以无碳制氢为潜在研究目标，在现实意义上可以有效促进循环经济的发展。

2.3.3.4 深海运载与作业技术装备趋向大范围应用

发展多功能、实用化、高可靠、作业时间长的深海运载和作业平台，并实现装备之间的相互支持和联合作业，支持深海资源和环境调查及资源开发，已成为国际深海运载与作业技术的发展趋势。新型深海运载和作业平台将不断涌现，而且功能不断完善，性能不断提高，能力不断增强，并获得广泛应用。未来的海洋空间利用除了继续发展传统的海上交通运输、海底隧道、海底电缆以及海洋游乐和旅游之外，更多的深层次利用是向海上扩充人类的生活、生产、生存空间。海洋城市这个设想的提出，要克服海洋法律、海洋环境、海洋自然灾害等问题，与此同时，新技术和新材料以及新理念的应用，必将有效地推动海洋空间资源的开发利用，填筑式围海造地、海上人工岛或海上城市等将是海洋空间利用技术发展的重点并将在 21 世纪后半叶达到高潮，浮体式海上城市也将出现。科学家预测，至迟到 21 世纪末，人类将有 1/10 的人口移居海洋城市或新建的海滨城市。

2.3.3.5 海洋生态系统模拟技术更加精细化

以海洋生态系统生态学为基础的海洋生态系统模拟技术，通过建模来模拟海洋生态系统的变化，分析其动力机制，预测未来变化趋势是其核心问题之一。在国外生态动力学和模型参数的基础上和我国在生态动力学模型研究中取得的研究成果的基础上，根据我国海域的生态环境特点，建立适合我国生态模拟模型。利用遥感技术的特点，提高模型的有效性、实用性和可视化程度，为研究海洋生态环境机理、过程研究提供新的技术手段，通过获得的生态遥感信息同化到涡合生态模型，大大提高我国近海生态模型的模拟技术和模拟精度。

第3章　面　对

面对世界海洋科技发展的大趋势，面对国家实施海洋强国战略的大机遇，面对舟山群岛新区承担多项国家战略的大使命，新区海洋科技迎来了难得的历史性机遇，我们要主动把握机遇，勇于担当，奋发有为，树标杆、补短板，探索出一条符合新区实际的海洋科技发展之路。

3.1　舟山科技发展的机遇

3.1.1　全球化海洋合作的机遇

自20世纪50年代起，海洋领域研究进入合作时代，全球化的国际浪潮为海洋科技发展提供了相互借鉴和开拓创新的环境优势。海洋研究科学委员会和联合国教科文组织政府间海事委员会等都是成立于这一时期，一些大型的国际海洋联合考察项目也在国际机构的推动下相继展开，如1955年美国、日本、苏联和加拿大等国联合进行的“国际北太平洋合作调查”等。为纪念国际地球物理年，于1957—1958年进行的全球合作海洋观测调查项目，重点观测南极地带、北极地带和赤道地区，该项目吸引了来自17个国家的70多艘船参与，这次行动的成果形成了世界海洋资料中心，标志着海洋研究进入了国际合作的新阶段。

进入20世纪60年代以后，海洋项目国际合作进入了深入性和常态化的状态，不仅国际联合考察的次数和频率越来越多，而且合作的范围也越来越广泛，比较有代表性的有国际印度洋调查（1960—1964年）、国际赤道大西洋合作调查（1963—1965年）、黑潮及临海区合作调查（1965年）和深海钻探计划（1968年）等。其中，国际印度洋考察所使用的精密回声测声仪、电导盐度计和海洋生物生产力测定方法等大大提高了海洋探测中的观测精确度，发现了新的海山、群岛上升流渔场和南纬15度附近的冷涡等。在由美国、苏联、中国、日本、菲律宾、越南、泰国、马来西亚、印度尼西亚、澳大利亚和新西兰等国家参与的黑潮合作调查中发现了黑潮的起源与分支、热带逆流等，以及成功制作用于水质化学分析的标准海水等。

20世纪70年代以后，海洋科技横跨“国际海洋考察10年”。1971—1981年国际海洋联合调查的主题项目，包括了美国、英国、法国、苏联、日本和加拿大等30多个国家，分别进行海洋环境调查、资源调查、地质学和物理学调查等。在调查过程中所用到的现代科学技术，如深潜技术、声学和光学技术、计算机技术和遥感技术等极大提升了人类认识海洋的能力，为现代海洋科技发展奠定了重要的基础。20世纪80年代在相关国际机构的组织下，为期10年的全球气候和热带海洋相互作用研究主要侧重于热带西南太平洋的“暖池”机制研究，并进行了“海–气耦合相互作用试验”。根据中国和美国签订的《海洋与渔业科技合作议定书》规定，两国合作进行对“暖池”海域的强化观测，通过利用海上船只与陆地、空中的观测平台（飞机和卫星等）构成立体式观测网络。1987 年 2 月，联合国教科文组织政府间海洋学委员会第 14 次会议通过《全球海平面联测计划》，决定在全球建立 200 个海洋气象观测站，其中委托中国政府建立 5 个海洋观测站。

自 20 世纪 90 年代开始，我国在国际海洋合作与交流方面进入一个新阶段，不断拓宽合作与交流的渠道，增加海洋合作新内容和增加海洋交流新形式，不断提高我国科技人员在国际海洋外交中的作用。1992 年联合国环境与发展大会通过的《21 世纪议程》将海洋作为全球生命保障系统的基本组成部分，强调为实现海洋的可持续发展而加强国际合作协调。1994 年生效的《联合国海洋法公约》推动了国际海洋合作与交流，形成了世界海洋新秩序。90 年代末期，海洋合作交流中双边合作发挥越来越重要的作用，海洋综合管理服务成为合作的主要内容，中美海洋合作是我国双边合作的重点。1998 年，中美两国签署两个伙伴海洋自然保护区协议，并成立“中美海洋和海岸带管理联合协调小组”。另外，中国与日本、韩国、加拿大、德国、法国等国家的合作开始取得新进展，如中日合作的“东海特定海域河流入海环境负荷及其对海洋生态系统的影响研究”于 1999 年底总结验收；中国与法国合作申请完成了“桑沟湾养殖容量”项目；1998 年中加海洋和渔业科技合作联委会第三次会议确立一系列优先合作领域等。

国际海洋合作为我国海洋科技发展提供了良好的发展机会和交流平台，通过双边合作机制，我国海洋科技得到了持续发展。2001 年，联合国正式文件中首次提出了“21 世纪是海洋世纪”。为此，各个临海国家纷纷推出并调整了其海洋发展战略以及海洋行动计划，围绕海洋资源开发、海洋环境安全和海洋权益维护，国际上开展了新一轮的海洋竞争，试图在海洋领域，特别是海洋高技术领域占据制高点，海洋强国战略再次提到临海国家的议事日程。通过整合研发和生产机构，重振海洋科技和产业，成为国际上海洋国家的普遍做法，这为我国开展海洋科技合作提供了新契机。

3.1.2 建设海洋强国的机遇

党的十八大提出海洋强国建设的战略部署，其核心是提高海洋资源开发能力，发展海洋经济，保护海洋生态环境，坚决维护国家海洋权益；其重大举措是“一带一路”战略和长江经济带战略。

舟山群岛新区是国家海洋强国建设的前沿阵地。党的十八大报告将“建设海洋强国”首次被上升到国家战略高度，足见海洋建设对我国发展的重要意义。海洋强国要求国家在海洋开发、海洋利益、海洋保护和海洋管控方面具有强大的综合实力，具体需要从海洋资源开发、海洋经济发展、海洋生态文明建设，尤其是海洋科技创新方面逐步加以推进建设。从这一角度讲，国家建设海洋强国的战略目标为舟山群岛新区海洋科技发展提供了难得的历史机遇。作为我国第一个以海洋经济为主题的国家新区，舟山群岛新区在发展海洋经济和提升海洋科技能力方面有着得天独厚的优势，它是我国海洋强国战略实施的重要一步，是发展我国海洋经济、保障国防安全、维护海洋权益的桥头堡。舟山群岛新区应抓住国家海洋强国建设机遇，努力发展海洋科技，打好海洋经济可持续发展的坚实基础，圆满完成自己的光荣使命。

舟山群岛新区是国家“一带一路”建设的战略支点。党的十八届三中全会通过的《中共中央关于全面深化改革若干重大问题的决定》中明确要求：“加快同周边国家和区域基础设施互联互通建设，推进丝绸之路经济带、海上丝绸之路建设，形成全方位开放新格局”。“一带一路”成为我国新形势下外交战略布局的一个重要组成部分。21 世纪海上丝绸之路是一条由沿线节点港口互联互通构成的、辐射港口城市及其腹地的金融贸易网络和经济带。舟山作为“一带一路”建设的战略支点新区，21 世纪海上丝绸之路战略为舟山海洋科技发展提供了前所未有的发展机遇。港口、道路的互联互通基础设施建设在 21 世纪丝绸之路建设中居于基础地位，必将要求舟山群岛新区在港口航运、金融贸易、生态旅游等海洋产业转型升级，依托技术和模式创新培育自主品牌，由“中国制造”走向“中国创造”。

舟山群岛新区是长江经济带建设的重要增长极。长江是货运量位居全球内河运输量第一的黄金水道，长江通道是我国国土空间开发最重要的东西轴线，在区域发展总体格局中具有重要战略地位。2014 年 9 月 12 日，国务院印发《关于依托黄金水道推动长江经济带发展的指导意见》，将长江经济带建设上升为国家战略，这对舟山来说是一个重大机遇，也将使舟山港与长江港口的关系更加紧密。习近平总书记到舟山考察调研时，对舟山的独特战略地位高度重视，指出舟山“现在慢慢成为‘长三角’发展的焦点地区”。李克强总理在浙江调研时亲自点题，建设舟山江海联运服务中心，把舟山作为实施长江经济带的战略支点，长江经济带巨龙的“龙眼”。这也要求舟山科技要紧密对接长江经济带建设需求，实现海洋科技创新发展，引领海洋经济发展，打造新增长极。

3.1.3　舟山群岛新区承担国家战略的机遇

舟山群岛新区获批后，已承担舟山绿色石化基地、江海联运服务中心建设两个国家战略，在可预见的未来，还将承担自由贸易港区、国家军民融合示范区两大国家战略。这些将为我们的海洋科技发展提供前所未来的空间和舞台，提供强大的平台支撑和需求牵引。

舟山绿色石化基地是我国“十三五”期间最大的万亿级单体产业项目，是舟山群岛新区“决战决胜”项目之一。这个项目绝不仅仅只是传统意义上的石化项目，而是一个引领石化产业转型升级的技术密集型项目。一方面，项目的产品研发、生产等整个产业链需要大量的高新技术支撑，形成科技发展的内生驱动力；另一方面，市场的动态变化为项目的可持续研发提供外部牵引力。两者共同作用，必然要求政府持续提高科技供给服务能力，进而推动舟山群岛新区海洋科技的发展。

江海联运服务中心是李克强总理在浙江调研时针对舟山提出的国家战略，是舟山参与国家“一带一路”和长江经济带战略的核心抓手，也是新区另一个“决战决胜”项目。建设服务中心的要义在“服务”。服务中心要打造国际一流的江海联运综合枢纽港、国家重要的大宗商品储运加工交易基地、国际一流的江海联运航运服务基地和我国港口一体化改革发展示范区，必须提升江海直达船舶研发与设计，开发新船型，提升现代航运服务能力；建设基于“互联网+”的智慧服务平台，推进船舶技术服务、海事服务、航运咨询等建设，创新航运金融保险服务；培育大宗商品交易市场体系，加快建设大宗商品交易中心，完善大宗商品价格形成机制，提升航运交易服务能力。所有这些都为海洋科技发展提供了崭新的广阔空间。

舟山自由贸易港区是未来新区开发建设与服务国家战略的契合点。自贸港区以大宗商品贸易自由化、海洋产业投资便利化、海洋现代服务产业开放发展为主，将成为我国提升大宗商品全球配置能力、保障国家经济安全的重要平台。自贸区将围绕大数据、新一代信息技术等高端制造领域前沿技术开展研发。开发面向下一代互联网、移动互联网等产品和新型增值服务。在智能商务、智能医疗、数字海洋、智能交通等产品的设计开发及应用中，将以智慧应用带动软件产业发展。大力发展国际贸易、大宗商品交易、现代物流业、航运服务业、生命健康产业、专业服务业、智慧产业、金融服务业等产业，需要向研发设计、供应链管理、跨境电子商务等产业链两端发展。所有这些都需要海洋科技提供强力支撑。

国家军民融合示范区，是军地联动、顶层设计、协商一致、协调发展的新区建设新模式。示范区将以涉军保障需求为牵引，以涉军高端项目建设为支撑，鼓励民用企业承接军用产品和参与军品配套科研生产，打造独具涉军涉海特色的科研生产和创新创业基地；聚焦东海舰队战斗力与新区生产力的最佳结合点与内在驱动点，依托舰船保障需求，重点引进军工骨干企业，贴近前沿开展研发生产和保障，推动“军民两用”信息技术、新材料、智能装备制造等民用产业的转型升级。这些都为舟山群岛新区海洋科技发展开辟了新领域和新路径。

3.2 舟山科技发展的挑战

3.2.1 科技革命的挑战

科技革命是科学革命和技术革命的合称。科学技术革命是在科学技术起决定作用下而实现的社会生产力的根本变革。18 世纪中叶以后，在人类社会的发展过程中，出现过三次社会生产力的飞跃，经历了三次科学技术的革命。

第一次科技革命又称工业革命，是 18 世纪中叶到 19 世纪所发生的产业革命，是人类社会发展到资本主义阶段以后所经历的第一次科学技术上的变革。这次科技革命，以蒸汽机的发明和应用为主要标志。第二次科技革命发生在 19 世纪的最后几十年，出现了新的科学技术上的进步。特别是 1873 年以后，掀起了一次科学技术发展的新高潮，它以新式炼钢法和电力的应用为主要标志。第三次科技革命发生在第二次世界大战以后，以核能、电子计算机和自动化技术出现为主要标志。这次科技革命在 20 世纪 40 年代末从美国开始，以后逐步扩展到西欧、东欧和日本，并在 60 年代达到高潮。这是人类历史上规模空前、影响深远的一次科学技术上的重大变革。这一新的科学技术革命，是指以电子计算机为主的一系列新兴产业的发展，其中包括生物工程、光导纤维以及新材料、新能源、海洋开发等领域。它将促进社会生产力的新飞跃和经济管理水平的进一步提高，比之前几次科学技术革命来说，对人类发生的影响将更加深远。

当前，以互联网和智能信息化技术为代表的新一轮科技革命和产业变革孕育着新的增长点，新的技术和产业将会逐步涌现，新的生产组织、消费和服务模式将会随之产生，新的商业和金融模式应运而生。习近平指出，信息技术、生物技术、新能源技术、新材料技术等交叉融合正在引发新一轮科技革命和产业变革。这将给人类社会发展带来新的机遇。未来几十年，新一轮科技革命和产业变革将同人类社会发展形成历史性交汇，工程科技进步和创新将成为推动人类社会发展的重要引擎。共创人类美好未来，是工程科技发展的强大动力，全球工程科技人员要切实承担起这个历史使命。海洋科技作为科学技术的重要组成部分，一方面，基础科学沿着更微观、更客观、更辩证、更人本等方向加快演进和交叉融合，有望在海洋科技领域取得重大突破性进展；另一方面，海洋信息、海洋新能源、海洋新材料和海洋生物等技术领域呈现出群体性、融合性重大革新态势。与此同时，海洋产业的发展更加依赖于重大海洋科技创新成果转化，并正在引发全球性的海洋产业变革。

舟山群岛新区处于传统产业转型升级和新兴产业培育的关键期，亟须全面掌握跟踪全球科技产业发展方向，与世界前沿科技技术更加紧密融合。亟待掌握好新科技和新产业的发展动向，明确海洋科技创新的主攻方向和突破口，在海洋高端装备制造、生物医药、新一代信息技术、海洋新能源、新材料等领域取得突破，确立新区海洋科技在新一轮科技和产业变革中的发展定位。

3.2.2　周边竞争的挑战

区域竞争理论起源于美国迈克尔·波特的竞争战略与竞争优势理论。现代市场经济中，区域之间的发展是一种竞合关系，既有竞争又有合作，但对于类型相似、产业结构方向差不多的区域之间而言，竞争关系要明显重于合作关系。区域竞争行为产生的根本原因是区域间的利益冲突。区域竞争是在承认区域是一个整体利益综合体的前提下，区域间为获取稀缺性资源而展开的争夺行为。区域竞争力的强弱已成为衡量一个地区是否具有现实和潜在竞争优势的重要标志，成为是否具有可持续发展能力的关键因素。

“长三角”地区是我国最大的经济核心区，自然条件优越，区位优势明显，经济基础良好。“长三角”城市群共有直辖市 1 个、副省级城市 3 个、地级市 11 个，是我国最密集的城市群。“长三角”诸城市以上海为中心，围绕着上海这个区域增长极，形成几个经济实力圈层，经济以空间形态扩散，存在着以技术和资金密集型产业为主的区域竞争。区域之间一方面积极发展一些在发达区域机会成本越来越高的低技术含量的生产；另一方面还极力发展较高需求层次的产品，实现自身区域产业结构的升级和地域分工的转型，但是这些产品在质量上竞争激烈，对科技提出了较高的要求。海洋经济作为“长三角”地区重要的经济增长极，各级政府高度重视海洋科技发展，同时各个城市和地区存在着激烈的科技资源竞争。

舟山拥有港口、海上旅游资源、渔业、滩涂等丰富的海洋资源，但与“长三角”沿海先进城市和新区跨越发展的更高要求相比，在科技人才、科技经费、科研项目、科技平台等科技资源的竞争中处于明显劣势。科技事业发展滞后于“长三角”周边城市，海洋科技凝聚力、竞争力、影响力远远不足，严重地制约了新区的建设和发展。

3.2.3 自身短板的挑战

冷静审视舟山群岛新区获批以来的建设情况，尽管经过前期的打基础、谋长远、蓄后劲，纵向比已发生了很大变化，但对照高标准、严要求，新区发展还有许多不尽如人意的地方。用舟山群岛新区党工委书记、管委会主任、市委书记周江勇的话说：目前我们舟山在新区队列中，明显处于中后列，不仅离标兵越来越远，而且追兵越来越近、越来越少。这一点在海洋科技发展上表现得尤为明显。

舟山由于地处海岛，地方经济发展相对滞后，全社会科技投入不足。企业特别是中小型企业创新投入少，科技融资渠道不畅通；大院名校缺乏，人才集聚能力有待进一步提升；城市竞争优势不明显，集聚高端科技人才、优秀智力成果等创新资源的基础薄弱。同时，科技综合实力相对滞后。企业自主创新能力不强，全市直接从事 R&D 的科技力量薄弱，有半数大中型工业企业无研发机构，科技创新活动不活跃。国家级科研平台数量偏少，高新技术产业产值也相对偏小。科技创新氛围不够浓厚。社会层面科技创新意识、企业科技创新投入积极性等都有待提高。特别是经营者科技人才意识、科技创新意识和科技专利意识薄弱，缺乏推动技术创新责任感和紧迫感。

不进则退，慢进则退。舟山群岛新区正处于改革发展关键时期，要抢抓海洋强国建设、“一带一路”、“长江经济带”的新机遇，破解资源要素瓶颈、环境承载压力等发展难题，有效实施“一中心四基地一城”重大发展战略，迫切需要突破制约新区海洋经济发展和海洋生态保护的理念、项目、效率、要素、机制等科技短板，走科技引领、创新驱动的发展新路子。

第4章　现　实

舟山群岛新区是首个以海洋经济发展为主题的国家级新区。新区发展规划提出，要“大力实施科技兴海战略，加强海洋科研创新与成果转化，提升海洋文化软实力，加快建设中国（舟山）海洋科学城，构筑我国重要的海洋科教文化基地。”习近平总书记十分重视我国海洋经济和海洋科技的发展，先后14次亲临舟山视察，高瞻远瞩地指明了舟山海洋经济发展方向。舟山群岛新区要认真贯彻落实习总书记重要指示精神，实现《浙江舟山群岛新区发展规划》提出的建设国家重要的海洋科教文化基地的目标，必须走海洋科技引领海洋经济发展的新路。①

4.1　科技进步环境持续改善

区域科技创新总是在一定的环境下运行的，离开环境因素，是无法实现的（Lyons，2000）。根据环境因素对科技创新影响程度的不同，研究将其分为人力资源环境、物质资源环境、政策支持环境和社会科技意识。其中，人力资源环境和物质资源环境是科技创新的前提，为新区科技创新提供基本的人力和物力要素保障；政策支持环境为科技创新提供“助推器”，是推力和引力来源；社会科技意识可提高区域各主体的科技创新能动意识，助力科技创新发展。为更好地衡量区域科技环境，研究采用每万人专业技术人员数、每万人高校教师专任数、每万人科技活动人员数、每万人R&D人员全时当量、科研与综合技术服务人员占从业人数比重5项指标量化区域人力资源环境状况；采用教育支出占公共财政预算总支出的比重、科技支出占公共财政预算总支出的比重和人均科普活动经费3项指标量化物质资源环境状况；采用科技创新扶持政策的多少来量化政策支持环境；采用科技活动人员每万人专利申请量和科研与综合技术服务业平均工资与社会平均工资比例系数2项指标量化社会科技意识。

4.1.1　人力资源环境

良好的科技创新人力资源环境是保障科技创新人力资本的投入基础。科技创新是一个高超才智活动的反映，区域科技创新水平的提升归根结底要靠人才来实现。现有人力资源环境的好坏在相当程度上决定了其对科技创新人才的吸引力，同时也反映了区域的科学教育水平和创新型人才培养能力。调查显示，舟山群岛新区科技活动人力资源水平在过去13

① 本章所有数据均来自历年《舟山市统计年鉴》、《浙江省统计年鉴》及舟山市科技工作报告，其中，2015年的数据均为统计部门的初步统计结果，如与稍后出版的《舟山统计年鉴2016》和《浙江省统计年鉴2016》有出入，请以统计年鉴为准。

年有较大幅度的提升，每万人科技活动人员数由2003年的16.42人增至2015年的53.41人，增幅为225.27%，年均增长10.33%；每万人R&D人员全时当量由6.78人年增至34.95人年，增幅为415.82%，年均增长14.65%，科技研发人员总体规模的扩大有助于形成规模效应，从而吸纳更多的科技创新人才。高等教育水平持续改善，每万人高校专任教师数由2003年的4.94人上升至2015年的11.85人，增幅高达139.82%，年均增长7.56%，高等教育水平的提升意味着自身科技创新人才培育能力的增强。每万人专业技术人员数的增长速度较之科技研发和教育类人员数的增长较为滞后，仅由2003年的404.04人增加至2015年的474.96人，增幅为17.55%，年均增长1.36%。从各指标趋势变化的线性模拟情况来看，新区每万人专业技术人员年均增加15.72人，每万人高校专任教师数年均增加0.42人，每万人科技活动人员年均增加3.56人；每万人R&D人员全时当量年均增加3.48人年（图4.1）。科研、教育类科技创新人力资源环境改善速度快于专业技术类人力资源环境改善速度一方面是因为专业技术类人才较大的基期规模；另一方面，也暴露了新区在改进科技创新人力资源环境过程中重教育、科研，轻产业发展的问题。

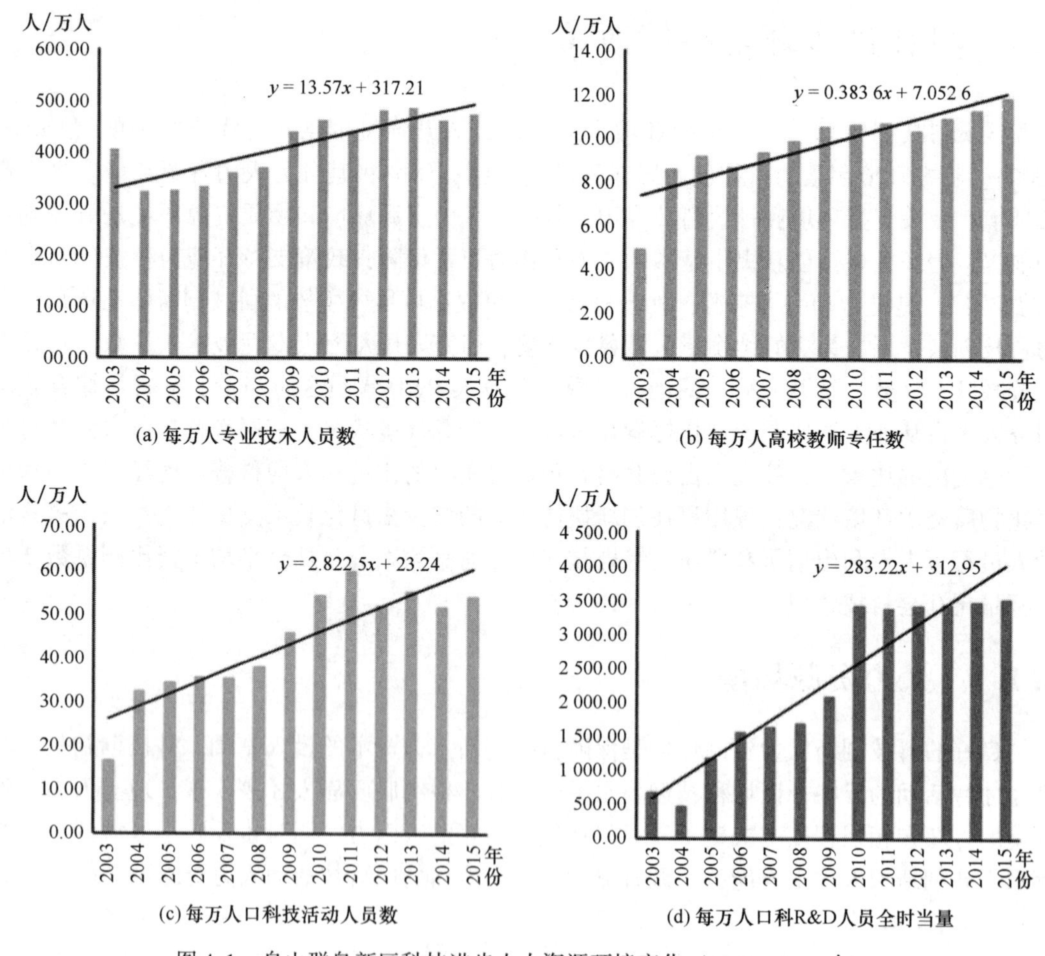

图4.1　舟山群岛新区科技进步人力资源环境变化（2003—2015年）

从从业人员中的科研与综合服务人员相对数来看，区域内科研与综合服务从业人员在从业总人口的比重仅由 2004 年的 0.57%增加至 2015 年的 0.65%，增幅为 14.03%，但需要注意的是，舟山市科研与综合服务人员占比的增加趋势不太稳定，部分年份的波动幅度明显（表 4.1）。

表 4.1　舟山群岛新区科研与综合技术服务人员占从业人数比重（2004—2015 年）　单位：%

年份	比重	年份	比重	年份	比重
2004	0.57	2008	0.55	2012	0.69
2005	0.59	2009	0.55	2013	0.73
2006	0.61	2010	0.63	2014	0.67
2007	0.43	2011	0.46	2015	0.65

对比浙江省全省科研与综合服务人员在从业总人口中的比重，不难发现，舟山群岛新区近年来与全省平均水平相差较大，且这一差距有逐渐扩大的趋势，新区科技创新人力资源环境并未从根本上得到改善（图 4.2）。

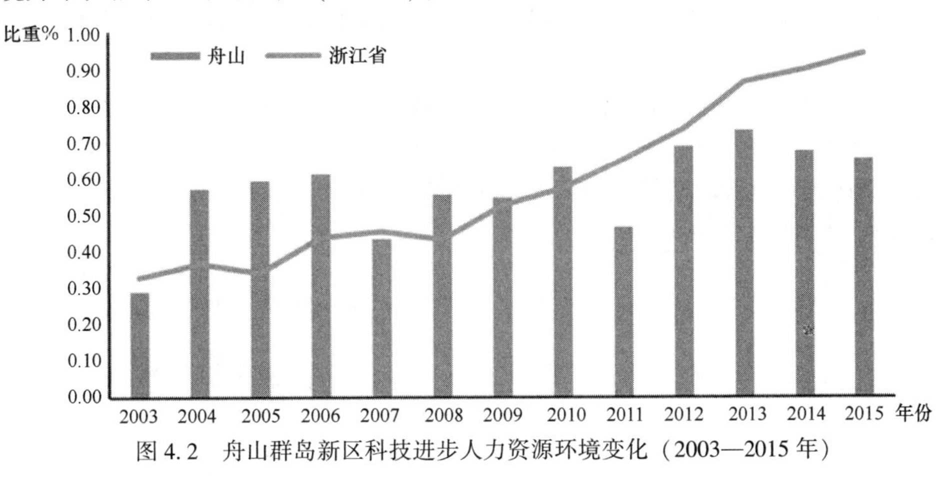

图 4.2　舟山群岛新区科技进步人力资源环境变化（2003—2015 年）

4.1.2　物质资源环境

科技创新较之于一般的生产经营活动具有更高的风险性，且其风险贯穿于整个创新过程。首先是创新构思的复杂性和技术实现的不确定性，理论假设的正确性、技术路线的选择、技术装备水平的好坏以及科研管理能力的高低均会影响到科技创新的成败；其次是市场风险，开发者的技术创新成果是否能得到采用者的认可存在着较高的不确定性；最后是社会风险，创新技术成果还可能会受到行政干预和文化抵制。较高的风险性决定了科技创新对物质资源环境的高要求，如果区域物质资源环境相对贫乏，科技创新所需的物质投入将得不到保证。

过去 13 年，舟山群岛新区教育支出占公共财政总支出的比重持续下降，由 2003 年的 17.45%下降至 2014 年的 13.08%，2011 年甚至低至 10.99%，年均降幅达 2.59%；科技支出占公共财政预算总支出的比重波动较小，基本持平，但也有下降趋势，先是由2003年的2.29%先缓慢增加至2005年的2.77%，后逐步下降至2014年的2.38%，在教育支出占公共财政预算总支出的比重最低的2011年科技支出占公共财政预算总支出的比重也降至过去10年的最低点，仅为1.86%，新区科技创新物质资源环境状况有待提升（图4.3）。

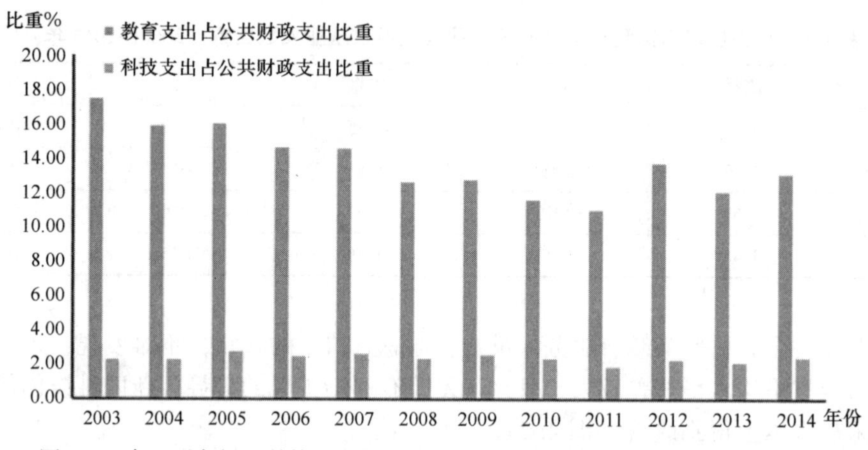

图4.3　舟山群岛新区科技、教育支出占公共财政支出的比重（2003—2014年）

科普意识大幅提升，人均科普活动经费由2003年的0.65元/人增加至2014年的3.40元/人，扩大了5.23倍，增幅达423.08%，年均增长16.23%，从其增长趋势的线性模拟情况来看，新区人均科普活动经费的增长速度为0.24元/(人年)（图4.4）。

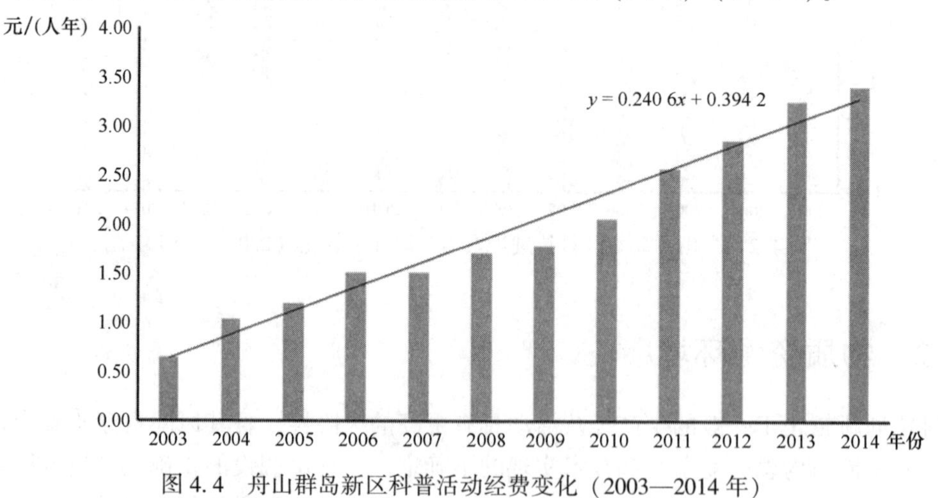

图4.4　舟山群岛新区科普活动经费变化（2003—2014年）

4.1.3　政策支持环境

政策支持，尤其是海洋科技创新政策支持力度明显加强。近年来，舟山群岛新区以构建阳光型、服务型政府为目标，努力营造“亲商、安商、富商”的投资环境，按照“零障碍、低成本、高效率”的要求，为投资者提供“全过程、专业化、高绩效”的服务，创立了一整套与国际惯例接轨的“网格化管理，组团式服务”的新机制和高效率的办事程序，亲商、安商、富商的服务理念，高效、规范、廉洁的政府服务，将会营造良好、宽松的创新、创造环境。深化体制改革，创新管理机制，先后出台了包括《舟山市重大科技项目招标投标管理办法（试行）》、《舟山市科学技术奖励办法》、《舟山市科学技术奖励办法实施细则》、《舟山市科技计划项目实施及经费管理使用监督检查办法》、《科研机构科研人员薪酬及绩效改革办法》、《科研成果奖励考核办法》和《科研工作奖励分配方案》在内的一系列科技创新行为规划和激励措施。创新提出政产学研合作机制，出台了《舟山市产业技术创新战略联盟建设与管理办法（试行）》，此外，结合本地海洋资源特色，向国家、省政府争取了一系列海洋科技方面政策支持，出台了一系列相关扶持政策。

4.1.3.1 财政和税收政策

（1）将浙江省对岱山县、嵊泗县的财政体制相关职能委托给舟山群岛新区管理，增强其推进重点建设的资金统筹协调能力。

（2）新区范围内收取的海域使用金、无居民海岛使用金、渔业资源增殖保护费等规费收入留省部分全额返还舟山群岛新区。

（3）省直部门在分配地方政府债券额度，安排涉海专项资金、促进产业转型升级各类资金、国债资金等补助时，要向新区倾斜。

（4）浙江省海洋产业基金、创业风险投资引导基金等要优先支持新区项目，引导带动社会资金投向新区建设。

（5）对经认定的高新技术企业，按减 15%的税率征收企业所得税。

（6）实行中资“方便旗”船税收优惠政策，支持符合条件的企业申请开展保税油供应业务。

（7）对开展海外船舶融资租赁业务的企业，实行出口退税试点。

（8）对海洋新兴产业和现代服务业企业组建集团的，母公司最低注册资本放宽到 1 000 万元，子公司数量放宽到 3 个，母公司和子公司合并注册资本放宽到 3 000 万元。

4.1.3.2 海关政策

明确提出在条件成熟时探索建立舟山自由贸易园区，逐步研究建设舟山自由港区，打造国际物流枢纽岛和构建陆海统筹的基础设施体系，确立了舟山自由贸易园区建设的“三步走”战略，目前第一步，“舟山港综合保税区”（一期）已于 2013 年 11 月 22 日通过国家验收。

4.1.3.3 金融政策

提出要加快推动设立海洋发展银行、海洋开发保险公司和舟山船舶金融租赁公司等金融机构，推进金融产品和服务方式创新。

4.1.3.4 土地政策

在确保全省耕地保有量和基本农田保护任务的前提下，为适应舟山群岛新区建设的需要，允许调整基本农田保护任务和布局；实行建设用地指标差别化管理，首期新增建设用地规模控制在 80 平方千米以内，严格按照土地利用总体规划组织建设，确需增加建设用地规模的，依法定程序报国务院批准；国家、省级重点建设项目及舟山群岛新区发展规划确定的建设项目，经评估省域内确实不能平衡的，可以开展国家统筹补充耕地试点。

4.1.3.5　科技、人才政策

（1）以创建省级船舶装备高新区为核心载体，加大省级重大科技专项重点支持海洋科技园、创新引智园建设力度。省级船舶装备高新区可享受青山湖科技城发展扶持政策。

（2）由浙江省承担的国家教育体制改革试点和省级教育体制改革试点项目，凡适合舟山群岛新区参与的，均可试点，并享受相关政策。

（3）省级重大人才工程、省“千人计划”、省级人才基地和载体等政策要向舟山群岛新区倾斜，帮助推荐和协调海洋经济人才和项目落户舟山群岛新区。

4.1.4　社会科技意识

社会科技意识，即社会科技创新的能动性，是区域科技创新发展的加速剂。过去10年间，舟山群岛新区社会科技意识有所增强，对科技成果的重视程度显著提升，但创造科技成果的科研人才的创新劳动未得到充分重视。新区对科技成果的重视度的增加主要表现为科技成果的产权意识的显著提升，专利申请量由2003年的101件上升至2015年的3 799件，扩大了37.61倍，增幅达3 661.39%，年均增长35.29%。其中，以2010年后的增长最为迅速，2010—2015年间的年专利申请量扩大了6.56倍，年均增速更高达45.68%；科技活动人员每万人专利申请量由2003年的631.27件增加至2015年的7 305.77件，即约每1.37名科技活动人员就有1项专利申请（图4.5）。

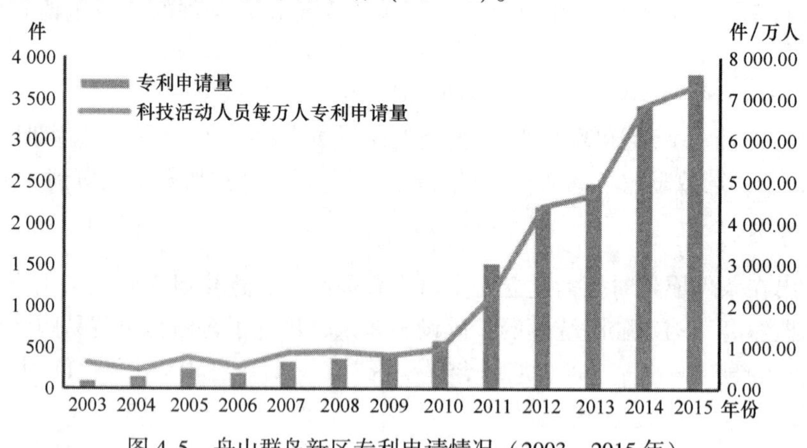

图4.5　舟山群岛新区专利申请情况（2003—2015年）

然而，对科研人才的重视程度不够，主要表现为未给予科研人才与创造力相匹配的劳动报酬。科研与综合技术服务业平均工资与社会平均工资比例系数10年间在波动中整体基本持平，仅由2003年的1.06增至2015年的1.15，增长了0.09。其中，以2004年的系数最高，为1.27；2008年最低，为1.03。与全国平均水平相比，舟山群岛新区科研与综合技术服务业平均工资与社会平均工资比例系数相对较低，且与全国平均水平的差距有不断扩大的趋势（图4.6）。科技从业人员工资水平的相对低下在一定程度上反映了新区对科技从业人员的重视程度不足，这也是科研与综合技术服务人员占从业人数的比重较低、科技人力资源数量不足的一大重要原因。针对这一问题，舟山群岛新区自 2014 年起启动科研机构科研人员薪酬及绩效改革试点工作，着手起草《科研机构科研人员薪酬及绩效改革办法》、《科研成果奖励考核办法》和《科研工作奖励分配方案》等办法，以期提高科研人员的科技创新积极性。

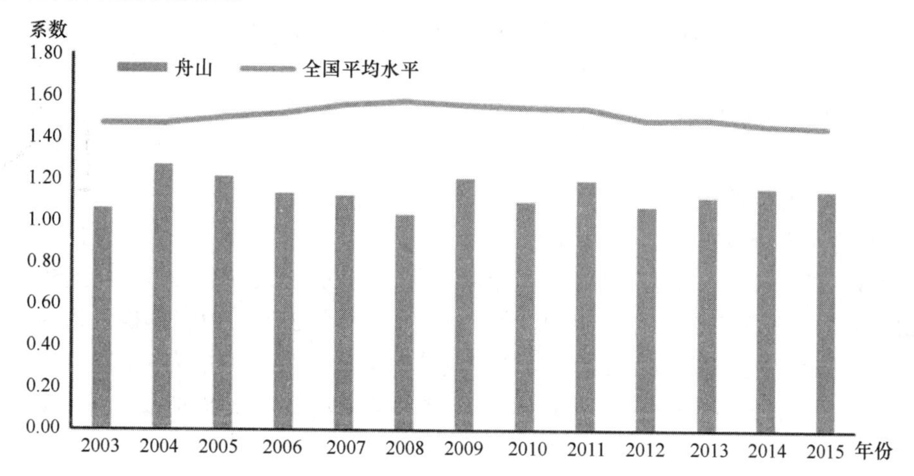

图 4.6　舟山群岛新区科研与综合技术服务业平均工资与社会平均工资比例系数（2003—2015 年）

4.2　科技活动投入逐年增长

科技活动投入，尤其是各类科技资本投入量的多寡，不仅反映了一个地区的科技实力，同时也体现了政府以及全社会对科学技术事业的支持程度，在舟山群岛新区科技创新发展推进所面临的诸多问题之中，科技投入是其根源所在。一个地区对科技活动的投入主要包括人力资本投入、物质资本投入、科创平台搭建和创新载体培育 4 个方面，研究亦从这 4 个方面出发，对新区的科技活动投入水平进行评估。人力资本投入方面，采用专业技术人员数、科技活动人员数和 R&D 人员全时当量 3 项指标进行衡量；物质资本投入方面，采用区域 R&D 经费投入量、区域 R&D 经费投入占 GDP 的比例、市本级科学技术类财政拨款总量、市本级科学技术类财政拨款占本级财政支出比例、企业技术开发费总额、企业技术开发费支出占销售收入的比例、规模以上工业企业技术开发费用总额、规模以上工业企业技术开发费用支出占主营业务收入的比例 8 项指标进行衡量；科技创新平台搭建采用新区科技创新平台数目进行衡量；科技创新载体培育采用省级及以上各类科技创新载体数量进行衡量。

4.2.1　人力资本投入

科技人才是开展科技创新活动的基础，也是地区创新能力和科技实力的决定性因素，在科技创新活动的各类投入要素中，人力资本投入是最重要的，这也是过去舟山群岛新区科技创新发展过程中的一块短板。为提升整体科技创新水平，新区不断加大了科技人力资本的投入力度，整体投入水平显著提升，具体表现为专业技术人员数、科技活动人员数、R&D人员全时当量水平均有不同程度的提升。专业技术人员数方面，虽然在2003—2004年间由39 369人锐减至了31 378人，但之后，持续提升至2015年的46 242人。以2003年为基期，新区专业技术人员数13年间的增幅为17.46%，年均增长率为1.35%。科技活动人员显著增加，由2003年的1 600人增加至2015年的5 200人，科技活动人员规模扩大了3.25倍，增幅达225.01%，年均增长10.32%；从新区科技活动人员数在过去10年间的变化趋势来看，在2012年出现了一次不寻常下降，由2011年的6 659人下降至5 000人，减少了1 659名科技活动人员，而2011年并未发生什么大事件，因此，应该是由统计原因造成的，而非新区科技活动人员真的出现了大幅波动。R&D人员全时当量是指全时人员数加非全时人员按工作量折算为全时人员数的总和，较之科技活动人员数更能代表区域科技发展的人力资本投入水平，因此，对新区过去13年间的R&D人员全时当量进行了比较。2003—2015年间，新区R&D人员全时当量由660.16人年增加至3 402.50人年，增加了5.15倍，增幅为415.41%，年均增长14.64%。从对3项人力资本投入指标在2003—2015年间变化趋势的模拟情况来看，新区专业技术人员年均增加量为1 329.4人，科技活动人员年均增加量为286.12人，R&D人员全时当量年均增加275.87人年（图4.7）。专

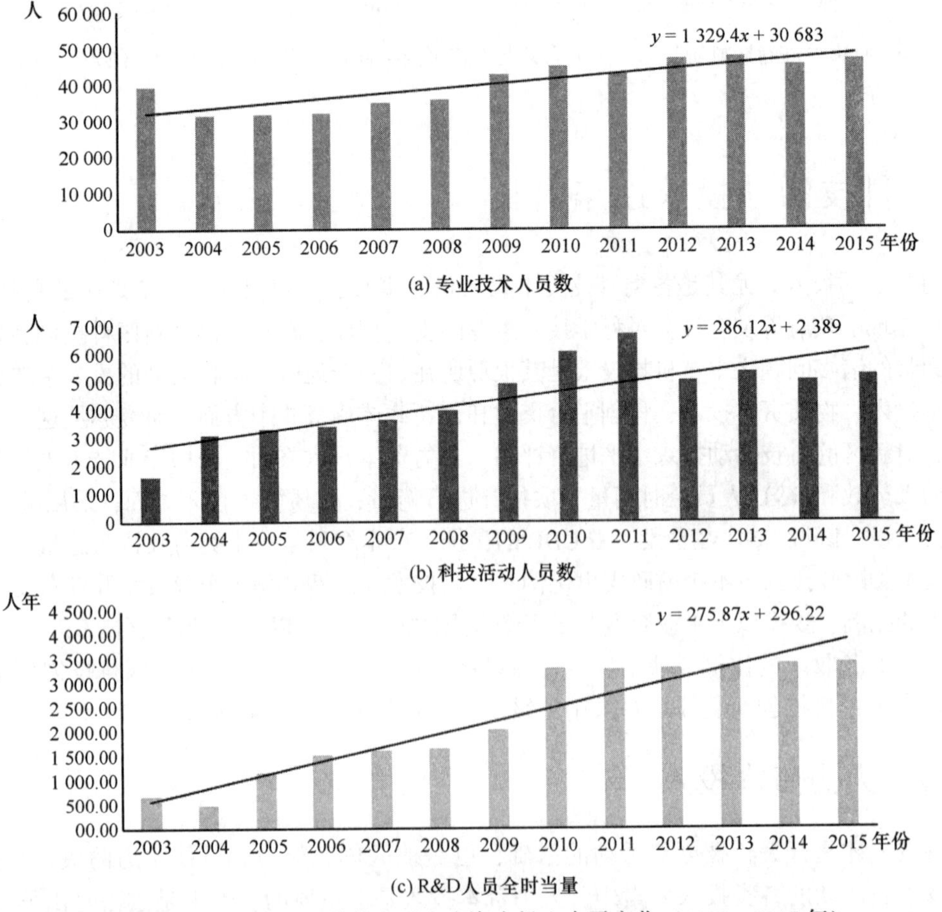

图4.7　舟山群岛新区科技发展人力资本投入水平变化（2003—2015年）

业技术人员投入量的增加速度远低于科技活动人员和R&D人员全时当量投入量增加速度的原因在一定程度上是由于专业技术人员规模较高的基数水平，但另一方面，也反映出新区科技活动人力资本投入过程中重科研类人力资本投入，轻专业技术类人力资本投入的倾向。

2013年起，全面落实“5313行动计划①”，扎实推进创新科技人才和团队培育，进一步加大对新区科技人力资本尤其是高端人力资本的投入力度。2013年全年共有57个领军人才（团队）项目落户舟山（其中博士38人），全区新入选省“千人计划”5名（其中国家“千人计划”1名）。“功以才成，业由才广”，科技创新人才和团队的引入和培养将为新区科技创新发展带来持续的推力。

4.2.2 物质资本投入

一定的物质资本投入是科技从业人员开展相关科技活动的基础，是科技人力资本发挥最大效用的前提，是确保科技创新活动顺利开展的重要因素。

具体来看，舟山群岛新区R&D活动物质资本投入持续增加，区域R&D经费由2003年的22 767.64万元增至2015年的154 395.00万元，投入规模扩大了6.78倍，增幅达578.13%，年均增长17.29%；R&D经费投入占区域生产总值的比重由2003年的1.22%增至2015年的1.41%，增幅为15.57%，年均增长1.21%。尽管区域生产总值中用于R&D投入的比例并未明显增加，但增长趋势基本稳定，新区对R&D投入重要性的认识不断增强（图4.8）。

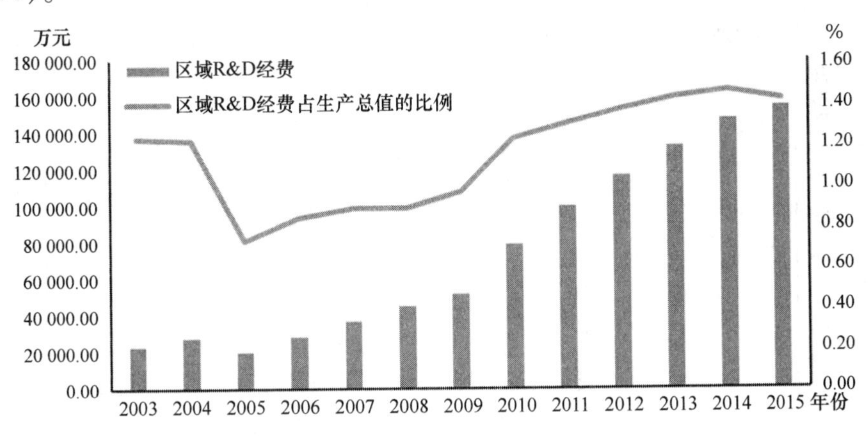

图4.8 舟山群岛新区R&D经费投入变化情况（2003—2015年）

政府科学技术类财政拨款力度有待加强。2003—2014年间，舟山群岛新区市级科学技术财政拨款绝对量持续稳定增长，由5 284.00万元增至44 763.00万元，扩大了8.47倍，

① “5313”行动计划是指从2013年起，力争在5年内，紧紧围绕新区发展战略，以科技创业社区为载体，重点在海洋新兴产业和传统优势产业领域引进500名左右海内外科技创业领军人才，引进30个科技创业领军团队，培养100名科技创业家，力争30名人才列入国家、省“千人计划”。

增幅达 747.14%，年均增长 21.44%。科学技术类财政投入相对量不足，科学技术类财政拨款的增长速度与同期新区财政公共支出总额的增长速度相比，呈小幅下降的态势。2003—2005 年间先增至 2.77%，后又降至 2011 年的 1.86%，2012—2014 年间虽又有所上升，但也只是略高于 2003 年的水平（图 4.9）。

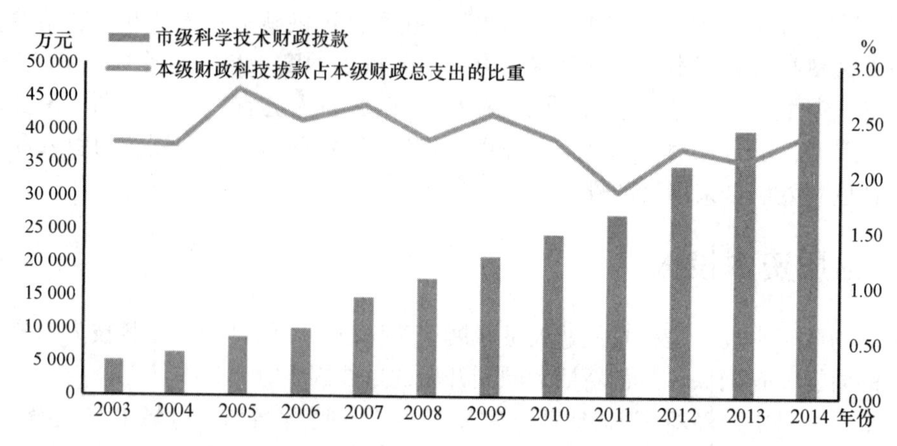

图 4.9　舟山群岛新区市本级科学技术财政拨款变化情况（2003—2014 年）

企业对技术开发方面物质投入的普遍重视程度缓慢提升。2003—2011 年间，新区企业技术开发费支出由 15 526.60 万元增至 126 900.00 万元，增幅达 717.31%，年均增长 30.03%。从其占企业主营业收入的比重来看亦有所提升，由 2003 年的 1.03%提升至 2011 年的 1.25%，增幅为 21.36%，年均增长 2.45%，新区企业对技术开发投入的重视程度普遍有所增强（图 4.10）。

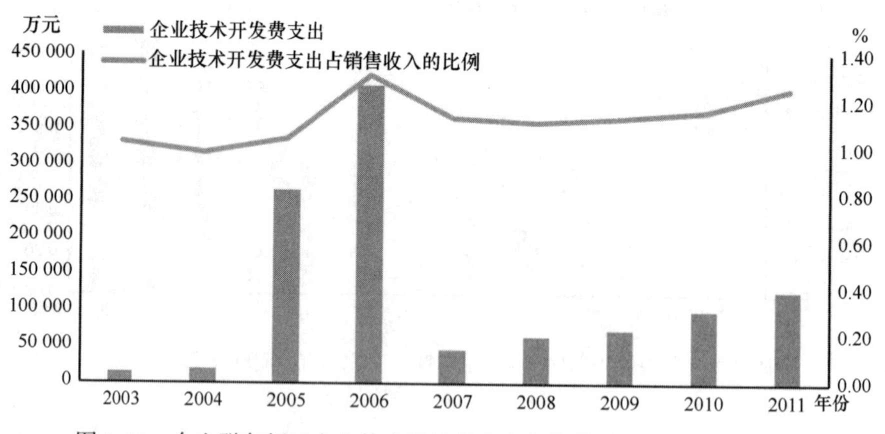

图 4.10　舟山群岛新区企业技术开发费支出变化情况（2003—2011 年）

规模以上工业企业 R&D 经费支出持续增加，但其增加速度低于其主营业务收入增长速度，表明新区规模以上工业企业对 R&D 经费投入的重视程度有所降低。新区规模以上工业企业 R&D 经费由 2003 年的 4 775.10 万元增加至 2014 年的 139 732.00 万元，投入规模扩大了 29.26 倍，增幅为 2 826.26%，年均增长 35.93%，增长显著。但若将其与规模以上工业企业主营业务收入的增长速度相对比，则相对滞后，规模以上工业企业 R&D 经费占其主营业务收入的比重在 2003—2014 年间在波动中基本持平，且有小幅下降（图 4.11）。

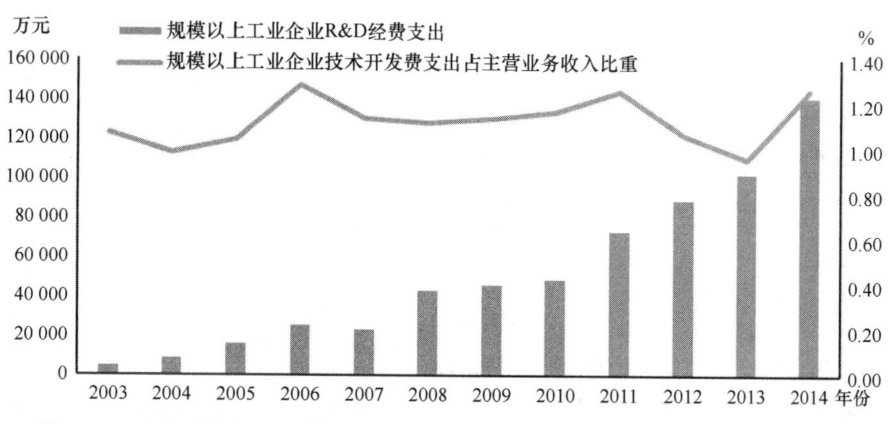

图 4.11　舟山群岛新区规模以上工业企业 R&D 经费水平变化（2003—2014 年）

为提升区域科技活动物质资本的投入水平，舟山群岛新区积极拓展科技创新融资渠道，2013 年，全区共组织实施各级各类科技项目 595 项，其中国家级 39 项，省级 255 项；争取省部级科技计划经费 1.28 亿元，其中市本级到位科技经费 7 435.5 万元，引导全社会科技经费投入约 3 亿元，带动企业科技投入近 2 亿元。同时，积极争取省科技厅支持，2013 年 8 月 30 日省科技厅出台《科技支撑引领浙江舟山群岛新区海洋经济发展 3 年（2013—2015 年）行动计划》，9 月 2 日省科技厅与新城管委会（市政府）签订了新一轮的《厅市科技工作会商协议书》，这 2 个文件的出台为舟山群岛新区带来了约 2 600 万元的科技经费增长。

4.2.3　科创平台搭建

科技创新平台是科技基础设施建设的重要内容，具有技术转移、技术研发、资源共享、孵化企业等功能，是培育和发展高新技术产业的重要载体，是科技创新体系的重要支撑，更是科技进步、社会发展、经济增长的加速器。创建独立完整的科技创新体系，加快技术研究及产业转变步伐，是现代企业适应经济全球化国际形势，增强企业核心竞争力的基础。新区科技创新发展水平不稳定，企业技术创新能力不持续的关键就在于独立自主创新平台的不足。随着国家级新区的批复，舟山以经济转型和产业升级，提高区域核心竞争力为目标，持续推进新区科创平台的建设，目前已形成“一城”[中国（舟山）海洋科学城]、“两园”（舟山省级高新技术产业园区、舟山船舶装备高新技术产业园区）、“三岛”（摘箬山海洋科技示范岛、西轩渔业科技岛、东极岛综合科学试验村）、“四校”（浙江大学舟山校区、浙江海洋大学、浙江国际海运职业技术学院、浙江舟山群岛新区旅游与健康职业学院）、“多载体”（浙江省海洋开发研究院、浙江大学舟山海洋研究中心、上海船舶工艺研究所舟山船舶工程研究中心、浙江省海洋水产研究所、国海舟山海洋科技研发基地、国家海洋设施养殖工程技术研究中心、省级重点实验室、省级科技企业孵化器、产业技术创新战略联盟等）的科创平台格局（表 4.2）。

表 4.2　舟山群岛新区科技创新平台（2015 年）

序号	名称	规模	建设情况
"一城"	中国（舟山）海洋科学城	该科学城共入驻单位 193 家（其中，科研机构 12 家，科技型企业 181 家），累计注册资本 20.6 亿元；建设国家级重点实验室 2 个、省级重点实验室 6 个；引进国家"千人计划"人才 2 人、省"千人计划"人才 7 人、博士 85 名、硕士 182 名；落地领军人才企业 37 家	建设了船舶与海洋工程科技服务产业园、海洋通信产业园、海洋大数据产业园、海洋电商产业园和海洋文创产业园 5 大主题产业园；与浙江工业大学共建的膜分离与水处理协同创新中心入选第三批浙江省"2011 协同创新中心"；与浙江海洋大学签订战略合作协议，6 个重点实验室逐步在科学城落地；与浙江大学合作，推进浙江大学摘箬山岛海上试验科技创新服务平台成功申报省级创新服务平台
"二园"	舟山省级高新技术产业园区	该技术产业园区是舟山海洋产业集聚区的核心功能区块和重要的产业支撑平台，是浙江省唯一的海洋类省级高新技术产业园区。采取与舟山经济开发区"同一区域，一套班子，两块牌子"的管理运行模式	共有高新技术企业 4 家、省级科技型企业 21 家、省级高新技术企业研发中心 2 家、省级创新型试点企业 1 家，累计获得各类科技经费 1 310 万元，累计实现规模以上工业高新技术产业产值 49 亿元，高新技术产业增加值 10 亿元，战略性新兴产业产值 64 亿元，增加值 12 亿元，新产品产值达 34 亿元。"十二五"期间共引进国家"千人计划"人才 1 名，浙江省"千人计划"人才 6 名，入选舟山市"5313 计划" 15 名；并在 2015 年，与浙江海洋大学共同启动舟山群岛新区国家大学科技园建设
	舟山船舶装备高新技术产业园区	该园区位于浙江定海工业园区，面积约 11.9 平方千米，区内重点布局海洋工程装备、高性能高附加值船舶、高端船配等产业	2013—2015 年间，园区共落户企业 70 家，共申请专利 64 件；研发经费 2 096 万元，从事研发人员 285 人；累计实现规模以上工业增加值 119.16 亿元，战略性新兴产业增加值 58.18 亿元，高新技术产业增加值 64.6 亿元，新产品产值 120.09 亿元
"三岛"	摘箬山海洋科技示范岛	该示范岛位于舟山市定海区南部海域，陆域面积约 2.3 平方千米，由舟山市政府与浙江大学合作共建。是我国首个"海洋科技岛"，也是第一个依托海岛建设的海洋技术装备公共试验场，其核心内容是建设国家层面的海洋科技示范区	岛内共有建设项目 14 个，其中，综合保障领域 3 个：摘箬山岛外海实试基地建设、教学实习船、科技展示厅；海洋信息领域 5 个：海洋技术试验系统、海洋环境监测系统、海洋农业物联网系统、海岛物联网系统、海洋遥感观测示范系统；海洋能源领域 2 个：海流能海岛电网系统、风光储流海岛微电网系统；海洋工程领域 2 个：海洋浮式科学试验平台、海洋工程材料试验场；海洋资源领域 2 个：海洋生物资源平台、海水综合利用平台
	西轩渔业科技岛	该科技岛位于舟山市普陀区鲁家峙岛南、登步岛北，陆域面积约 0.37 平方千米。是浙江省海洋水产研究所试验场、海洋增殖放流苗种生产基地和科普教育基地，也是目前我省设备最为完善、规模最大的海水增养殖试验基地	正积极打造优势突出、特色鲜明的现代海洋渔业示范区和国家级的海洋渔业科技创新服务平台
	东极岛综合科学试验村	该试验村位于普陀区东极镇青浜岛及其附近海域，占地面积约 0.04 平方千米，是浙江海洋大学重要的教学和科研基地	主要建设开发内容包括海洋观测基地、海洋工程技术研究基地、海洋生物种质资源保护基地、海洋多元生态增养殖示范基地、海洋旅游示范基地、海洋生态环境修复示范基地等。目前正承担国家"863"计划"新养殖海水种类苗种繁育技术"、"基于全基因组信息的鱼类遗传选育"、国家科技支撑计划"海岛生态系统监测及保护关键技术研究与示范"、国家国际科技合作计划"浅海典型渔业生态系统功能恢复与重建关键技术"的研究

续表 4.2

序号	名称	规模	建设情况
"四校"	浙江大学舟山校区	位于舟山市定海区，总投资 20 多亿元，总建筑面积 24 万平方米。校区现有教职工 262 人，其中国家"千人计划"4 名、国家外专"千人计划"1 名、高端外专 3 名、国家青年"千人计划"2 名、国家杰青 1 名、浙江省特级专家 1 名、浙江大学求是特聘教授 3 名、博士生导师 52 名、外籍教师 10 名以上	共设有海洋生物、海洋科学和船舶建造等 5 个系、10 个研究院所。建设了海洋工程实验楼群和海洋科学实验楼群，包括圆池馆、水声馆、近海馆、港工馆、海工楼、船池馆（二期）、智海楼、海研楼和海科楼等 9 个实验楼，以及海洋地质、海洋化学、海洋生物、物理海洋、海洋遥感等海洋科学 30 余个专业实验室
	浙江海洋大学	主校区位于舟山市长峙岛，总占地面积约 101.7 万平方米。目前有教职工 1 200 余人，其中专任教师 700 余人，高级职称人员 400 余人，具有博士学位人员 130 余人；各类全日制在校学生 15 000 余人	各类藏书 160 余万册，建有 11 个省级重点学科、3 个国家级科研平台、24 个省部级科研平台。"十二五"期间共承担省部级及以上科研项目 429 项，其中，国家级项目 137 项，包括"863"计划项目 7 项，国家支撑计划项目 12 项，国际科技合作项目 6 项。科研合同经费累计 4.7 亿元，年均科研经费 0.9 亿~1 亿元
	浙江国际海运职业技术学院	位于舟山市定海区，占地面积约 33.3 万平方米	"十二五"期间，共获得国家星火计划、浙江省自然科学基金项目、浙江省公益技术应用研究项目、浙江省哲学社会科学规划课题、浙江省软科学研究计划等省部级项目 15 项，市厅级等各类科研项目 170 余项，研究成果在交通、港航、渔业等系统得到应用，取得了良好的社会经济效益
	浙江舟山群岛新区旅游与健康职业学院	位于舟山市普陀区，占地面积约 14.5 万平方米，是国内第一所以旅游与健康命名、培养旅游与健康复合型人才的高职院校	2015 年完成首期舟山海岛民宿培训班、舟山市星评员换届培训班等工作；发表各类、各级科研论文 14 篇；承担省部级课题 2 项，省厅级课题 15 项，地市级课题 4 项；出版教材 5 本，获得专利 3 项
"多载体"	浙江省海洋开发研究院	2007 年成立，已建设包括海洋公共实验室、省船舶工程重点实验室等 18 个子平台，集聚 400 余名中高级研究人员。到 2015 年，集聚科技人员 400 多名，建成省级以上重点实验室 2 个、国家级检验检测中心 2 个	浙江省重点扶持的海洋科技创新服务平台，全面实施海洋科技创新服务平台提升工程。2012 年组织科技攻关项目 80 多项，解决技术难题 40 多个，成果转化推广 12 项、申报专利 126 项，开展测试服务 300 次、采购仪器设备 450 多万元
	浙江大学舟山海洋研究中心	位于海洋科学城内，由舟山市政府与浙江大学联合共建，拥有专职科研队伍 61 人	下设海洋经济发展战略、海洋生物、船舶机电、海洋工程设计 4 个研究所，以及科技成果推广、摘箬山岛建设、综合办公室 3 个部门

续表

序号	名称	规模	建设情况
“多载体”	上海船舶工艺研究所舟山船舶工程研究中心	位于海洋科学城内，由浙江省海洋开发研究院与上海船舶工艺研究所合作共建，现有研究人员10名	下设智能制造、绿色造船2个研究室，咨询培训部、检测监理部、涂装技术部、综合管理部4个部门以及1个市级服务性平台
	浙江省海洋水产研究所	位于海洋科学城内，由浙江海洋大学和省海洋与渔业局共建共管	下设海洋渔业资源研究室、海洋渔业环境研究室、海水养殖技术研究室和船舶工程设计所，拥有2个部级服务性平台、2个省级重点实验室、4个专业实验室和1个试验基地——西轩试验场
	国海舟山海洋科技研发基地	位于舟山市长峙岛，用地面积约3.8万平方米，由舟山市政府与国家海洋局第二海洋研究所合作共建	主要包括中国海洋科考保障基地、深海资源勘探与装备技术研发基地、浙江省海洋科学院（舟山）等主要内容，建设总投资为4.26亿元
	国家海洋设施养殖工程技术研究中心	占地面积8 000平方米，内设1个公共技术平台和设施养殖工程装备技术实验室、设施养殖机电设备实验室、种苗繁育工程技术实验室、精准养殖工程技术实验室、生态环境工程技术实验室、营养与饲料加工实验室	累计获批国家级科研项目42个、省部级科研项目83个、市级与横向委托项目61个，累计获得的纵横向科研经费达到1.3亿余元
	省级重点实验室	全市共有省级重点实验室8个	浙江省海水增养殖试验基地（浙江省海洋水产研究所）、浙江省海洋养殖装备与工程技术重点实验室（浙江海洋大学）、浙江省海洋渔业装备技术研究重点实验室（浙江海洋大学）、浙江省近海海洋工程技术重点实验室（浙江海洋大学）、浙江省海产品健康危害因素关键技术研究重点实验室（舟山市疾病预防控制中心、浙江海洋大学）、浙江省海洋大数据挖掘与应用重点实验室（浙江海洋大学）、浙江省海洋生物医用制品工程技术研究中心（浙江海洋大学）、浙江省海洋增养殖工程技术研究中心（浙江海洋大学、浙江省海洋水产研究所、浙江大海洋科技有限公司）
	省级科技企业孵化器	共有市级以上各类科技企业孵化器6家，其中省级科技企业孵化器3家	舟山市创意软件园创业中心毕业企业7家，在孵企业58家；舟山普陀海洋高科技创业中心毕业企业27家，在孵企业51家；定海区海洋科技创业中心毕业企业13家，在孵企业63家
	产业技术创新战略联盟	全市共建设了3家产业技术创新战略联盟	浙江省船舶制造产业技术创新战略联盟；浙江省海洋水产加工制造产业技术创新战略联盟；浙江海洋生物医药产业技术创新战略联盟

4.2.4　创新载体培育

舟山科技创新载体培育相对滞后，但自舟山群岛新区成立后，有了较大突破，整体培育情况良好。截至 2014 年底，全区已累计培育省级及以上科技创新载体 364 家，其中，高新技术企业 45 家，省级创新型试点（示范）企业 13 家，省级科技型企业 183 家，省级农业科技型企业 65 家，高新技术企业研发中心 24 家，省级农业科技企业研发中心 22 家，省级企业研究院（含重点企业研究院）6 家，省级工程技术研究中心 3 家，省级重点实验室 2 家，省级创新服务平台 1 个。

省级及以上各类科技型企业［高新技术企业、省级创新型试点（示范）企业、省级科技型企业、省级农业科技型企业］306 家，占新区省级及以上科技创新载体的 84.07%，各类科技型企业是企业科技创新的主要载体。值得注意的是，这些科技型企业绝大多数为 2011 年以后成立，国家级新区的批复大力推动了舟山群岛新区科技型企业的发展（图 4.12）。

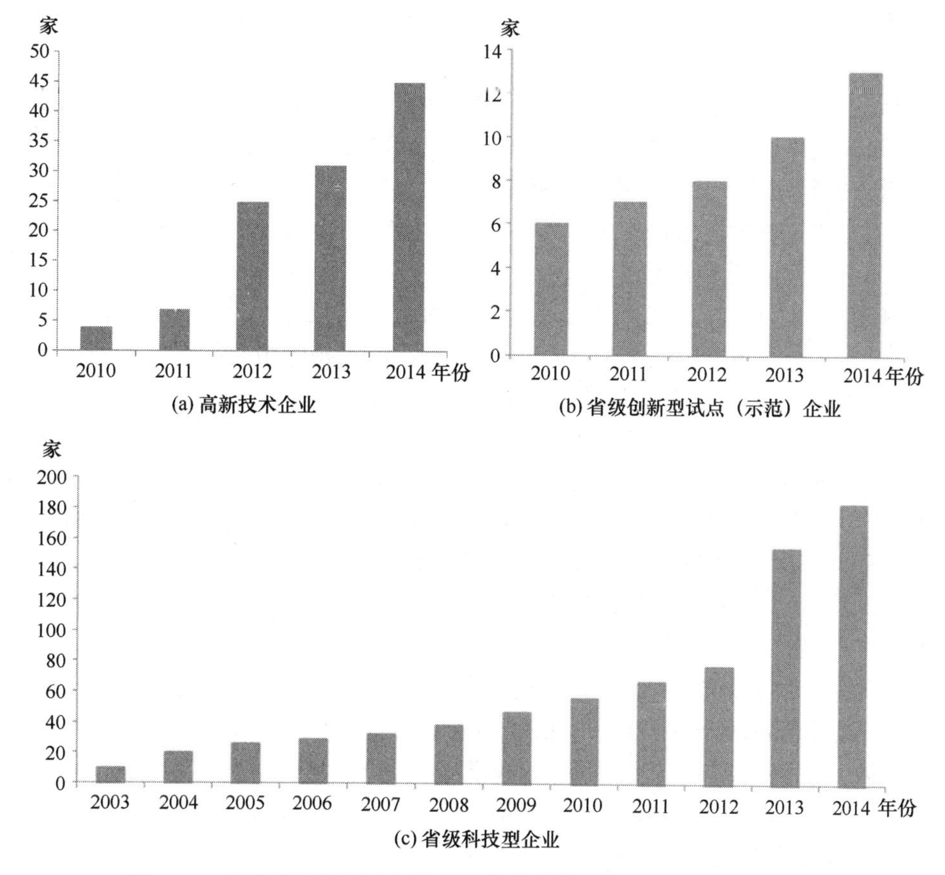

图 4.12　舟山群岛新区省级及以上各类科技型企业（2003—2014 年）

省级及以上企业研发中心（高新技术企业研发中心和农业科技企业研发中心）56 家，占新区省级及以上科技创新载体的 15.39%。从各类企业研发中心在各县（区）的分布情况来看，市直属企业研发中心有16家，占28.57%；定海区所属的企业研发中心有14家，占25.00%；普陀区所属的企业研发中心有15家，占26.79%；岱山县所属的企业研发中心有9家，占16.07%；嵊泗县所属的企业研发中心有2家，占3.57%（图4.13）。

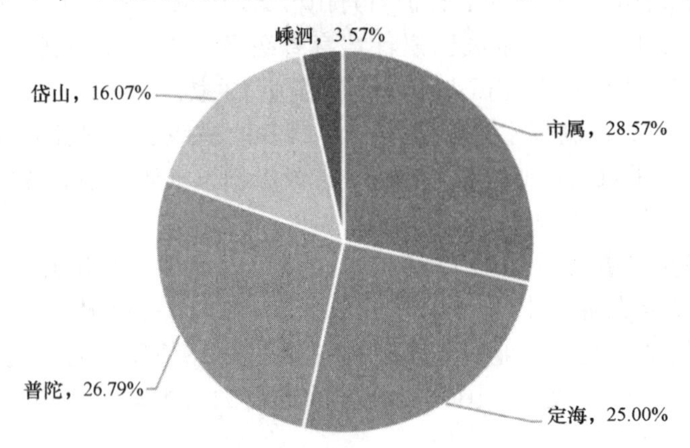

图4.13　舟山群岛新区省级及以上企业研发中心（2014年）

省级及以上企业研究院12家，占新区省级及以上科技创新载体的3.30%。12家省级及以上企业研究院中，重点企业研究院有5家，近半数；2013年以后成立的有8家，占2/3。省级重点实验室有5家，其中，3家属浙江海洋学院，分别为浙江省海洋养殖装备与工程技术重点实验室、浙江省海洋增养殖工程技术研究中心和浙江省近海海洋工程技术重点实验室；另外2家分别隶属于浙江省海洋开发研究院（浙江省船舶工程重点实验室）和舟山市疾控中心（浙江省海产品健康危害因素关键技术研究重点实验室）。省级工程技术研究中心有2家，分别属于浙江海洋学院（浙江省海洋生物医用制品重点工程技术研究中心）和省海洋水产研究所（浙江省海水增养殖试验基地）。

从新区《“十二五”舟山加快海洋科技创新行动计划》（以下简称“行动计划”）中创新载体培育方面目标的执行情况来看，新区截至目前已累计新建国家级科技创新载体5家，实现“行动计划”的50%。其中，国家级重点实验室2家［浙江舟山检验检疫局国家粮油检测重点实验室（2013）、国家海洋生物制品检测重点实验室（舟山）（2015）］，实现“行动计划”的200%；国家级工程技术中心1家［国家海洋设施养殖工程技术研究中心（2013）］，实现“行动计划”的33.33%；国家级检测中心1家［国家船舶舾装产品质量监督检验中心（2012）］，实现“行动计划”的33.33%。2个省级高新技术产业园区，即舟山省级高新技术产业园区和舟山船舶装备高新技术产业园区发展势头良好，综合实力不断增强，但仍未有国家级高新技术产业园区落户舟山，实现“行动计划”的0.00%；国家海洋产业国际创新园自2011年落户新区后稳步推进，实现“行动计划”的100.00%。“行动计划”的整体执行情况并不理想。

从科技活动投入的来源情况看来，无论是科技创新人才吸引、R&D经费投入、科创平台搭建还是创新载体的培育都仍以政府为主导，企业尤其是规模以上工业企业对科技创新活动的投入不足，而从其他国家的发展规律来看，几乎所有的发达国家和新兴工业化国家的科技人力、物力资源配置都是企业主导型的。较之政府主导型的科技活动，企业主导型更具活力，科技成果向市场的转化率也更高。这是新区未来科技活动投入模式改革的方向和目标。

4.3　科技活动产出规模扩大

科技活动产出规模是衡量一个地区科技创新能力的重要指标，对科技活动产出的衡量可以从科技成果、技术市场成交金额和高新技术产业化 3 个方面进行分析。其中，科技成果采用发表科技论文数、专利授权量和发明专利授权量进行衡量；科技成果经济效益采用技术市场成交合同数和技术市场成交金额进行衡量；高新技术产业化采用高新技术产业产值和高新技术产业增加值的总量和人均量进行衡量。

4.3.1　科技成果数量增长

科技成果产出量不断提升，自主创新能力有所增强，但产出科技论文的质量还有待进一步提升。具体来说，舟山群岛新区科技论文发表量大幅增加，由 2003 年的 4 416 篇增加至了 2012 年的 20 550 篇，增幅为 365.37%，年均增长 18.63%；科技活动人员的人均科技论文发表量由 2003 年的 2.76 篇增加至 2013 年的 4.11 篇，增幅为 48.91%，年均增长 4.52%，科技论文成果的产出量大幅度提升（图 4.14）。但值得注意的是，科技论文产出量的显著提升，并没有带来人均科技论文被引用量的增加，科技活动人员人均科技论文被引用量仅由 2003 年的 0.20 篇增至 2011 年的 0.22 篇，增幅并不明显。论文数量大幅增加，而被引数量却无明显变化，表明新区科技活动人员在论文写作过程中，重量不重质，论文的学术影响力不足，这与现行的研究人员考核机制有关，在今后的科技创新发展引导过程中应予以重视。

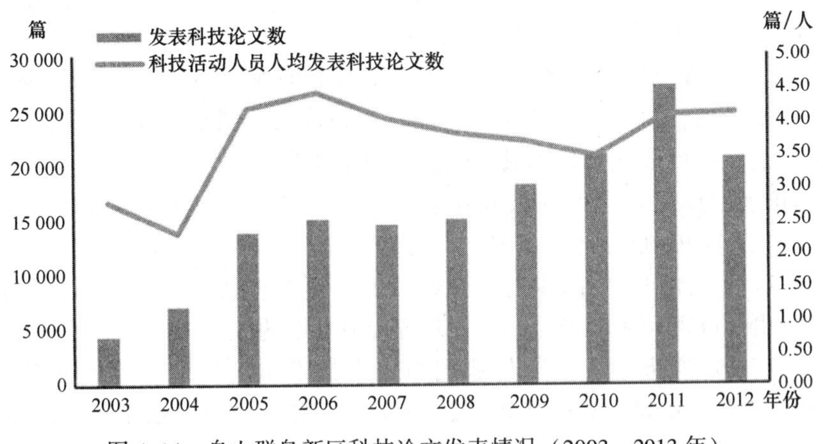

图 4.14　舟山群岛新区科技论文发表情况（2003—2013 年）

专利授权量大幅增加，由 2003 年的 85 件增加至 2015 年的 2 856 件，增加了 30 多倍，增幅高达 3 260.00%，年均增长 34.03%，但专利授权量中的发明专利占比较少，发明专利授权量占专利授权量比重最高的 2015 年，也仅为 14.22%。科技活动人员的专利产出水平有较大幅度的改善，科技活动人员每万人专利授权量由2003年的531.27件增加至了2015年的5 492.31件，年均增长21.49%；科技活动人员每万人发明专利授权量由2003年的6.25件增至2015年的780.77件，年均增长49.53%（图4.15）。科技活动人员发明专利产出水平提升速度高于专利产出水平的平均提升速度，表明舟山群岛新区科技自主创新能力正在改善。

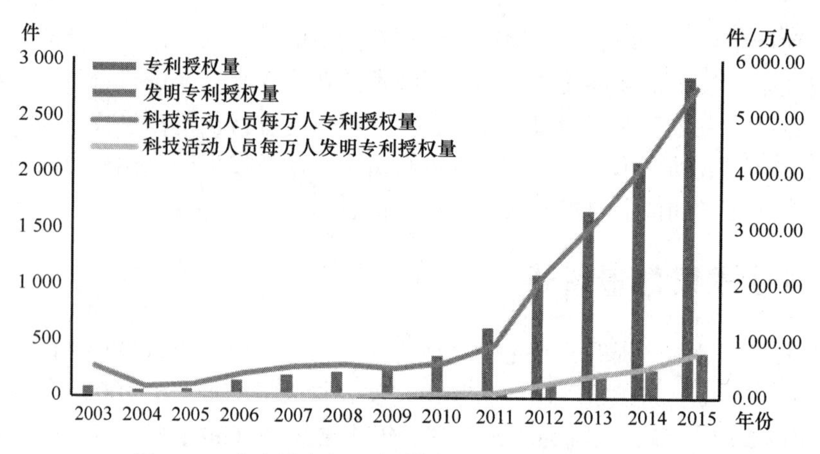

图4.15　舟山群岛新区专利授权量（2003—2015年）

4.3.2　技术市场成交额增加

技术市场是从事技术中介服务和技术商品经营活动的场所，是连接科技与经济的桥梁，在促进科技事业发展、科技人才交流、科技成果向现实生产力的转化以及增强企业活力等方面都有十分重要的意义。因而，技术市场成交额的大小也被广泛用作衡量地区科技创新成果转化、地区科技创新活力的重要指标。

过去12年间，舟山群岛新区科技成果的技术市场成交量有所下降，但因单笔合同成交金额的大幅增加，科技成果的经济效益，即技术市场成交额仍表现出明显增长。具体来看，新区技术市场成交合同数由2003年的154项下降至2014年的45项，缩水了2/3，但技术市场的成交总金额在波动中基本呈上升态势，先由2003年的1 270.51万元增至2013年的4 591.00万元，2014年又迅速降至2 378.74万元，2015年再次缓慢增加至2 840万元。合同数量减少而成交金额上升预示着新区技术市场单笔合同的成交金额的增加，由2003年的8.25万元/项增至2014年的52.86万元/项，增加了近6.5倍。人均技术市场成交金额的变化趋势则与全市技术市场成交总额的变动基本保持一致，先由2003年的13.04元/人增至2013年的47.57元/人，2014年又降至24.40元/人，2015年再次增加至29.07元/人。新区科技成果整体由重数量向重质量转移，但存在较大的不稳定性（表4.3）。

表4.3 舟山群岛新区技术市场成交情况

年份	成交合同数（项）	成交总金额（万元）	成交合同平均成交金额（万元/项）	人均技术市场成交金额（元/人）
2003	154	1 270.51	8.25	13.04
2004	156	1 437.87	9.22	14.82
2005	105	1 453.75	13.85	15.02
2006	32	978.07	30.56	10.12
2007	56	1 102.57	19.69	11.41
2008	42	2 349.63	55.94	24.29
2009	54	1 621.13	30.02	16.75
2010	103	4 603.85	44.70	47.57
2011	139	4 931.35	35.48	50.90
2012	61	4 553.95	74.65	46.91
2013	74	4 591.00	62.04	47.21
2014	45	2 378.74	52.86	24.40
2015	—	2 830.00	—	29.07

4.3.3 高新技术产业化成果突出

高新技术产业化是我国未来发展的战略重点，同时也是新区经济的特色增长点。过去10年间，舟山群岛新区高新技术产业发展势头较好，产值水平持续提高，高新技术产业产值水平由2003年的3.17亿元增至2013年的352.00亿元，产值规模扩大了110多倍，年均增长60.16%；高新技术产业增加值由2003年的1.09亿元增至2013年的40.58亿元，扩大了37.23倍，年均增长43.58%；人均高新技术产业产值由2003年的325.33元/人提升至2013年的36 198.83元/人，扩大了111.27倍，年增均长60.19%；人均高新技术产业增加值由2003年的111.87元/人增加至2013年的4 173.15元/人，扩大了37.31倍，年均增长率为43.61%（图4.16）。

海洋产业增长明显。2011年，全市海洋产业产值为533.78亿元，同比增长14.5%，海洋产业产值占全市国民经济生产总值的比重高达69.75%。目前已形成以港口物流、临港工业、海洋旅游和现代渔业为主的海洋产业体系和较为齐全的海洋产业发展结构。舟山港域港口货物吞吐量累计完成2.61亿吨，同比增长17.68%；集装箱吞吐量20.68万TEU，同比增长44.65%；船舶运力保有量为452万载重吨，同比增加49万载重吨，其中万吨级以上货船运力占总运力的比重达51.1%，已成为国家石油战略储备基地、全国最大的商品原油储运基地和矿砂中转基地以及全省最大的煤炭中转基地。船舶工业近年来持续平稳，2013年实现船舶工业产值749.3亿元，同比增长8.2%。其中，海工装备产值为25.5亿元，占3.40%；新承接订单653万载重吨，同比增长84.5%；新接订单集装箱船、成品油船等附加值较高船型占比提高至40.9%；全年手持订单1 808万载重吨，增长

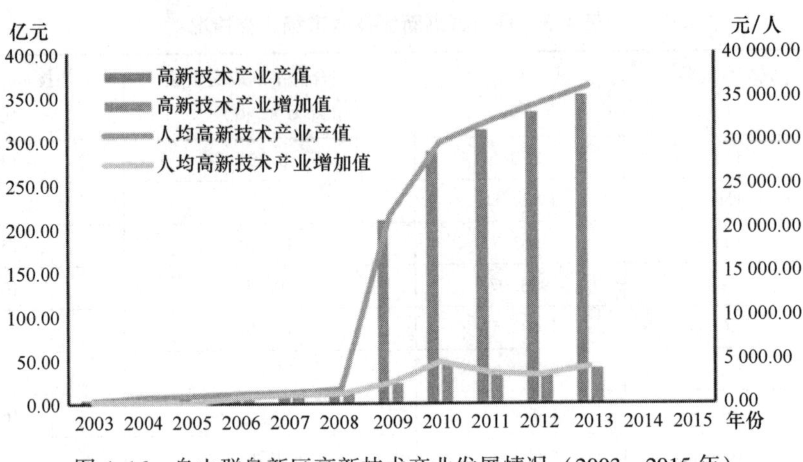

图 4.16　舟山群岛新区高新技术产业发展情况（2003—2015 年）

11.6%。订单结构不断优化，化学品船、工程作业船、海工辅助船等特殊船舶及船舶相关非船产品订单的比重有所增加。

海洋旅游产业发展良好，2011 年全年接待游客数量同比增长了 15%，旅游收入同比增长了 17%。渔业经济发展整体平稳，尽管受近岸渔业资源退化的影响，近岸捕捞量有所下降且低值鱼类占比增加，但在远洋渔业增产增值和海水养殖增产增效的作用下仍保持了较为平稳的发展态势，2013 年全年渔业产量和产值同比分别增长了 4.77% 和 4.27%。持续提升的海洋产业基础，为舟山群岛新区海洋科技创新发展提供了强大的经济动力和物质基础。

4.4　科技促进经济社会发展势头良好

科技创新是区域经济发展的动力和源泉。随着科技创新的深入，社会分工程度的进一步细化，必然引起产业结构的变动和升级，从而引致新兴产业的出现和成长，以及产品结构的更新，促进经济增长，这也是为什么各地区都将科技创新作为区域社会经济发展战略任务的重要原因。对舟山群岛新区科技促进社会经济发展方面的评估从科技促进经济发展、科技推动社会进步和科技促进环境改善 3 个方面进行。其中，科技促进经济发展采用人均地区生产总值、工业新产品产值率、农业劳动生产率和资本生产率等来衡量；科技促进社会进步采用每万人国际互联网络用户数和百人固定电话和移动电话用户数来衡量；科技促进环境改善采用单位 GDP 能耗降低率、规模以上工业单位增加值能耗降低率、工业“三废”达标排放率等进行衡量。整体来看，过去 10 年间科技促进社会经济发展成效明显，区域生产总值、工业新产品产值持续提升，但 2009 年起科技对社会经济的促进作用有所削弱，工业新产品产值率有所下降，资本的利用率也有所降低；科技发展有效推动社会进步，新区通讯设施水平改善明显；科技促进环境改善作用较好，单位 GDP 能耗水平持续降低，工业“三废”处理利用情况良好。

4.4.1　科技引领经济发展

13 年间，舟山群岛新区地区生产总值水平显著提升，由 2003 年的 172.27 亿元增至 2015 年的 1 095.00 亿元，扩大了 5.87 倍，年均增长 15.89%，区域经济发展总规模扩大明显。表征区域经济发展水平的人均地区生产总值也由 19 152.53 元/人增至 2015 年的 112 469.19 元/人，年均增长 15.90%（图 4.17）。

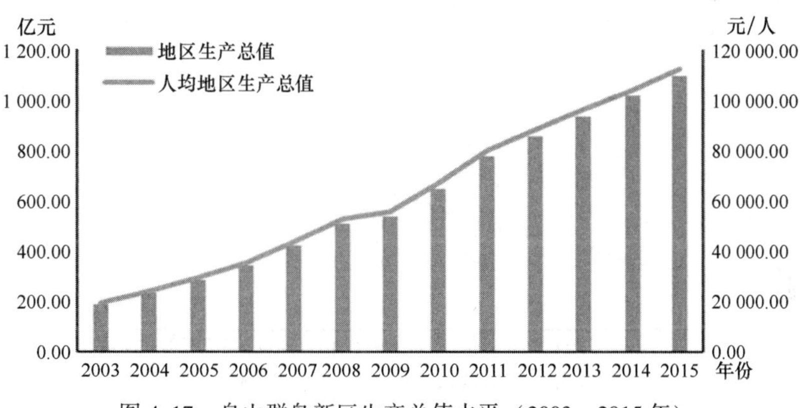

图 4.17　舟山群岛新区生产总值水平（2003—2015 年）

科技创新对经济增长的促进作用主要表现在两个方面：一是通过科技创新促进新兴产业的发展，加速社会分工的分化与整合，优化现有产业结构，进而促进经济增长；二是通过改进技术提高原有自然资源的使用效果，提升劳动力质量，改善资本的结构和数量，提高自然资源的使用率以及劳动力要素、资本要素的边际生产率，进而促进经济增长。具体到舟山群岛新区来看：

首先，工业新产品产值显著增加，由 2003 年的 10.66 亿元增至 2015 年的 255.87 亿元，扩大 24 倍多，年均增长 30.32%，科技研发为新区带来的产值效益不断增强。工业新产品产值占工业总产值的比例，即工业新产品产值率则先由 2003 年的 6.27%快速提升至 2009 年的 27.82%，后又降至 2015 年的 15.2%（图 4.18）。

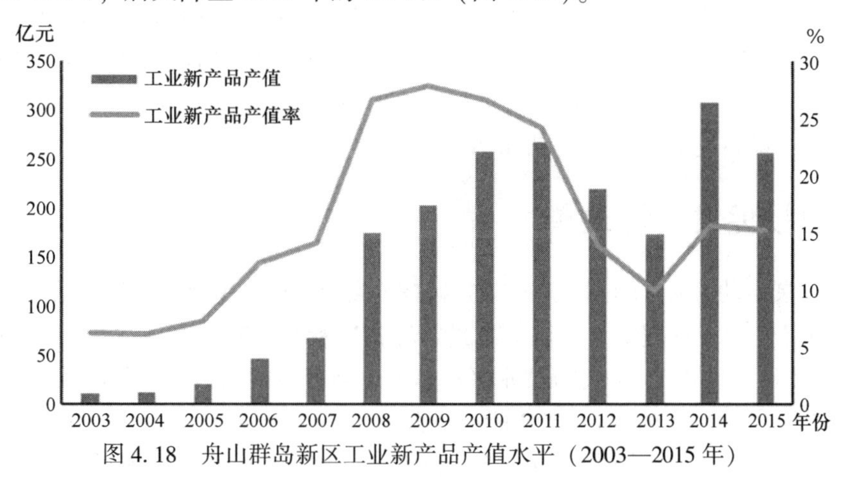

图 4.18　舟山群岛新区工业新产品产值水平（2003—2015 年）

其次，农业劳动力投入要素生产率显著提升，舟山群岛新区边际农业劳动生产率由2003年的19 598.00元/人增至2015年的107 753.35元/人，增加了5.50倍，年均增长15.26%。然而，资本投入要素生产率的增长趋势则不够明显，13年间仅提升了0.05，由2003年的0.19增至2015年的0.24，年均增长1.88%，新区科技资本投入要素对区域经济带来预期的增长效果，资本存在一定程度的浪费（图4.19）。

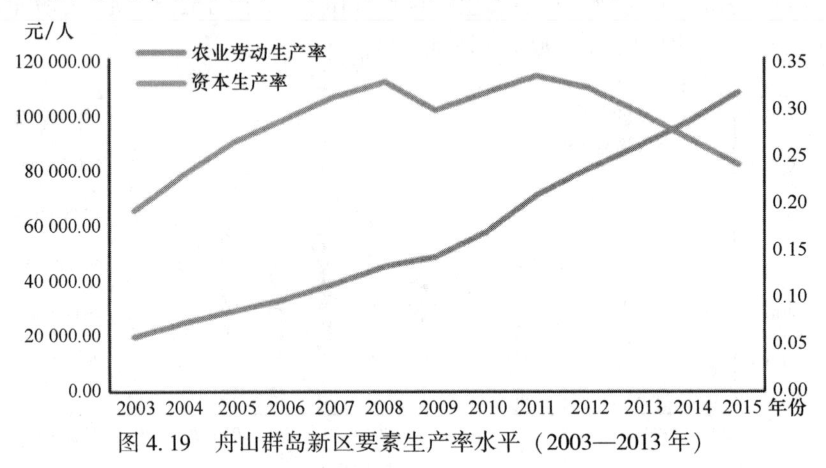

图4.19　舟山群岛新区要素生产率水平（2003—2013年）

4.4.2　科技推动社会进步

技术进步是实现社会进步的技术基础，并在一定条件下能够为社会进步奠定物质基础，科技创新推动科技进步的发展史实际上就是一部人类社会发展史。当人类掌握石器技术以后，创造出原始社会的生产力；掌握青铜技术以后，创造出奴隶社会的生产力；掌握铁器技术以后，创造出封建社会的生产力；使用机器以后，创造出资本主义社会生产力。近50年来，随着信息化技术的高速发展，社会生产力和生产关系正经历一场新的变化，以互联网为标志的经济社会全球化时代正在到来。随着信息化浪潮的推进，过去13年里，新区通信设施水平改善明显，人均固定电话用户数由2003年的0.42户/人降至2015年的0.37户/人，降幅为11.82%，而人均移动电话用户数则由2003年的0.56户/人迅速增至1.72户/人，增幅高达207.98%，随着移动通信技术的发展，居民对固定电话的使用率和依赖程度大幅下降。人均互联网宽带接入用户数由2003年的0.08户/人增至2015年的0.65户/人，增幅高达728.96%（图4.20）。

4.4.3　科技促进环境改善

科技的发展推动了人类的发展进程，是科技的发展才使舟山焕发了新的活力，2013年经国家科技部批准，舟山被授予“全国科技进步城市”称号，2014年被浙江省科技厅确立为“浙江省创新型试点城市”。随着科技水平的提升，新区节能减排情况持续推进，单位GDP能耗持续降低，尽管每年的单位GDP能耗下降速度有所波动，但基本维持在3.00%以上；规模以上工业企业的节能减排推进情况波动较大，虽然其单位增加值能耗整体呈下降趋势，

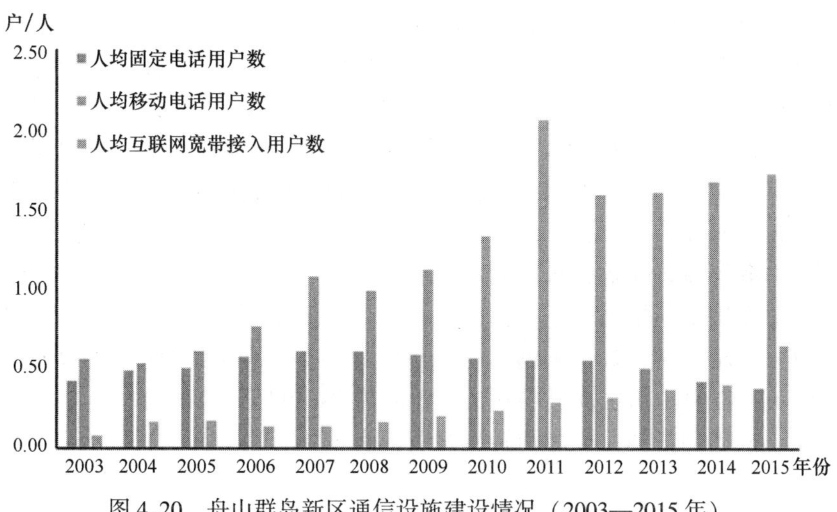

图 4. 20　舟山群岛新区通信设施建设情况（2003—2015 年）

但在 2008 年和 2009 年两年出现了单位增加值能耗不降反增的情况。区域污水处理率由 2004 年的 19. 00%提升至 2012 年的 59. 57%，但中间出现过几次不正常波动，这可能是由于统计原因造成的。根据《“十二五”全国城镇污水处理及再生利用设施建设规划》，截至 2010 年底，我国设市城市的污水处理率已达 77. 5%，至 2015 年地级市的污水处理率预计达到 85%，县级市达到 70%，新区的污水处理水平与全国平均水平相比还有一定的差距。

工业“三废”处理利用情况良好，工业废水排放达标率由 2003 年的 77. 66%增加至 2010 年的 96. 65%，增幅为 24. 45%；工业二氧化硫处理率由 2004 年的 2. 43%增加至 2012 年的 48. 40%，扩大了 19. 95 倍；工业烟尘去除率有小幅下降，由 2003 年的 97. 77%降至 2012 年的 97. 10%，但仍保持在较高水平；工业固体废物综合利用在波动中有所提升，由 2003 年的 97. 00%上升至 2014 年的 99. 88%（表 4. 4）。

表 4. 4　舟山群岛新区节能减排情况（2003—2013 年）　　单位:%

年份	全社会单位 GDP 能耗降低率	规模以上工业企业单位增加值能耗降低率	污水处理率	工业废水排放达标率	工业二氧化硫治理率	工业烟尘去除率	工业固体废物综合利用率
2003	—	—	—	77. 66	—	97. 77	97. 00
2004	—	—	19. 00	80. 23	2. 43	97. 17	95. 00
2005	—	—	17. 26	80. 06	2. 91	93. 42	95. 27
2006	5. 70	14. 60	17. 79	90. 66	3. 83	94. 50	98. 77
2007	4. 60	8. 50	60. 54	90. 01	0. 64	94. 07	98. 31
2008	4. 70	-6. 40	40. 94	95. 24	4. 03	94. 53	97. 97
2009	4. 60	-8. 00	70. 54	96. 68	32. 91	94. 76	99. 27
2010	2. 40	3. 80	57. 31	96. 65	34. 66	93. 96	99. 75
2011	4. 30	11. 30	63. 09	—	—	97. 22	93. 44
2012	6. 10	17. 80	59. 57	—	48. 40	97. 10	98. 74
2013	3. 40	8. 70	—	—	—	—	99. 83
2014	1. 50	0. 30	—	—	—	—	99. 88
2015	—	8. 90	—	—	—	—	—

纵观过去 13 年，舟山市科技工作紧紧围绕提升自主创新能力、推进海洋经济转型升级的目标，创新思路、积极进取，在优化科技创新环境、开展科技合作交流、搭建科技创新平台、组织科技攻关和推动科技成果转化等领域取得了较好的成绩，科技创新水平总体发展态势良好，科技对经济社会发展的引领支撑作用不断增强，有力推动了国家级“新区”的建设进程，取得了较好的效果。营造良好的科技创新政策环境，加快实施创新驱动发展战略，科技体制改革迈出新步伐，区域创新体系建设加快完善，科技创新能力不断增强，产学研合作取得显著成效，科技创新发展环境进一步优化，科技创新对新区经济社会发展的引领支撑作用不断呈现新亮点，创出新特色，取得新成效。围绕浙江舟山群岛新区建设做出的重大战略部署，是谋求创新驱动转型、科技引领发展的重大任务，是符合时代发展规律和潮流并在舟山市层面已经达成广泛思想共识的正确战略抉择，对舟山群岛新区发展海洋经济、推动创新创业、加快转型升级具有重要示范意义。

第5章　浙　江

改革开放以来，浙江省把科技创新摆在经济社会发展的核心位置，全面实施创新驱动发展战略。创新创业生态环境不断优化，科技成果转化和产业化不断加快，科技体制机制不断创新，产学研用协同创新不断推进，建设知识产权强省不断加快，科技惠及民生不断加强，科技创新有效解决了全省社会发展进程中的热点难点问题，“两美”浙江建设快速提升，浙江经济社会呈现新的良好发展态势。

5.1　竞争力评价

科技竞争力有广义和狭义的理解，赵彦云（1999）认为广义上科技竞争力是指科技实力、科技体制、科技机制、科技环境、科技基础等部分的竞争力综合，狭义上是指教育和科学的竞争基础、技术的竞争水平、R&D的竞争水平、科技人员的竞争水平、科技管理的竞争水平、科技体制和科技环境的竞争水平、知识产权的竞争水平。关于区域科技竞争力研究，主要围绕区域科技竞争力的评价指标体系、省域或市域某年份科技竞争力水平的评价两个方面展开，而关于一定时期内区域科技竞争力水平的研究还比较少，本研究将尝试探讨浙江省11个地级城市2004—2013年科技竞争力的水平。

5.1.1　评价指标

5.1.1.1　评价指标构建原则

1）可比性原则

对浙江省11个地级城市的科技综合水平进行评价，设计的评价指标体系必须具有可比性，为确保可比性，构建的指标尽量选取相对指标，相对指标是质量指标的一种表现形式，它是通过两个有联系的统计指标对比而得到的，使得不同规模城市的科技水平具有可比性，为后续的比较研究奠定基础。

2）科学性原则

把握科技竞争力的内涵与外延，构建科学的指标体系。通过对科技进步环境基础、投入产出、高新技术产业化、科技对社会、经济发展影响的有关指标进行量化，使其形成一个科学合理、可操作性强的指标体系，从宏观上把握全局，掌握科技进步内在的相互联系和外在的彼此影响，便于决策者统筹兼顾、协调发展。

3）可操作性原则

在设计科技竞争力评价指标体系时，必须考虑可操作性原则，尽可能利用现有统计数据资料，确保评价指标体系可操作。

5.1.1.2 评价指标设计

参照国家科技进步监测体系设计的5个一级指标（科技进步环境、科技活动投入、科技活动产出、高新技术产业化、科技促进经济社会发展），根据各个城市的数据可获得性，下设12个二级指标、28个三级指标，具体见表5.1。

表5.1 浙江城市科技综合竞争力评价指标体系

一级指标	二级指标	三级指标
科技进步环境（A1）	科技人力资源（B1）	万人专业技术人员数（人/万人）（C1）
		万人高校教师专任数（人/万人）（C2）
		科研与综合技术服务业从业人数比重（万元/万人）（C3）
	科研物质条件（B2）	地方财政教育事业费支出占预算内支出比重（%）（C4）
	科技意识（B3）	百万人口专利申请量（项/万人）（C5）
		科研与综合技术服务业平均工资与全社会平均工资比例系数（%）（C6）
		人均科普活动经费（元/人）（C7）
科技活动投入（A2）	科技活动人力投入（B4）	万人劳动力R&D人员全时当量（人年/万人）（C8）
		每万人口科技活动人员数（人/万人）（C9）
	科技活动财力投入（B5）	R&D经费支出与地区生产总值比例（%）（C10）
		本级财政科技拨款占本级财政支出比重（%）（C11）
		规模以上工业企业技术开发费支出占主营业务收入比重（%）（C12）
		地区科技经费投入占地区生产总值的比例（%）（C13）
科技活动产出（A3）	科技活动产出水平（B6）	科技活动人员人均科技论文数（篇/人）（C14）
		科技活动人员人均科技论文引用量（次/人）（C15）
	技术成果市场化（B7）	百万人口发明专利授权量（项/百万人）（C16）
		万人口专利授权量（项/万人）（C17）
		百万人口技术合同成交额（万元/百万人）（C18）
		万人技术合同成交数（项/万人）（C19）
高新技术产业化（A4）	高新技术产业化水平（B8）	高新技术产业增加值占工业增加值比重（%）（C20）
		工业新产品产值率（%）（C21）
	高新技术产业化效益（B9）	人均高新技术企业工业总产值（万元/人）（C22）
科技促进经济社会发展（A5）	经济发展方式转变（B10）	农业劳动生产率（万元/人）（C23）
		资本生产率（万元/万元）（C24）
		人均地区生产总值（元/人）（C25）
	环境改善（B11）	环境污染治理指数（%）（C26）
	社会生活信息化（B12）	百人国际互联网络用户数（户/百人）（C27）
		百人固定电话和移动电话用户数（户/百人）（C28）

1）科技进步环境

科技进步环境反映了城市对科技的环境支持，主要包括科技人力资源支持、科研物质条件支持、科研意识3个二级指标。

科技人力资源支持是指具有潜力从事系统性科学和技术知识的产生、发展、传播和应用活动的人力资源水平，其规模和实力体现了从事科技活动的潜力，由万人专业技术人员数、万人高校教师专任数、科研与综合技术服务业从业人数比重3个三级指标测量。

（1）万人专业技术人员数是指在专业技术岗位上工作的专业技术人员及从事专业技术管理工作的人员除以以万人计的常住总人口数所得值。

（2）万人高校教师专任数是指在高校专任教师数除以以万人计的常住总人口数所得值。

（3）科研与综合技术服务业从业人数比重是指科研与综合技术服务业从业人员数除以地区总就业人数的所得值。

科研物质条件表明城市对科研的物质支持，由于部分城市科研与综合技术服务业新增固定资产数据缺乏，考虑数据可得性，用地方财政教育事业费支出占预算内支出比重指标来衡量，间接反映科研物质支持。

科技意识表明了城市整体重视科技的程度，用百万人口专利申请量、科研与综合技术服务业平均工资与全社会平均工资比例系数、人均科普活动经费3个指标来衡量。

（1）百万人口专利申请量是指在城市当年专利申请量除以以百万人计的常住总人口数所得值，体现了城市的科技创新活跃程度。

（2）科研与综合技术服务业平均工资与全社会平均工资比例系数是指城市科研与综合技术服务业平均工资除以该城市全社会就业人员平均工资所得值，表明对科研与综合技术人员的重视程度。

（3）人均科普活动经费是指城市政府当年科普经费投入除以当地常住总人口数，表明城市政府对科技的重视程度。

2）科技活动投入

科技活动投入是指城市为了促进科技进步在科技活动上投入的人力和财力等的总称，下设2个二级指标，即人力投入和财力投入，是科技进步最基本的两项投入。

人力投入是科技活动的主要投入，用万人劳动力R&D人员全时当量、每万人口科技活动人员数2个指标来衡量。

（1）万人劳动力R&D人员全时当量用R&D人员全时当量（人年）除以城市总就业人员数（万人）获得。

（2）每万人口科技活动人员数用科技活动人员数（人）除以城市常住人口数（万人）获得。

科技活动财力投入反映了城市科技活动资金投入的多少，是科技活动投入的重要因素，用R&D经费支出与地区生产总值比例、本级财政科技拨款占本级财政支出比重、规模以上工业企业技术开发费支出占主营业务收入比重、地区科技经费投入占地区生产总值的比例4个指标衡量。

（1）R&D 经费支出与地区生产总值比例是由研究试验发展内部支出除以城市地区生产总值获得，反映了财力投入中对高技术研究投入的强度。

（2）本级财政科技拨款占本级财政支出比重由城市本级财政科技拨款除以城市本级财政支出，反映城市政府对科技投入的资金力度。

（3）规模以上工业企业技术开发费支出占主营业务收入比重由规模以上工业企业技术开发支出除以规模以上工业企业主营业务收入获得，反映了企业对科技的财力投入。

（4）地区科技经费投入占地区生产总值由地区当年各类机构各类科技支出总和除以地区生产总值获得。

3）科技活动直接产出

科技活动的直接产出包括论文、专利及技术成果交易，由科技活动人员人均科技论文数、科技活动人员人均科技论文引用量、百万人口发明专利授权量、万人口专利授权量、百万人口技术合同成交额、万人技术合同成交数 6 个指标构成。

（1）科技活动人员人均科技论文数由城市当年发表的国内国外科技论文数除以城市科技活动人员数获得。

（2）科技活动人员人均科技论文引用量由城市当年科技论文国内国外总引用量除以城市科技活动人员数获得。

（3）百万人口发明专利授权量由当年发明专利授权量除以以百万为单位的城市常住人口数获得。

（4）万人口专利授权量由当年专利授权量除以以万为单位的城市常住人口数获得。

（5）百万人口技术合同成交额由当年技术合同成交金额除以以百万为单位的城市常住人口数获得。

（6）万人技术合同成交数由当年技术合同成交数除以以万为单位的城市常住人口数获得。

4）高新技术产业化

科技活动的重要产出之一是促进高新技术的发展，即高新技术产业化，包括高新产业化的水平和效益 2 个方面，高新技术产业化水平有高新技术产业增加占工业增加值比重、工业新产品产值率 2 个指标衡量。

（1）高新技术产业化效益由人均高新技术企业工业总产值衡量。

（2）高技术产业增加值占工业增加值比重由规模以上高新技术工业企业增加值除以规模以上工业企业工业增加值获得。

（3）工业新产品产值率由规模以上工业企业新产品产值除以规模以上工业企业产品总产值获得。

（4）人均高新技术企业工业总产值由规模以上高新技术企业工业总产值除以规模以上高新技术企业从业人员数获得。

5）科技促进经济社会发展

科技的发展间接产出是促进经济社会发展，从经济发展方式转变、环境改善、社会生活信息化 3 个方面衡量，经济发展方式转变由农业劳动生产率、资本生产率、人均地区生产总值 3 个指标衡量，农业劳动生产率由地区农业增加值除以地区农业从业人口数获得，资本生产率由地区生产总值除以地区当年固定资产投资总额获得，人均地区生产总值取地区人均地区生产总值（常住人口）的数值。环境改善由环境污染治理指数指标来衡量，环境污染治理指数=污水处理率×0.1+工业二氧化硫治理率×0.1+工业废水排放达标率×0.5+工业烟尘去除率×0.1+工业固体废物综合利用率×0.2。社会生活信息化有百人国际互联网络用户数和百人固定电话和移动电话用户数 2 个指标衡量，百人国际互联网络用户数用地区国际互联网络用户数除以百人计常住人口数获得。

5.1.1.3 数据获取

浙江省沿海 11 个地级城市科技竞争力评价的原始数据主要来源于 2004—2013 年《浙江省设区市科技进步统计监测评价报告》，浙江省科技网关于科技数据统计，《浙江科技统计年鉴》（2005—2006，2008—2014），11 个城市的城市统计年鉴（2005—2014），国经网地级城市统计数据等，少数年份缺少数据采取合适方法补齐。为确保数据的正确性，数据第一轮由硕士研究生和本科生搜集获取；第二轮由一位老师抽查数据并复核；第三轮由另外一位老师复核。

5.1.2 评价模型

因子分析中主成分分析方法作为一种广泛使用的综合评价方法，主要用于即时性多维平面数据做降维处理及分析，但是多维动态数据的综合简化，需要采用时序全局因子分析来进行①。对于时序立体数据表，不能简单进行主成分分析，会形成完全不同的主成分，无法保证时序区间内系统分析的统一性、可比性和整体性。城市科技竞争力是具有显著动态特性的复杂多维系统，随着时间的发展，表现出不同的特征，这样一种按时间顺序排放的数据表序列就像一个数据匣，即为时序立体数据表。针对城市科技竞争力的动态性特征，运用时序全局因子分析方法，得到各年份统一的主成分公因子，便于对各年份的科技竞争力进行分析，把握各城市科技竞争力演变的规律。

5.1.2.1 时序全局立体数据表的构造

假设城市科技综合竞争力的评价样本数为 n，样本的评价变量指标为 x_i（$i=1, 2, \cdots, p$），就构成了一个 $n'p$ 的矩阵 $R_{n'p}$。时刻为 t（$t=1, 2, \cdots, T$），则 t 时刻数据表 X^t

$$X' = \begin{matrix} x_{11}^t & x_{12}^t & \cdots & x_{1p}^t \\ x_{21}^t & x_{22}^t & \cdots & x_{2p}^t \\ \vdots & \vdots & \vdots & \vdots \\ x_{n1}^t & x_{n2}^t & \cdots & x_{np}^t \end{matrix}$$

则时序全局立体数据表 K，有

① 任若恩，王惠文．多元统计数据分析——理论、方法、实例［M］．北京：国防工业出版社，1997.

$$K = \{X^t ? R_{n'p}, t \quad 1, 2, \cdots, T\} = \begin{matrix} X^1 \\ X^2 \\ \vdots \\ X^T \end{matrix}$$

运用上列数据进行浙江省11个地级城市科技综合竞争力的时序全局因子分析。

5.1.2.2 标准化处理

城市科技综合竞争力评价指标的量纲大多不同，指标取值往往相差悬殊，为了消除量纲的影响，必须对数据进行标准化处理，构建的城市综合竞争力评价指标体系全部为正指标，采用极差标准化中正指标标准化方法进行标准化处理。

计算各变量标准化处理后的KMO值及Bartlett's球形检验值，判断是否适合使用因子分析法。

5.1.2.3 因子分析

1）计算特征值及特征值贡献率和累积贡献率

计算出指标数据矩阵的相关系数矩阵 V，并求出 V 的 m 个特征值 l_1，l_2，…，l_m 及对应的特征向量 u_1，u_2，…，u_m，令其标准正交，计算贡献率及累积贡献率。

2）进行因子旋转

为使全局主公因子的典型代表性更为突出，使因子变量更具有解释性，采用极大方差法进行因子旋转，求得全局公因子的表达式为：

$Y_1 = u_{11}x_1 + u_{21}x_2 + \cdots + u_{m1}x_m$

$Y_2 = u_{12}x_1 + u_{22}x_2 + \cdots + u_{m2}x_m$

…

$Y_n = u_{1n}x_1 + u_{2n}x_2 + \cdots + u_{mn}x_m$

Y_1，Y_2，…，Y_n 表示为第1、2至 n 个全局公因子。

3）计算变量权重，计算得到一级指标得分

计算全局公因子 Y_i 的贡献率 l_i，构造综合评价函数：

$$\begin{aligned} F &= (l_1Y_1 + l_2Y_2 + \cdots + l_nY_n)/(l_1 + l_2 + \cdots + l_n) \\ &= b_1x_1 + b_2x_2 + \cdots + b_mx_m \end{aligned}$$

其中，F 为科技竞争力综合得分函数。

$$b_i = (l_1u_{i1} + l_2u_{i2} + \cdots + l_nu_{in})(l_1 + l_2 + \cdots + l_n)(i = 1, 2, \cdots, m)$$

全局公因子成分系数矩阵

$$U = \begin{matrix} u_{11} & u_{12} & \cdots & u_{1n} \\ u_{21} & u_{22} & \cdots & u_{2n} \\ \cdots & \cdots & \cdots & \cdots \\ u_{m1} & u_{m2} & \cdots & u_{mn} \end{matrix}$$

由式 $w_i = | b_i | / (| b_1 | + | b_2 | + \cdots + | b_m |)$，得到变量 x_i 的权重，据此计算得到各个一级指标的得分值。

5.1.3　综合评价

5.1.3.1　因子分析适宜性判断

数据标准化后，将数据导入统计软件 SPSS17.0，计算 KMO 值及 Bartlett's 球形检验，具体值见表 5.2，可知 KMO 值为 0.836，大于 0.7，说明变量适宜进行因子分析；Bartlett's 球形检验通过显著性检验，说明拒绝假设，变量间存在相关性，符合因子分析的要求。

表 5.2　KMO 和 Bartlett 的球形检验

取样足够度的 Kaiser-Meyer-Olkin 度量		0.837
Bartlett 的球形度检验	近似卡方	4 221.055
	df	378
	Sig.	0.000

5.1.3.2　计算时序全局公因子的贡献率和累积贡献率

时序全局分析中，提取全局公因子的原则有两个[①]：一是选取特征根大于 1 的因子作为全局公因子；二是累积方差贡献率大于 80%的因子作为全局公因子。在 SPSS17.0 对标准化数据进行因子分析，选择方差极大化进行因子旋转，得到表 5.3 及旋转的因子载荷矩阵，提取 6 个全局公因子。

表 5.3　提取的时序全局公因子解释的总方差

成分	初始特征值			提取平方和载入			旋转平方和载入		
	合计	方差的（%）	累积（%）	合计	方差的（%）	累积（%）	合计	方差的（%）	累积（%）
1	11.897	42.489	42.489	11.897	42.489	42.489	8.031	28.684	28.684
2	4.322	15.434	57.923	4.322	15.434	57.923	4.901	17.503	46.187
3	2.474	8.836	66.759	2.474	8.836	66.759	3.832	13.687	59.874
4	2.001	7.145	73.905	2.001	7.145	73.905	3.086	11.022	70.895
5	1.348	4.816	78.721	1.348	4.816	78.721	1.804	6.444	77.339
6	1.174	4.192	82.913	1.174	4.192	82.913	1.561	5.574	82.913
7	0.922	3.293	86.206						
8	0.705	2.518	88.724						
9	0.560	2.002	90.726						
10	0.434	1.549	92.275						
11	0.338	1.207	93.481						

① 任若恩，王惠文．多元统计数据分析——理论、方法、实例［M］．北京：国防工业出版社，1997：164.

续表 5.3

成分	初始特征值			提取平方和载入			旋转平方和载入		
	合计	方差的（%）	累积（%）	合计	方差的（%）	累积（%）	合计	方差的（%）	累积（%）
12	0.305	1.088	94.569						
13	0.267	0.955	95.524						
14	0.242	0.864	96.388						
15	0.216	0.772	97.160						
16	0.143	0.511	97.671						
17	0.134	0.479	98.150						
18	0.105	0.377	98.526						
19	0.088	0.313	98.839						
20	0.071	0.254	99.093						
21	0.063	0.225	99.318						
22	0.056	0.199	99.517						
23	0.041	0.147	99.664						
24	0.028	0.101	99.765						
25	0.022	0.079	99.844						
26	0.018	0.064	99.908						
27	0.017	0.059	99.968						
28	0.009	0.032	100.000						

5.1.3.3 计算变量权重及得分

根据软件处理得到的全局公因子成分系数矩阵，计算得到变量权重见表 5.4。并计算得到浙江 11 个地级城市 2004—2013 年的科技竞争力综合评价得分，具体见表 5.5 和表 5.6，5 个一级指标（科技进步环境、科技活动投入、科技活动产出、高新技术产业化、科技促进经济社会发展）的得分见表 5.7 至表 5.11。

表 5.4 各变量权重

C1	C2	C3	C4	C5	C6	C7	C8	C9	C10
0.044	0.037	0.040	0.038	0.025	0.017	0.039	0.047	0.049	0.026
C11	C12	C13	C14	C15	C16	C17	C18	C19	C20
0.064	0.051	0.022	0.020	0.037	0.026	0.020	0.058	0.059	0.037
C21	C22	C23	C24	C25	C26	C27	C28		
0.023	0.008	0.040	0.016	0.045	0.049	0.044	0.016		

表5.5 2004—2008年浙江11个地级城市科技综合竞争力评价

序号	城市	2004年		2005年		2006年		2007年		2008年	
		综合得分	排名	综合得分	排名	综合得分	排名	综合得分	排名	综合得分	排名
1	杭州	0.430	1	0.484	1	0.434	1	0.458	1	0.493	1
2	宁波	0.241	2	0.264	2	0.267	2	0.292	2	0.350	2
3	温州	0.204	3	0.220	4	0.222	4	0.228	6	0.271	6
4	嘉兴	0.165	7	0.197	5	0.211	6	0.235	5	0.274	5
5	湖州	0.144	9	0.176	8	0.190	9	0.204	9	0.254	8
6	绍兴	0.203	4	0.222	3	0.235	3	0.257	3	0.301	3
7	金华	0.164	8	0.174	9	0.200	8	0.205	8	0.255	7
8	衢州	0.121	11	0.128	10	0.124	11	0.133	11	0.187	10
9	舟山	0.168	6	0.196	6	0.204	7	0.227	7	0.244	9
10	台州	0.171	5	0.184	7	0.213	5	0.252	4	0.292	4
11	丽水	0.126	10	0.125	11	0.152	10	0.151	10	0.159	11

表5.6 2009—2013年浙江11个地级城市科技综合竞争力评价

序号	城市	2009年		2010年		2011年		2012年		2013年	
		综合得分	排名	综合得分	排名	综合得分	排名	综合得分	排名	综合得分	排名
1	杭州	0.548	1	0.561	1	0.587	1	0.631	1	0.679	1
2	宁波	0.384	2	0.388	2	0.457	2	0.517	2	0.575	2
3	温州	0.297	5	0.346	3	0.311	8	0.325	9	0.360	8
4	嘉兴	0.287	6	0.302	6	0.342	4	0.368	4	0.407	4
5	湖州	0.277	7	0.298	7	0.328	6	0.366	5	0.377	5
6	绍兴	0.321	4	0.341	4	0.356	3	0.392	3	0.414	3
7	金华	0.281	8	0.290	8	0.302	9	0.327	8	0.342	9
8	衢州	0.198	10	0.190	10	0.215	10	0.234	10	0.263	11
9	舟山	0.246	9	0.281	9	0.329	5	0.354	6	0.375	6
10	台州	0.334	3	0.313	5	0.325	7	0.342	7	0.373	7
11	丽水	0.17	11	0.174	11	0.193	11	0.218	11	0.263	10

表5.7 2004—2013年浙江11个地级城市科技进步环境指标得分

序号	城市	2004年	2005年	2006年	2007年	2008年	2009年	2010年	2011年	2012年	2013年
1	杭州	0.060	0.062	0.069	0.084	0.093	0.119	0.119	0.131	0.149	0.162
2	宁波	0.089	0.092	0.096	0.102	0.109	0.111	0.118	0.137	0.159	0.179
3	温州	0.073	0.075	0.073	0.066	0.074	0.081	0.081	0.081	0.094	0.101
4	嘉兴	0.034	0.047	0.054	0.056	0.062	0.054	0.061	0.062	0.067	0.072
5	湖州	0.034	0.052	0.050	0.051	0.055	0.069	0.070	0.078	0.090	0.090
6	绍兴	0.062	0.073	0.067	0.067	0.076	0.082	0.080	0.082	0.092	0.096
7	金华	0.059	0.059	0.056	0.054	0.063	0.064	0.062	0.060	0.070	0.072
8	衢州	0.047	0.049	0.050	0.048	0.055	0.057	0.047	0.053	0.054	0.063
9	舟山	0.062	0.070	0.071	0.068	0.067	0.064	0.070	0.074	0.079	0.097
10	台州	0.065	0.067	0.070	0.073	0.074	0.081	0.080	0.074	0.079	0.095
11	丽水	0.058	0.061	0.059	0.057	0.059	0.070	0.066	0.068	0.072	0.081

表 5.8　2004—2013 年浙江 11 个地级城市科技活动投入指标得分

序号	城市	2004 年	2005 年	2006 年	2007 年	2008 年	2009 年	2010 年	2011 年	2012 年	2013 年
1	杭州	0.134	0.166	0.167	0.174	0.186	0.194	0.209	0.212	0.218	0.222
2	宁波	0.059	0.066	0.064	0.089	0.096	0.110	0.123	0.145	0.152	0.175
3	温州	0.049	0.049	0.036	0.047	0.052	0.059	0.068	0.073	0.070	0.094
4	嘉兴	0.061	0.069	0.090	0.099	0.115	0.129	0.151	0.157	0.169	0.189
5	湖州	0.036	0.044	0.059	0.068	0.088	0.089	0.106	0.112	0.124	0.132
6	绍兴	0.064	0.077	0.091	0.106	0.117	0.119	0.136	0.136	0.138	0.151
7	金华	0.047	0.051	0.067	0.071	0.087	0.099	0.105	0.102	0.111	0.105
8	衢州	0.045	0.042	0.035	0.035	0.038	0.044	0.044	0.052	0.060	0.067
9	舟山	0.050	0.038	0.046	0.060	0.061	0.059	0.067	0.085	0.092	0.095
10	台州	0.047	0.054	0.070	0.100	0.112	0.127	0.105	0.113	0.114	0.123
11	丽水	0.023	0.012	0.017	0.011	0.008	0.014	0.023	0.026	0.036	0.053

表 5.9　2004—2013 年浙江 11 个地级城市科技活动产出指标得分

序号	城市	2004 年	2005 年	2006 年	2007 年	2008 年	2009 年	2010 年	2011 年	2012 年	2013 年
1	杭州	0.157	0.164	0.106	0.099	0.096	0.098	0.091	0.092	0.098	0.111
2	宁波	0.021	0.023	0.021	0.019	0.018	0.019	0.021	0.031	0.037	0.045
3	温州	0.015	0.019	0.021	0.020	0.020	0.018	0.016	0.015	0.012	0.012
4	嘉兴	0.021	0.017	0.008	0.009	0.009	0.011	0.011	0.014	0.014	0.016
5	湖州	0.030	0.026	0.017	0.016	0.017	0.015	0.014	0.016	0.019	0.021
6	绍兴	0.029	0.015	0.010	0.010	0.011	0.012	0.013	0.012	0.011	0.014
7	金华	0.018	0.019	0.018	0.016	0.014	0.014	0.014	0.014	0.014	0.016
8	衢州	0.008	0.010	0.009	0.008	0.009	0.010	0.008	0.009	0.008	0.011
9	舟山	0.019	0.040	0.033	0.030	0.030	0.028	0.020	0.022	0.021	0.020
10	台州	0.010	0.011	0.012	0.006	0.012	0.018	0.014	0.012	0.015	0.020
11	丽水	0.027	0.027	0.039	0.044	0.035	0.022	0.018	0.019	0.016	0.013

表 5.10　2004—2013 年浙江 11 个地级城市高新技术产业化指标得分

序号	城市	2004 年	2005 年	2006 年	2007 年	2008 年	2009 年	2010 年	2011 年	2012 年	2013 年
1	杭州	0.020	0.021	0.020	0.023	0.036	0.038	0.037	0.039	0.041	0.046
2	宁波	0.012	0.014	0.012	0.012	0.031	0.030	0.027	0.033	0.036	0.039
3	温州	0.009	0.008	0.009	0.011	0.034	0.037	0.037	0.037	0.038	0.041
4	嘉兴	0.011	0.012	0.011	0.016	0.026	0.030	0.011	0.034	0.036	0.038
5	湖州	0.014	0.017	0.017	0.021	0.036	0.039	0.037	0.040	0.040	0.037
6	绍兴	0.012	0.013	0.011	0.015	0.025	0.032	0.032	0.036	0.035	0.035
7	金华	0.011	0.010	0.013	0.011	0.024	0.031	0.031	0.034	0.033	0.036
8	衢州	0.007	0.007	0.008	0.009	0.044	0.044	0.044	0.044	0.045	0.050
9	舟山	0.005	0.004	0.003	0.013	0.012	0.016	0.036	0.049	0.046	0.039
10	台州	0.019	0.016	0.017	0.021	0.035	0.037	0.039	0.040	0.038	0.039
11	丽水	0.004	0.004	0.004	0.003	0.009	0.011	0.011	0.013	0.015	0.036

表 5.11　2004—2013 年浙江 11 个地级城市科技促进经济社会发展指标得分

序号	城市	2004 年	2005 年	2006 年	2007 年	2008 年	2009 年	2010 年	2011 年	2012 年	2013 年
1	杭州	0.059	0.071	0.072	0.078	0.082	0.098	0.105	0.112	0.125	0.139
2	宁波	0.060	0.070	0.075	0.070	0.095	0.114	0.099	0.112	0.133	0.136
3	温州	0.058	0.069	0.082	0.085	0.091	0.101	0.143	0.105	0.110	0.112
4	嘉兴	0.037	0.051	0.047	0.055	0.061	0.063	0.067	0.075	0.082	0.092
5	湖州	0.029	0.038	0.047	0.048	0.059	0.065	0.071	0.082	0.093	0.097
6	绍兴	0.036	0.045	0.056	0.059	0.072	0.076	0.080	0.091	0.117	0.118
7	金华	0.029	0.034	0.046	0.053	0.067	0.073	0.079	0.090	0.099	0.113
8	衢州	0.014	0.020	0.022	0.033	0.042	0.044	0.047	0.057	0.067	0.072
9	舟山	0.032	0.045	0.052	0.057	0.073	0.079	0.088	0.099	0.116	0.124
10	台州	0.030	0.036	0.045	0.051	0.060	0.070	0.074	0.085	0.095	0.096
11	丽水	0.014	0.022	0.033	0.036	0.048	0.053	0.055	0.067	0.078	0.080

5.1.3.4　科技竞争力总体态势分析

比较表 5.5、表 5.6，对浙江 11 个地级城市科技竞争力的综合得分进行分析。

1）浙江城市科技综合竞争力均有提升

从 2004 年至 2013 年，浙江省 11 个地级城市的科技综合竞争力均在提升，其中，宁波提升幅度最大，达到 0.334，提升幅度最小的为丽水，值为 0.137，舟山提升幅度为 0.207。

2）科技活动产出和高新技术产业化成为浙江城市科技综合竞争力的短板

在科技综合竞争力的 5 个一级指标中，科技活动产出和高新技术产业化成为提升城市科技综合竞争力的关键因素。科技活动产出对科技综合竞争力贡献的平均值为 9.8%，台州市最小，平均值仅为 4.7%，最高为杭州市，平均值达到 21.8%。高新技术产业化对科技综合竞争力贡献的平均值为 9.6%，丽水市最小，平均值为 5.8%，最高为衢州，平均值为 15.2%。提高科技活动产出水平和高新技术产业化水平是当前浙江省科技发展的重点。

3）浙江省 11 个地级城市科技综合竞争力呈现明显的分级特征

2013 年，城市科技综合竞争力得分在 0.263～0.679 之间，城市间差异明显，衢州、丽水处于较低水平，为 0.263，温州、湖州、舟山、金华、台州处于 0.36～0.38 之间，嘉兴、绍兴处于 0.4～0.42 之间，宁波、杭州处于 0.57～0.68 之间，杭州最好，为 0.679，宁波和杭州的科技综合竞争力处于较高水平，与现实表现基本相符。

5.1.3.5　科技竞争力一级指标分析

1）各城市科技进步环境一级指标分析

根据表 5.7，对各城市科技进步环境得分进行分析。

从各年的时点值比较来看，宁波的科技进步环境处于较高的水平，杭州紧随其后，宁波科技进步环境得分值高主要是万人高校教师专任数、科研与综合技术服务业平均工资与全社会平均工资比例系数两个指标值均高于杭州，表明宁波对高端人才的重视，衢州的科技进步环境值最低，万人高校教师专任数、科研与综合技术服务业平均工资与全社会平均工资比例系数两个指标表现很差，与宁波、杭州的水平相比处于极差水平。2013年，宁波市科技进步环境得分值为0.179，杭州得分值为0.162，舟山得分值为0.097，衢州得分值为0.063，宁波、杭州的科技进步环境值远高于其他城市。

从科技进步环境动态发展来看，所有城市的科技进步环境值均在上升，科技进步环境得分值增加最大的是杭州、宁波，杭州从2004年的0.06提高到2013年的0.162，提高了0.102，宁波从2004年的0.089提高到2013年的0.179，提高了0.09。金华市的科技进步环境得分值增加最小，提高了0.014，舟山科技进步环境得分提高了0.034，提高幅度较小。

2）各城市科技活动投入一级指标分析

根据表5.8，对各城市科技活动投入进行分析。

从各年的时点值比较来看，杭州的科技活动投入处于最高的水平，嘉兴、宁波的科技活动投入紧随其后，丽水的科技活动投入处于最低水平。2013年，杭州市科技活动投入得分值为0.222，嘉兴得分值为0.189，嘉兴得分值为0.175，舟山得分值为0.095，丽水得分值为0.053，杭州市在地区研究与试验发展经费支出与GDP比例、科技经费投入占生产总值的比例这两个指标的值高于其他城市。

从科技活动投入动态发展来看，所有城市的科技活动投入值均在上升，科技活动投入值增加最大的是嘉兴，嘉兴从2004年的0.061提高到2013年的0.189，提高了0.128，宁波从2004年的0.059提高到2013年的0.175，提高了0.116。衢州市的科技活动投入得分值增加最小，提高了0.022，舟山科技活动投入得分提高了0.044，提高幅度较小。

3）各城市科技活动产出一级指标分析

根据表5.9，对各城市科技活动产出进行分析。

从各年的时点值比较来看，杭州的科技活动产出处于最高的水平，宁波的科技活动产出排在第2，但是远低于杭州的科技活动产出值，杭州市在万人技术合同成交数、百万人口技术市场成交合同额2项指标上得分远高于其他城市，说明杭州的科技转化为具体技术和产出的水平较高，衢州的科技活动产出处于最低水平。2013年，杭州市科技活动投入得分值为0.111，宁波得分值为0.045，舟山得分值为0.020，衢州得分值为0.011。

从科技活动产出动态发展来看，2013年相比2003年，宁波、衢州、台州的科技活动产出值稍有增长，其他城市的科技活动产出水平呈现下降趋势，科技活动产出增加最大的是宁波，宁波从2004年的0.021提高到2013年的0.045，提高了0.024，下降最大的是杭州，从2004年的0.157下降到2013年的0.111，原因在于人均发表科技论文数、人均科技论文引用量、万人技术合同成交数3个指标的得分在下降。舟山科技活动产出得分呈现先增加后减少的趋势，人均科技论文引用量、人均发表科技论文数2个指标有所减少，百万人口发明专利授权数、万人口专利授权量、万人技术合同成交数、百万人口技术市场成交合同额4个指标略微增加。

4）各城市高新技术产业化一级指标分析

根据表5.10，对各城市高新技术产业化进行分析。

从各年的时点值比较来看，各城市高新技术产业化的值较低，衢州尽管高新技术产业总量较少，因采用的相对指标，从2008年一直处于上升态势，并排名靠前，反映出衢州的高新技术产业化具有一定的后发优势，而杭州、宁波的高新技术产业化的总量较大，因采用相对指标，其得分值受到影响。丽水的高新技术产业化处于最低值。2013 年，衢州市高新技术产业化得分值为 0.05，杭州得分值为 0.046，宁波、舟山得分值为 0.039。

从高新技术产业化动态发展来看，2013 年相比 2004 年，所有城市的高新技术产业化值均在增加，衢州的高新技术产业化值增加最大，从 2004 年的 0.007 提高到 2013 年的 0.05，提高了 0.043，增加值最小的是台州，增加了 0.02，舟山增加了 0.035。

5）各城市科技促进经济社会发展一级指标分析

根据表 5.11，对各城市科技促进经济社会发展一级指标进行分析。

从各年的时点值比较来看，各城市科技促进经济社会发展的值较高，杭州、宁波、温州的值较大，丽水、衢州处于较差水平。2013 年，杭州科技促进经济社会发展的得分值为 0.139，宁波得分值为 0.136，绍兴得分值为 0.118，舟山得分值为 0.124，衢州和丽水水平较差，得分值分别为 0.072 和 0.08。

从动态发展来看，2013 年相比 2004 年，所有城市的科技促进经济社会发展值均在增加，舟山增加值最大，从 2004 年的 0.032 提高到 2013 年的 0.124，提高了 0.092，增加值最小的是温州和嘉兴，分别增加了 0.054 和 0.055。

5.1.4 分异评价

5.1.4.1 系统聚类分析

为了更好地研究城市科技综合竞争力的分级特征，将 11 个城市各个一级指标和综合得分进行系统聚类分析，运用组间平均数联结法生成聚类树状族谱，具体见图 5.1 和图 5.2。2004 年，将浙江 11 个城市划分为 3 个层次：第一层次为杭州；第二层次为宁波、绍兴、温州；第三层次为金华、舟山、台州、嘉兴、衢州、丽水、湖州。2013 年，11 个城市划分为 4 个层次：第一层次为杭州、宁波；第二层次为绍兴、嘉兴；第三层次为金华、舟山、台州、温州、湖州；第四层次为衢州、丽水。

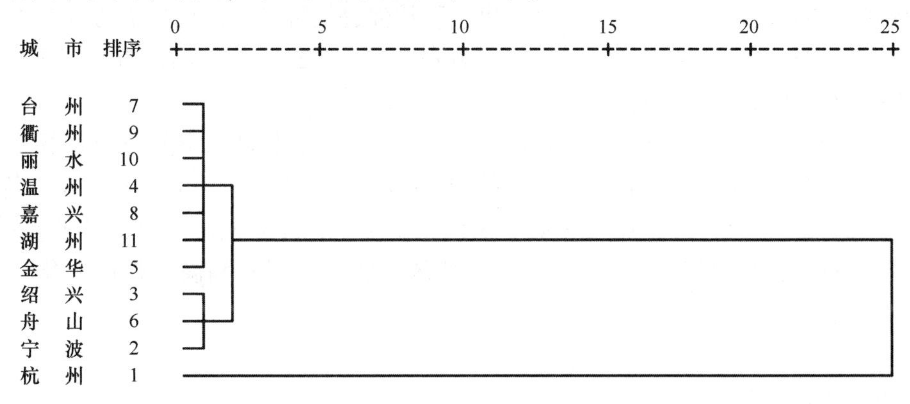

图 5.1 2004 年系统聚类分析

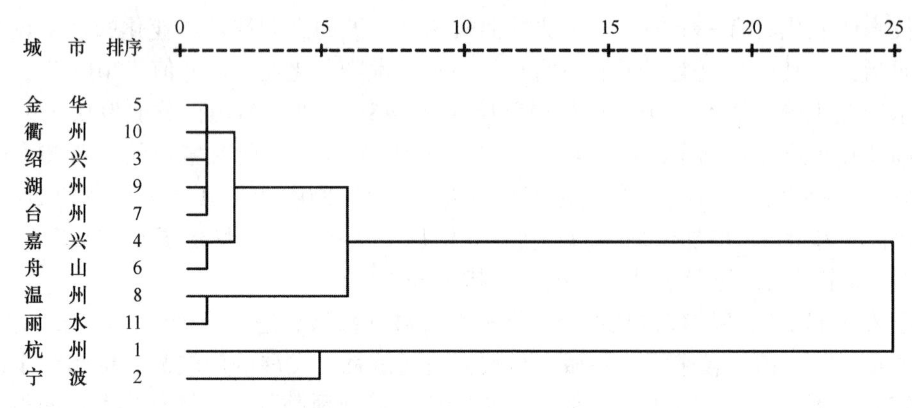

图 5.2 2013 年系统聚类分析

5.1.4.2 空间梯度分析

根据系统聚类结果，将 0~0.3 表示为科技综合竞争力低梯度；0.3~0.5 为中梯度；0.5 以上为高梯度。2004 年，杭州为中梯度；其他 10 个城市均为低梯度。2008 年，杭州为高梯度；宁波、绍兴、台州为中梯度；金华、舟山、嘉兴、温州、湖州、丽水、衢州均为低梯度。2013 年，丽水、衢州为低梯度；金华、舟山、台州、嘉兴、绍兴、温州、湖州为中梯度；杭州、宁波为高梯度。尽管城市科技综合竞争力总体有所改善，但仍然表现出显著的空间分异，处于高梯度水平的城市偏少。

5.1.5 结论

浙江省 11 个地级城市科技综合竞争力的分析表明，从 2004 年至 2013 年，城市科技综合竞争力水平均有提升，其中宁波的提升幅度最大，这与宁波营造良好的科技环境、加大科技投入有密切的关系。杭州市科技综合竞争力处于最高水平，与其他城市相比，在科技进步环境、科技活动投入、科技活动产出、科技促进经济社会协调发展方面均处于极高水平。舟山的科技综合竞争力值在提升，排名先降后升，2011 年在浙江省排第 5 名，2012 年和 2013 年在浙江省排第 6 名。

另外，浙江省 11 个地级城市的科技综合竞争力表现出明显的空间分异特征，科技发展不平衡，宁波和杭州处于较高水平，其他城市的科技实力有待提升，这与浙江产业经济结构有一定的关系，高科技企业大多集中于杭州、宁波，部分城市高科技产业基础薄弱。未来，浙江城市需要在科技产出（特别是科技技术转化应用）和高科技产业化付出更多努力。

5.2 科技效率评价

科技投入包括人员投入、经费投入、设备投入等诸多方面，科技产出包括科研论文、专利、科研成果转化、高新技术产业产值等。研究不同城市科技的投入产出效率，有利于加强政府科研管理，优化科技资源配置，调动广大科技人员的积极性，提高科研工作效率。

5.2.1　评价方法

5.2.1.1　科技效率评价方法

目前，现有文献关于效率的测度方法归纳起来主要有单一比值法、指标体系法和模型法。其中单一比值法即按照价值和影响的比值计算，操作简单，但不利于从整体上对资源潜力的发挥进行挖掘。指标体系法通过事先设定评价指标可以综合衡量社会、经济和自然子系统的协调关系，但指标选取和权重确定具有一定主观性。模型法主要是通过运用 DEA 方法，结合投入产出数据分析科技系统资源利用效率，能够弥补前两种方法的不足。因此，DEA 方法被广泛运用到效率的评价中。

DEA 方法是 Chames 等于 1978 年提出的一种以线性规划为工具，对相同类型决策单元（DUM）的相对有效性进行评价的非参数统计方法。该方法无需设定模型的具体形式，也无需对数据进行无量纲化处理，避免人为设定权重对测算结果的主观影响。DEA 模型可以分为规模报酬可变模型（VRS）和规模报酬不变模型（CRS）。在 VRS 模型中，技术效率（也称综合效率）分解为纯技术效率和规模效率两部分。本研究旨在探讨城市科技的效率水平，并试图找出其低效的原因，因而采用 VRS 模型进行分析，以期从技术和规模上提出相应的改进建议。

Malmquist 指数方法基于 DEA 方法提出，是目前使用比较广泛的效率动态评价方法。它是利用距离函数的比率来计算决策单元投入产出效率变动情况。距离函数的构造思路为：以 t 时期的技术为参照，t 时期的生产点（x^t，y^t）与当期生产前沿面的距离函数 $D^t(x^t, y^t)$，$t+1$ 时期的生产点（x^{t+1}，y^{t+1}）与 t 期生产前沿面的距离函数 $D^t(x^{t+1}, y^{t+1})$，距离函数 $D^{t+1}(x^t, y^t)$ 和 $D^{t+1}(x^{t+1}, y^{t+1})$ 的含义同上类似。在 VRS 的假设条件下，Fare 等构造出从 t 时期到 $t+1$ 时期的 Malmquist 指数，如式（5.1），并通过等价变换将其分解为技术效率变动指数（effch）和技术进步变动指数（techch）两部分，而技术效率变动指数（effch）分解为纯技术效率变动指数（pech）和规模效率变动指数（sech）两部分，如式（5.2）所示。

$$M_{t,\ t+1} \frac{D^t(x^{t+1},\ y^{t+1})}{D^t(x^t,\ y^t)} \frac{D^{t+1}(x^{t+1},\ y^{t+1})}{D^{t+1}(x^t,\ y^t)}^{1/2} \tag{5.1}$$

$$\begin{aligned} M_{t,\ t+1} & \frac{D^{t+1}(x^{t+1},\ y^{t+1} \mid VRS)}{D^t(x^t,\ y^t \mid VRS)} \frac{D^{t+1}(x^{t+1},\ y^{t+1} \mid CRS)}{D^{t+1}(x^t,\ y^t \mid VRS)} \\ & \frac{D^t(x^t,\ y^t \mid VRS)}{D^t(x^t,\ y^t \mid CRS)} \frac{D^t(x^{t+1},\ y^{t+1})}{D^{t+1}(x^{t+1},\ y^{t+1})} \frac{D^t(x^t,\ y^t)}{D^{t+1}(x^t,\ y^t)}^{1/2} \\ & = pechsech\ techch \end{aligned} \tag{5.2}$$

当 $M>1$，表示从 t 时期到 $t+1$ 时期科技效率水平提高，反之则表示科技效率水平下降。effch 表示从 t 到 $t+1$ 时期每个 DUM 对生产前沿面的追赶程度，若 $effch>1$，表示 DUM 在后一期与前沿面的距离相对于前一期的距离较近，故相对效率提高，反之则表示相对效率下降。techch 表示从 t 到 $t+1$ 时期技术生产的技术变动，若 *techch*>1，表示技术进步，反之则表示生产技术有衰退趋势。pech 表示管理水平的改善使效率发生变动情况，若 *pech*>1，表示效率提升，反之则表示效率下降。sech 代表 DUM 从长期来看向最优生产规模的靠近程度变化情况，若 *sech*>1，表示 DUM 向最优生产规模靠拢，反之则表示偏离最优生产规模。

5.2.1.2 指标选取与数据来源

使用 DEA 方法对科技效率进行评价，必须输入科技的投入和产出指标。本研究将科技人力投入和科技物质投入作为投入指标，而将科技产出将直接产出和间接产出作为产出指标，同时考虑到科技生产的特点、数据的可获得性以及科学性，构建适用于城市科技效率的评价指标体系。

科技投入是从事科技活动的基本要素和重要基础，科技投入的大小、结构决定科技活动的规模和效率。科技活动中的科技投入总量，主要包括财力、人力等方面的投入，其中财力投入是核心部分。本研究选取的科技投入指标包括：地区研究与试验发展经费支出与 GDP 比例、规模以上工业企业技术开发费支出占主营业务收入比重、本级财政科技拨款占本级财政支出比重、科技经费投入占生产总值的比重、万人科技活动人员数（人/万人）、每万人劳动力 R&D 人员全时当量（人年/万人）。

科技产出主要体现在两个方面：一是科技创新的成果，主要包括科技专利、科技论文、科技项目等；二是技术成果转化，主要包括技术成果市场成交额、高新技术产值等。本研究的科技产出指标包括：科技人员人均发表论文数（篇/人）、万人口专利授权量（项/万人）、万人口发明专利授权量（项/万人）、人均技术合同成交金额（元/人）、万人技术合同成交数（项/万人）、高新技术产业增加值占工业增加值的比重、人均高新技术产业产值（万元/人）。

基于上述分析，构建浙江省城市科技效率的评价指标体系（表 5.12）。

表 5.12 浙江城市科技效率评价指标体系

投入指标	产出指标
地区研究与试验发展经费支出与 GDP 比例（%）	科技人员人均发表论文数（篇/人）
科技经费投入占生产总值的比重（%）	万人口专利授权量（项/万人）
本级财政科技拨款占本级财政支出比重（%）	万人口发明专利授权量（项/万人）
规模以上工业企业技术开发费支出占主营业务收入比重（%）	人均技术合同成交金额（元/人）
万人科技活动人员数（人/万人）	万人技术合同成交数（项/万人）
每万人劳动力 R&D 人员全时当量（人年/万人）	高新技术产业增加值占工业增加值的比重（%）
	人均高新技术产业产值（万元/人）

注：浙江省 11 个地级城市科技效率评价的原始数据主要来源于 2004—2013 年《浙江省设区市科技进步统计监测评价报告》，浙江省科技网关于科技数据统计，《浙江科技统计年鉴》（2005—2006 年，2008—2014 年），11 个城市的城市统计年鉴（2005—2014 年），国经网地级城市统计数据等，少数年份缺少数据采取合适方法补齐。

5.2.2 静态评价

将搜集到科技投入产出指标数据输入到软件 DEAP2.1，测算出 2004—2013 年浙江城市的科技效率得分，在此基础上，计算了各年份平均效率得分及变异系数、各城市的平均效率得分及变异系数，并根据各城市的平均效率得分对各城市科技效率进行了排名，具体见表 5.13。

表 5.13　2004—2012 年浙江 11 个地级城市科技效率得分

序号	城市	2004年	2005年	2006年	2007年	2008年	2009年	2010年	2011年	2012年	2013年	平均效率	排名	变异系数
1	杭州	1	1	1	1	1	1	1	1	1	1	1	1	0
2	宁波	1	1	1	1	1	1	1	1	1	1	1	1	0
3	温州	1	1	1	1	1	1	1	1	0.959	0.996	6	0.013	
4	嘉兴	1	1	0.974	1	1	0.925	0.759	0.8	0.655	0.631	0.874	11	0.150
5	湖州	1	1	1	1	1	1	1	1	1	1	1	1	0
6	绍兴	1	1	0.883	0.829	1	1	1	1	0.953	0.925	0.959	8	0.061
7	金华	1	1	1	1	1	1	1	1	1	1	1	1	0
8	衢州	0.815	0.931	1	1	1	1	1	1	1	1	0.975	7	0.060
9	舟山	0.761	1	0.842	1	0.686	1	1	1	1	1	0.929	10	0.120
10	台州	1	1	1	1	1	1	1	0.9	0.812	0.806	0.952	9	0.081
11	丽水	1	1	1	1	1	1	1	1	1	1	1	1	0
年度平均效率		0.961	0.994	0.973	0.984	0.971	0.993	0.978	0.973	0.947	0.938	—		
年度效率变异系数		0.087	0.021	0.056	0.052	0.095	0.023	0.073	0.065	0.112	0.118			

5.2.2.1　各年份科技效率分析

2004 年浙江 11 个地级城市科技有效率的城市共有 9 个，衢州和舟山科技效率低下，衢州科技效率水平为 0.815，舟山为 0.761，两个城市未达到 DEA 有效。2004 年平均效率得分为 0.961，变异系数为 0.087，表明城市间科技效率水平差异不大。

2005 年浙江 11 个地级城市科技有效率的城市共有 10 个，衢州科技效率低下，衢州科技效率水平为 0.931，未达到 DEA 有效。2004 年平均效率得分为 0.994，变异系数为 0.021，表明城市间科技效率水平差异不大，平均效率得分最高，变异系数最小，是 10 年中表现最好的年份。

2006 年浙江 11 个地级城市科技有效率的城市共有 8 个，嘉兴、绍兴、舟山科技效率低下，嘉兴科技效率水平为 0.974，绍兴为 0.883，舟山为 0.842，未达到 DEA 有效。2006 年平均效率得分为 0.973，变异系数为 0.056，表明城市间科技效率水平差异不大，平均效率得分较高，变异系数较小。

2007 年浙江 11 个地级城市科技有效率的城市共有 10 个，绍兴科技效率低下，绍兴科技效率水平为 0.829，未达到 DEA 有效。2007 年 平均效率得分为 0.984，变异系数为 0.052，表明城市间科技效率水平差异不大，平均效率得分较高，变异系数较小。

2008 年浙江 11 个地级城市科技有效率的城市共有 10 个，舟山科技效率低下，科技效率水平为 0.686，未达到 DEA 有效。2008 年平均效率得分为 0.971，变异系数为 0.095，表明城市间科技效率水平差异较大，平均效率得分较高，变异系数则较大。

2009年浙江11个地级城市科技有效率的城市共有10个，嘉兴科技效率低下，科技效率水平为0.925，未达到DEA有效。2009年平均效率得分为0.993，变异系数为0.023，表明城市间科技效率水平差异不大，平均效率得分高，变异系数较小。

2010年浙江11个地级城市科技有效率的城市共有10个，嘉兴科技效率低下，科技效率水平为0.759，未达到DEA有效。2010年平均效率得分为0.978，变异系数为0.073，表明城市间科技效率水平差异较大，平均效率得分较高，变异系数则较大。

2011年浙江11个地级城市科技有效率的城市共有9个，嘉兴、台州科技效率低下，嘉兴科技效率水平为0.8，台州科技效率水平为0.9，未达到DEA有效。2011年平均效率得分为0.974，变异系数为0.065，表明城市间科技效率水平差异较大，平均效率得分较高，变异系数则较大。

2012年浙江11个地级城市科技有效率的城市共有8个，温州、绍兴、台州科技效率低下，温州科技效率水平为0.655，绍兴科技效率水平为0.953，台州科技效率水平为0.812，未达到DEA有效。2012年平均效率得分为0.947，变异系数为0.112，表明城市间科技效率水平差异大，平均效率得分低，变异系数较大。

2013年浙江11个城市科技有效率的城市共有8个，温州、绍兴、台州科技效率低下，温州科技效率水平为0.959，嘉兴科技效率水平为0.631，绍兴科技效率水平为0.925，台州科技效率水平为0.806，未达到DEA有效。2013年平均效率得分为0.938，变异系数为0.118，表明城市间科技效率水平差异大，平均效率得分最低，变异系数最大，为表现最差的年份。

从以上各年城市科技效率水平来看，表现最好的年份为2005年，其次是2009年，平均科技效率高，效率变异系数小，表现最差的是2013年，平均科技效率值最低，效率变异系数最大。2010—2013年区段内，浙江城市的科技效率平均值小、变异系数大，表现相比以前较差。

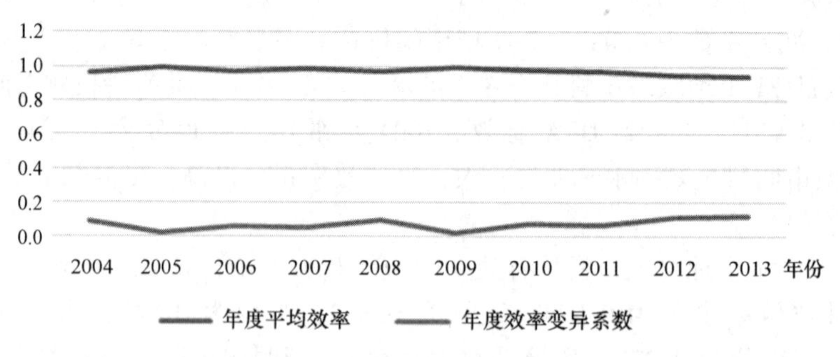

图5.3　2004—2013年浙江城市科技效率平均值及变异系数

5.2.2.2　各城市科技效率分析

首先，从表5.13可以看出，2004—2013年科技效率DEA得分一直保持有效状态的城市有杭州、宁波、湖州、金华、丽水，这5个城市一直处于高效率水平行列。

其次，从各城市科技效率平均值来看，除去杭州、宁波、湖州、金华、丽水5个城市，温州科技效率平均值为0.996，衢州为0.975，绍兴为0.959，台州为0.952，舟山为

0.929，嘉兴为 0.874，在 11 个地级城市中嘉兴市科技效率平均值最小，舟山科技效率平均值仅高于嘉兴。10 年中，温州 DEA 无效年份为 2013 年，衢州 DEA 无效年份为 2004 年、2005 年，绍兴 DEA 无效年份为 2006 年、2007 年、2012 年、2013 年，台州 DEA 无效年份为 2011 年、2012 年、2013 年，舟山 DEA 有效状态的年份有 7 年，2009—2013 年 5 年科技效率均为 DEA 有效。嘉兴 DEA 有效的年份仅有 4 年，2009—2013 年 5 年科技效率均为 DEA 无效。

最后，从各城市效率得分变异系数看，变异系数最大的是嘉兴，其次是舟山、台州、绍兴、衢州、温州。

从 2004 年至 2013 年 10 年的科技效率平均值和变异系数来看，嘉兴科技效率平均值小，变异系数大，嘉兴的表现最差，舟山的科技效率表现仅比嘉兴好。从 2009 年至 2013 年区间来看，舟山均处于 DEA 有效状态，表现很好。

5.2.3　动态评价

DEA 是一种计算相对效率的方法，测评的是决策单元在同一时期的静态效率。为进一步考察各决策单元效率的动态变化趋势情况，运用 DEAP2.1 软件对 2004—2013 年间 11 个浙江地级城市科技投入产出的面板数据进行 Malmquist 全要素生产力指数分析，得到了各城市科技活动的 Malmquist 指数及其分解指数，具体计算结果如表 5.14、表 5.15 所示。

根据表 5.14 可知，2004—2013 年浙江城市 Malmquist 指数均值为 1.029，浙江城市科技效率呈现整体上升趋势。技术效率变动指数和技术进步指数分别为 0.997 和 1.088，说明浙江城市科技效率提升的主要原因在于技术进步的提升。这种现象表明，城市科技存在技术进步和技术效率损失并存的现象，说明浙江城市对科技资源的合理配置及资源使用效率上存在不足。浙江城市 Malmquist 指数大于 1 的年份有 2005 年、2007 年、2008 年、2009 年、2010 年、2011 年，小于 1 的年份有 2006 年、2012 年、2013 年，浙江城市的科技效率呈现“先升后降”的趋势。

表 5.14　浙江城市各年份 Malmquist 及分解指数各年均值

年份	技术效率变动指数	技术进步变动指数	纯技术效率变动指数	规模效率变动指数	Malmquist 指数
2005	1.038	0.983	1.027	1.011	1.020
2006	0.977	0.948	0.983	0.994	0.927
2007	1.012	1.108	1.010	1.002	1.122
2008	0.983	1.327	0.993	0.990	1.305
2009	1.028	1.041	1.014	1.013	1.070
2010	0.982	1.034	0.976	1.007	1.016
2011	0.995	1.207	1.006	0.990	1.202
2012	0.969	0.848	0.986	0.983	0.822
2013	0.989	0.879	0.993	0.997	0.870
平均值	0.997	1.032	0.998	0.998	1.029

从技术效率变动指数来看，2005 年、2007 年、2009 年共 3 年的值大于 1，其余年份均小于 1，表明浙江城市科技效率呈现下降趋势。技术效率的变动主要是由纯技术效率和规模效率变动引起的，从表 5.14 可知，纯技术效率 2005 年、2007 年、2009 年、2011 年共 3 年的值大于 1，规模效率 2005 年、2007 年、2009 年、2010 年共 4 年的值大于 1，纯技术效率和规模效率的变动趋势与技术效率基本一致，说明在这 10 年间，浙江城市科技存在科技管理力度不够、科技要素投入不合理、科技要素结构配置不合理等问题。必须提升科技管理水平、改善科技要素投入的水平和结构，促进纯技术效率和规模效率的提升。

从技术进步变动指数来看，2005 年、2006 年、2012 年、2013 年共 4 个年份的技术进步指数值小于 1，2007—2011 年共 5 个年份的值大于 1，其变动趋势与 Malmquist 指数变动基本一致，说明技术进步是促使科技效率变动的主要因素，在科研中应继续促进先进技术的使用。

表 5.15　浙江城市 Malmquist 及分解指数几何均值

城市	技术效率变动指数	技术进步变动指数	纯技术效率变动指数	规模效率变动指数	Malmquist 指数
杭州	1.000	0.904	1.000	1.000	0.904
宁波	1.000	1.178	1.000	1.000	1.178
温州	0.995	1.011	1.000	0.995	1.006
嘉兴	0.950	1.082	0.969	0.980	1.028
湖州	1.000	1.046	1.000	1.000	1.046
绍兴	0.991	1.087	1.000	0.991	1.078
金华	1.000	1.075	1.000	1.000	1.075
衢州	1.023	1.091	1.004	1.019	1.116
舟山	1.031	0.976	1.029	1.002	1.006
台州	0.976	1.070	0.981	0.995	1.044
丽水	1.000	0.874	1.000	1.000	0.874
平均值	0.997	1.032	0.998	0.998	1.029

从表 5.15 可知，Malmquist 指数均值小于 1 的城市有杭州和丽水，其余城市均大于 1，说明从城市科技动态发展来看，杭州和丽水的科技效率下降了，杭州和丽水科技效率下降的主要原因是由于技术进步变动指数小于 1，其余 9 个城市的科技效率呈现上升趋势。舟山 Malmquist 指数均值略大于 1，科技效率高于嘉兴、湖州、台州、杭州和丽水，主要得益于技术效率的贡献，技术进步的贡献则不足。表 5.16 则进一步表明，舟山的 Malmquist 指数呈现不稳定性，2011—2013 年的值均小于 1，说明舟山科技效率呈现下降趋势，主要原因在于舟山科技的技术进步贡献不足，需要在科技投入产出管理中引进先进技术。

表 5.16　舟山 Malmquist 及分解指数各年值

年份	技术效率变动指数	技术进步变动指数	纯技术效率变动指数	规模效率变动指数	Malmquist 指数
2005	1.315	1.531	1.296	1.015	2.013
2006	0.842	0.760	0.912	0.923	0.640
2007	1.187	1.096	1.096	1.083	1.302
2008	0.686	1.534	0.855	0.802	1.052
2009	1.458	0.649	1.169	1.247	0.946
2010	1.000	1.185	1.000	1.000	1.185
2011	1.000	0.996	1.000	1.000	0.996
2012	1.000	0.803	1.000	1.000	0.803
2013	1.000	0.667	1.000	1.000	0.667

5.3　贡献率评价

现代经济增长的实质就是要依靠科技进步，实现内涵式增长。近 10 年来，浙江省各城市经济得到高速发展，定量测算科技进步对区域经济增长的贡献，对把握科技进步与经济增长之间相互作用的规律，分析城市的经济增长方式有着十分重要的作用。为此，本研究选用索罗模型对浙江省城市经济增长的科技进步贡献率进行测算和分析，以有利于从科技贡献率的角度对舟山科技进行定位。

5.3.1　评价模型

对科技进步贡献率的测算有许多种方法，例如索罗模型、超越对数生产函数模型等。考虑到科学性、普遍性、可行性、简单性等基本原则，采用索罗模型构建增长速度方程以分析科技进步因素对经济增长的贡献。增长速度方程为（5.3）：

$$Y = A + aK + bL \tag{5.3}$$

式（5.3）中：Y 为产出的年增长速度；A 为科技进步的增长速度；K 为资金的年增长速度；L 为劳动的年增长速度；a 为资本产出弹性系数（指在其他条件不变的情况下，资本增加 1%时，产出增加 1%）；b 为劳动产出弹性系数（指在其他条件不变的情况下，劳动增加 1%时，产出增加 1%），且 $a+b=1$。科技进步、资本、劳动对产出增长速度的贡献率 EA、EK、EL 分别为：

$$EA = A/Y \tag{5.4}$$

$$EK = aK/Y \tag{5.5}$$

$$EL = bL/Y \tag{5.6}$$

可以看到增长速度方程分析的是产出增长速度、投入增长速度与科技进步速度间的关系。由于 Y、K、L 的值可以在统计年鉴里得到。只要正确估算出参数 a 和 b，便可以把科技进步率分离出来。因此，增长速度方程除了具有指标少、可比性强和计算结果较符合实际等特点外，还能体现速度与效益相结合的特点，能直接计算出科技在经济发展中的贡献率。

5.3.2 评价指标

5.3.2.1 产出量的确定

测算科技进步贡献率时，国内生产总值（GDP）一般被认为是反映经济产出的最佳变量，尽管 GDP 有其局限性。目前有些国家提出了绿色 GDP 的概念，但是关于绿色 GDP 的核算比较困难。所以，本研究仍使用 GDP 来反映经济产出情况，以符号 Y 来表示 GDP 的增长速度。为确保不同年份的 GDP 之间可比较，剔除价格因素的影响，计算 GDP 增长速度时采用地方生产总值指数（1978 = 100 或 1952 = 100），该数据可通过各城市统计年鉴（2004—2014 年）获取，计算得到 Y。

5.3.2.2 劳动量的确定

劳动力资源指一个国家或地区，在一定时点或时期内，拥有的具有劳动力的数量和质量，为便于研究，采用全社会从业人员数来确定劳动投入量，这一指标反映了一定时期内该城市劳动力的投入量，以符号 L 来表示劳动力投入的增长速度，搜集城市统计年鉴（2004—2014 年）里全社会从业人员数计算得到 L。

5.3.2.3 资本量的确定

测算各城市固定资本存量时，假定各城市 2004 年固定资本存量值/2004 年浙江省固定资本存量 = 2004 年城市 GDP/2004 年浙江省 GDP，通过参考相关文献计算，得到 2004 年浙江省固定资本存量数据（1952 年价格），并计算得到各城市 2004 年的固定资本存量。各城市每年新增的固定资本，采用各城市统计年鉴中的“全社会固定资本投资额”，通过引入浙江省固定资产投资价格指数和 2004 年相对于 1952 年的价格换算数据，将各城市全社会固定资产投资额换算为 1952 年价格衡量的固定资本投资，消除价格影响。固定资本折旧率的衡量采用文献的衡量值，取值 0.109 6，据此计算各年的固定资本存量及资本增长率。

5.3.2.4 产出弹性系数计算

在应用增长速度方程研究科技进步的作用时，必须确定资本产出弹性系数 a 和劳动产出弹性系数 b。为根据不同城市的发展情况确定合理的弹性系数，采用钱纳里等推荐的不同经济发展阶段产出弹性系数取值，具体见表 5.17。

表 5.17　不同经济发展阶段科技进步贡献率

经济发展阶段	经济发展时期	人均收入水平		弹性系数取值		各个要素对经济增长的贡献率（%）		
		1970 年（美元）	1998 年（美元汇率值）			资本	劳动	科技
初级产品生产阶段	经济发展初期	140～280	530～1 200	0.47	0.53	49	34	15
工业化实现阶段	工业化初期	280～560	1 200～2 400	0.46	0.54	47	27	25
	工业化中期	560～1 120	2 400～4 800	0.43	0.57	43	21	36
	工业化后期	1 120～2 100	4 800～9 000	0.39	0.61	39	15	44
工业化后稳定增长阶段	发达经济初期	2 100～3 360	9 000～16 600	0.36	0.64	35	15	50
	发达经济后期	3 360～5 040	16 600～22 730	0.33	0.67	32	18	50

5.3.2.5　技术进步对经济增长贡献率的测算

根据公式（5.4），计算得到资本对经济增长的贡献率 EA，具体见表 5.18。

根据公式（5.6），计算得到劳动力对经济增长的贡献率 EL，具体见表 5.19。

技术进步对经济增长的贡献率 $EA=1-EL-EK$，由此计算得到浙江省 11 个地级城市技术进步对经济增长的贡献率 EA，具体见表 5.20。

表 5.18　2005—2013 年浙江城市资本对经济增长的贡献率

城市	2005 年	2006 年	2007 年	2008 年	2009 年	2010 年	2011 年	2012 年	2013 年	平均值
杭州	32.17	44.09	30.93	30.80	41.20	60.77	47.08	47.96	67.99	32.17
宁波	36.31	44.74	43.10	33.04	39.89	48.04	34.29	37.07	45.26	40.19
温州	19.71	19.85	22.92	24.23	36.71	45.78	38.74	36.21	44.24	32.04
嘉兴	32.25	42.50	33.74	32.20	43.87	50.32	34.16	43.70	44.82	39.73
湖州	28.86	37.94	37.94	36.98	47.39	54.81	43.96	50.35	56.47	43.86
绍兴	32.62	36.62	38.11	29.18	39.96	50.07	43.92	45.34	64.59	42.27
金华	36.48	38.90	27.79	23.23	29.12	44.92	34.91	36.86	60.78	37.00
衢州	39.66	47.01	54.14	44.99	50.26	58.64	47.78	43.26	64.23	50.00
舟山	41.80	49.46	57.98	45.74	47.46	49.90	41.3	40.73	41.65	46.22
台州	25.98	33.06	34.10	35.01	43.70	60.75	31.32	44.72	49.70	39.81
丽水	56.05	58.53	53.90	36.95	38.06	55.78	40.16	42.57	65.44	49.72

表 5.19　2005—2013 年浙江城市劳动对经济增长的贡献率

城市	2005 年	2006 年	2007 年	2008 年	2009 年	2010 年	2011 年	2012 年	2013 年	平均值
杭州	7.50	2.77	6.57	8.53	8.36	8.84	12.24	9.74	6.62	7.91
宁波	5.15	7.41	6.73	6.66	2.85	6.21	9.26	12.79	9.03	7.34
温州	11.57	17.54	17.91	12.04	34.76	12.62	11.27	18.24	25.49	17.94
嘉兴	5.66	4.33	4.40	4.20	11.44	13.12	8.91	6.87	11.22	7.79
湖州	5.11	5.60	5.63	5.55	7.43	7.56	6.82	0.69	0.63	5.00
绍兴	2.67	2.48	13.38	10.25	19.89	19.58	12.76	2.52	1.14	9.41
金华	12.50	4.98	7.28	10.31	1.31	6.53	21.43	5.68	1.56	5.59
衢州	7.16	3.68	6.63	4.20	5.68	9.33	9.50	13.24	11.20	7.85
舟山	1.52	4.20	0.68	6.46	3.79	3.33	5.38	4.86	2.51	3.3
台州	5.63	5.23	1.67	3.12	4.11	5.47	13.51	27.39	5.63	6.49
丽水	0.93	0.56	1.95	6.06	4.56	9.90	8.84	1.08	5.45	4.37

表 5.20　2005—2013 年浙江城市科技对经济增长的贡献率

城市	2005 年	2006 年	2007 年	2008 年	2009 年	2010 年	2011 年	2012 年	2013 年	平均值
杭州	60.33	57.54	62.50	60.68	56.30	44.22	48.76	42.30	41.38	52.67
宁波	58.54	47.84	50.17	60.30	57.26	45.75	56.45	50.14	45.71	52.46
温州	68.71	62.62	59.17	63.73	28.54	41.60	49.99	45.55	30.27	50.02
嘉兴	62.09	53.17	61.87	63.60	44.70	36.57	56.93	49.43	43.96	52.48
湖州	66.02	56.46	56.43	57.47	45.19	37.63	49.22	48.96	42.90	51.14
绍兴	64.71	60.90	48.51	60.57	40.15	30.36	43.32	52.14	34.28	48.33
金华	51.02	66.08	64.92	66.46	69.56	48.55	43.66	68.82	37.66	57.42
衢州	53.18	49.31	39.23	50.81	44.06	32.04	42.72	43.50	24.56	42.16
舟山	59.71	46.34	41.34	47.5	48.76	51.77	53.32	54.42	55.83	50.99
台州	68.39	61.71	64.23	61.87	52.19	33.78	57.17	32.49	27.85	51.07
丽水	43.01	40.91	44.15	56.99	57.38	34.32	51.00	56.35	29.11	45.91

5.3.3　评价结果

5.3.3.1　浙江城市要素对经济增长贡献率的整体判断

1）资本投资对浙江省城市的经济增长贡献较大

分析表 5.18，资本投入对浙江省城市的经济增长有较大贡献，11 个地级城市资本的平均贡献率平均达到 41.18%。2005—2009 年时段的资本贡献率比 2010—2013 年时段的要低，由于 2008 年金融危机，2009 年政府加大了资本投入，资本对经济增长贡献率增加，金融危机后，浙江城市的经济整体疲软，可以说，在相当长的时间内，资本依然是拉动浙江城市经济增长的主要力量。

2）劳动对浙江城市经济增长的贡献率低

分析表 5. 19，2005—2013 年，劳动对浙江城市经济增长的贡献率较低，平均值为 7. 54%，城市劳动贡献率平均值最高的为温州，为 17. 94%，最低为舟山，为 3. 3%，劳动力的贡献率均较低。浙江城市经济表现出资本投入增速远远大于劳动力投入的增长，经济发展体现了明显的资本密集化的趋势。

3）科技对浙江城市经济增长的贡献较大

分析表 5. 20，2005—2013 年，科技对浙江城市经济增长的贡献率较高，平均贡献率为 50. 42%，最高为金华，最低为衢州，平均贡献率为 42. 16%，城市间科技贡献率波动性很大。2005—2009 年，科技对经济增长的贡献率逐步提升，2008 年金融危机后，主要依赖资本投入促进经济增长，技术水平的提高仍未转化为产出促进经济增长。

5. 3. 3. 2 科技对经济增长的贡献率分析

由于各个城市规模和科技发展程度不同，对各个城市间的科技促进经济增长水平进行横向比较分析难以解释原因，可以对科技水平处于同一层次的城市进行比较，也可以对城市的科技进步贡献率进行纵向比较分析。

杭州、宁波的科技、经济和社会均相对发达，增量本身较小，因此，杭州宁波的科技进步贡献率并不是最高，而台州、金华、绍兴、湖州、舟山等城市由于原先的科技发展基础薄弱，科技和管理制度稍加改善后，科技贡献率值就较大。可对科技竞争力处于同一层次城市的科技贡献率进行比较分析。

杭州、宁波的科技水平处于同一层次，二者科技贡献率相差不大；嘉兴和绍兴科技水平处于同一层次，二者科技贡献率也相差不大；舟山、金华、台州、温州、湖州等城市处于同一层次，金华科技贡献率最大；衢州和丽水科技竞争力处于同一层次，但丽水科技贡献率高于衢州。

从纵向来看，2008 年金融危机后，各城市科技对经济的贡献率处于比 2008 年前均有所下降。

5. 4 科技驱动力评价

科技进步和创新是经济发展的首要推动力量，在科技创新的过程中，只有正确把握科技进步的驱动因素，才能找到促进科技创新的有效途径，因此本研究着手分析区域科技发展的驱动因素，对区域科技驱动力进行评价。科技驱动力迄今并没有明确的概念界定，从字面意义理解，驱动力是动力的来源，是一种有作用效果的合力，科技驱动力是区域科技表现存在差异的原因。

5. 4. 1 理论内涵

区域科技驱动力评价相关的理论基础是创新动力论，历史上先后出现了技术推动模型、市场需求拉动模型、创新动力二元论模型、创新三元论模型、创新四元论模型与国家创新体系等创新驱动观点。

技术推动模型在20世纪60年代以前一直占据主导地位。该模型认为，科学技术的发展是一个永不停歇的过程，因为惯性而持续发展，同时在不断生产化和商业化的过程中寻找出路，科学研究成果导致了技术创新和技术突破，市场被动地接受科学研究成果。

市场拉动模型认为某个社会的技术创新是由广义的需求引发的，这些需求包括市场需求、政府或军事需求、企业经营发展的需求以及社会需求。创新动力二元模型认为技术创新是一个非常复杂的过程，是技术发展推动和需求拉动两种因素共同作用的结果。

创新三元论模型认为，除了技术推动和市场拉动两大因素，政府行为是另一驱动因素，它通过直接参与技术创新，制定干预市场科技活动的政策和法律，对创新施加影响，成为影响技术创新的又一动力。

创新四元论模型在三元论模型的基础上，考虑企业家的创新偏好，企业家是创新的主体，企业家的创新偏好有利于创新者潜能发挥。国家创新体系最早由英国学者弗里曼提出，国家技术创新系统是由企业、研究机构、高等教育、政府、中介机构等组成的网络系统这一结论。

从创新驱动理论发展的历史可以看到，影响区域创新产出不同的因素是多样的，在对城市科技驱动力进行评价时必须注意纳入不同的因素。

根据创新动力论的观点，提出城市科技驱动力的概念和内涵，认为城市科技驱动力是城市科技进步的动力因素综合，应包括城市科技投入支持（人力支持、物质支持）、城市创新偏好、城市需求拉动力、城市科技服务4个方面。城市科技投入反映了政府、企业、高校和科研机构等相关组织对科技进行的人力和物质投入支持，城市创新偏好反映了城市政府及企业等主体对创新的偏好程度，城市需求拉动力反映了城市经济及产业发展对科技进步的需求，城市科技服务反映了金融、科技中介组织等对科技进步的促进性。本研究将尝试对浙江省11个地级城市2003—2012年的科技驱动力进行评价。

5.4.2 评价指标

5.4.2.1 指标构建的原则

1）可比性原则

对浙江11个地级城市的科技驱动力进行评价，设计的评价指标体系必须具有可比性。为确保可比性，构建的指标尽量选取相对指标，相对指标是质量指标的一种表现形式，它是通过两个有联系的统计指标对比而得到的，使得不同规模城市的科技水平具有可比性，为后续的比较研究奠定基础。

2）科学性原则

把握科技驱动力的内涵与外延，构建科学的评价指标体系。通过对城市科技投入、城市创新偏好、城市需求拉动、城市科技服务等有关指标进行量化，使其形成一个科学合理、可操作性强的指标体系，从宏观上把握全局，掌握科技驱动因素内在的相互联系，便于决策者统筹兼顾，协调发展。

3）可操作性原则

在设计科技竞争力评价指标体系时，必须考虑可操作性原则，尽可能利用现有统计数据资料，确保评价指标体系可操作。

5.4.2.2 评价指标设计

根据科技驱动力的内涵，设计5个一级指标（城市科技人力支持、城市科技物质支持、城市创新偏好、城市需求拉动、城市科技服务），根据各个城市的数据可获得性，下设18个二级指标，具体见表5.21。

表5.21 浙江城市科技驱动力评价指标体系

一级指标	二级指标
科技人力支持（E1）	万人专业技术人员数（人/万人）（F1）
	万名从业人员高校教师专任数（人/万人）（F2）
	R&D人员全时当量占总人口的比例（人年/万人）（F3）
	科研技术服务业从业人员占所有从业人员比重（%）（F4）
	万人普通高等学校在校学生数（人/万人）（F5）
科技物质支持（E2）	人均财政性教育经费支出（元/人）（F6）
	规模以上工业企业技术开发费支出占主营业务收入比重（%）（F7）
	R&D投入占GDP比重（%）（F8）
城市创新偏好（E3）	万名就业人员专利申请量（项/万人）（F9）
	科研与综合技术服务业平均工资与全社会平均工资比例系数（%）（F10）
	万名就业人员专利授权量（项/万人）（F11）
城市需求拉动（E4）	港澳台、外资工业企业占全部工业企业的比重（%）（F12）
	人均地区生产总值（元/人）（F13）
	货物进出口总额占地区生产总值的比重（万美元/万元）（F14）
	人均高新技术企业工业总产值（万元/人）（F15）
	高新技术企业工业总产值占GDP的比重（%）（F16）
城市科技服务（E5）	生产性服务业人数占总从业人员比重（%）（F17）
	人均技术合同成交金额（元/人）（F18）

1）科技人力支持

科技人力支持是指与从事系统性科学和技术知识的产生、发展、传播和应用活动直接相关或间接相关的人力资源，包括万人专业技术人员数、万人高校教师专任数、科研与综合技术服务业从业人数比重、R&D人员全时当量占总人口的比例、万人普通高等学校在校学生数5个二级指标。

（1）万人专业技术人员数是指在专业技术岗位上工作的专业技术人员及从事专业技术管理工作的人员除以以万人计的常住总人口数所得值。

（2）万人高校教师专任数是指高校专任教师数除以以万人计的常住总人口数所得值。

（3）科研与综合技术服务业从业人数比重是指科研与综合技术服务业从业人员数除以地区总就业人数的所得值。

（4）R&D 人员全时当量占总人口的比例用 R&D 人员全时当量（单位为人年）除以城市常住人口数（单位为万人）获得。

（5）万人普通高等学校在校学生数用高校在校学生数除以城市常住人口数（单位为万人）获得，反映了城市科技的人力支持。

2）科技物质支持

科技物质支持表明城市对科技的物质支持，用人均财政性教育经费支出、R&D 经费支出与地区生产总值比例、规模以上工业企业技术开发费支出占主营业务收入比重 3 个指标衡量。

（1）人均财政性教育经费支出（元/人）是指城市政府当年财政教育经费投入除以当地常住总人口数，表明城市政府对教育的重视程度。

（2）规模以上工业企业技术开发费支出占主营业务收入比重由规模以上工业企业技术开发支出除以规模以上工业企业主营业务收入获得，反映了企业对科技的财力投入。

（3）R&D 经费支出与地区生产总值比例是由研究试验发展内部支出除以城市地区生产总值获得，反映了财力投入中对高技术研究投入的强度。

3）城市创新偏好

科技意识表明了城市整体重视科技的程度，用万名就业人员专利申请量、科研与综合技术服务业平均工资与全社会平均工资比例系数、万名就业人员专利授权量 3 个指标来衡量。

（1）万名就业人员专利申请量是指在城市当年专利申请量除以以万人计的就业人口数所得值，体现了城市的科技创新活跃程度。

（2）科研与综合技术服务业平均工资与全社会平均工资比例系数是指城市科研与综合技术服务业平均工资除以该城市全社会就业人员平均工资所得值，表明对科研与综合技术人员的重视程度。

（3）万名就业人员专利授权量是指在城市当年专利授权量除以以万人计的就业人口数所得值，体现了城市的科技创新发展程度。

4）城市需求拉动

城市需求拉动是指城市经济及产业发展对科技进步的需求，用港澳台、外资工业企业占全部工业企业的比重、货物进出口总额占地区生产总值的比重、人均高新技术企业工业总产值、高新技术企业工业总产值占 GDP 的比重、人均地区生产总值等指标来反映。

（1）港澳台、外资工业企业占全部工业企业的比重由港澳台、外资工业企业数除以全部工业企业数获得，反映了城市外资工业企业的活跃性。

（2）货物进出口总额占地区生产总值的比重由城市货物进出口总额（单位为万美元）除以城市地区生产总值（单位为万元），反映了城市进出口活跃度。

（3）人均高新技术企业工业总产值由规模以上高新技术企业工业总产值除以规模以上高新技术企业从业人员数获得，反映城市高科技企业的活跃度。

（4）高新技术企业工业总产值占 GDP 的比重由规模以上高新技术企业工业总产值除以城市 GDP 获得，反映城市高科技活跃度。

（5）人均地区生产总值取城市人均地区生产总值（常住人口）的数值，反映城市经济活跃度。

5）城市科技服务

城市科技服务反映了城市对科技的服务，包括各类服务、科技中介服务等，由人均技术合同成交额、生产性服务业人数占总从业人员比重 2 个指标构成。

（1）人均技术合同成交额由当年技术合同成交金额除以城市常住人口数获得，反映了科技成果转化的力度。

（2）生产性服务业人数占总从业人员比重由生产性服务业从业人数除以总的从业人员数获得。

5.4.3　评价步骤

5.4.3.1　数据获取

浙江省 11 个地级城市科技驱动力评价的原始数据主要来源于 2004—2013 年《浙江省设区市科技进步统计监测评价报告》，浙江省科技网关于浙江科技数据统计，《浙江科技统计年鉴》（2005—2006 年，2008—2014 年），11 个城市的城市统计年鉴（2005—2014 年），国经网地级城市统计数据等，少数年份缺少数据采取合适方法补齐。为确保数据的正确性，数据第一轮由硕士研究生和本科生搜集获取；第二轮由一位老师抽查数据并复核；第三轮由另外一位老师复核。

时序全局因子分析的步骤在本章 5.1 节已经做了介绍，这里省略，直接按照步骤对城市科技驱动力进行评价。

5.4.3.2　数据分析

1）因子分析适宜性判断

数据标准化后，将数据导入统计软件 SPSS17.0，计算 KMO 值及 Bartlett's 球形检验，具体值见表 5.22，可知 KMO 值为 0.753，大于 0.7，说明变量适宜进行因子分析；Bartlett's 球形检验通过显著性检验，说明拒绝假设，变量间存在相关性，符合因子分析的要求。

表 5.22　KMO 和 Bartlett 的检验

取样足够度的 Kaiser-Meyer-Olkin 度量		0.753
Bartlett 的球形度检验	近似卡方	2 136.110
	df	153
	Sig.	0.000

2）计算时序全局公因子的贡献率和累积贡献率

时序全局分析中，提取全局公因子的原则有两个①：一是选取特征根大于 1 的因子作

① 任若恩，王惠文．多元统计数据分析——理论、方法、实例［M］．北京：国防工业出版社，1997：164.

为全局公因子；二是累积方差贡献率大于80%的因子作为全局公因子。在SPSS17.0对标准化数据进行因子分析，选择方差极大化方法进行因子旋转，得到表5.23及旋转的因子载荷矩阵，提取5个全局公因子。

表5.23 提取的时序全局公因子解释的总方差

成分	初始特征值			提取平方和载入			旋转平方和载入		
	合计	方差的（%）	累积（%）	合计	方差的（%）	累积（%）	合计	方差的（%）	累积（%）
1	7.818	43.432	43.432	7.818	43.432	43.432	3.796	21.089	21.089
2	2.931	16.285	59.716	2.931	16.285	59.716	3.264	18.134	39.223
3	1.617	8.985	68.701	1.617	8.985	68.701	3.222	17.902	57.125
4	1.340	7.446	76.147	1.340	7.446	76.147	2.716	15.088	72.213
5	1.034	5.744	81.892	1.034	5.744	81.892	1.742	9.679	81.892
6	0.778	4.324	86.215						
7	0.601	3.341	89.557						
8	0.484	2.691	92.248						
9	0.311	1.726	93.974						
10	0.279	1.549	95.523						
11	0.251	1.395	96.917						
12	0.193	1.070	97.988						
13	0.132	0.733	98.721						
14	0.083	0.462	99.182						
15	0.054	0.303	99.485						
16	0.036	0.201	99.686						
17	0.031	0.174	99.860						
18	0.025	0.140	100.000						

3）计算变量权重和得分

根据SPSS17.0处理得到的全局公因子的成分系数矩阵，计算得到变量权重见表5.24。根据变量权重及标准化的原始数据，可以计算得到科技驱动力及其构成要素的得分。

表5.24 各变量权重

F1	F2	F3	F4	F5	F6	F7	F8	F9
0.069	0.061	0.074	0.044	0.058	0.050	0.028	0.077	0.024
F10	F11	F12	F13	F14	F15	F16	F17	F18
0.067	0.045	0.095	0.066	0.075	0.014	0.054	0.041	0.058

5.4.4 综合评价

5.4.4.1 科技驱动力综合得分及一级指标得分

根据每个变量的权重，计算得到浙江11个地级城市2004—2013年的科技驱动力综合得分，具体见表 5. 25 至表 5. 26。

所有城市各一级指标的得分见表 5. 27 至表 5. 31，表 5. 27 为科技人力支持得分情况，表 5. 28 为科技物质支持得分，表 5. 29 为城市创新偏好得分，表 5. 30 城市需求拉动得分，表 5. 31 为城市科技服务得分。

表 5. 25　2004—2008 年浙江 11 个城市科技驱动力得分

序号	城市	2004 年		2005 年		2006 年		2007 年		2008 年	
		综合得分	排名	综合得分	排名	综合得分	排名	综合得分	排名	综合得分	排名
1	杭州	0. 413	1	0. 458	1	0. 427	1	0. 489	1	0. 503	1
2	宁波	0. 351	2	0. 378	2	0. 387	2	0. 411	2	0. 442	2
3	温州	0. 209	4	0. 216	6	0. 200	9	0. 208	9	0. 230	9
4	嘉兴	0. 200	6	0. 247	5	0. 285	4	0. 308	4	0. 338	4
5	湖州	0. 163	9	0. 206	7	0. 219	6	0. 242	7	0. 266	6
6	绍兴	0. 261	3	0. 314	3	0. 318	3	0. 347	3	0. 365	3
7	金华	0. 194	7	0. 200	8	0. 209	8	0. 222	8	0. 253	8
8	衢州	0. 135	10	0. 138	10	0. 122	11	0. 131	11	0. 143	11
9	舟山	0. 207	5	0. 251	4	0. 265	5	0. 289	5	0. 311	5
10	台州	0. 173	8	0. 189	9	0. 211	7	0. 248	6	0. 258	7
11	丽水	0. 135	11	0. 137	11	0. 148	10	0. 143	10	0. 163	10

表 5. 26　2009—2013 年浙江 11 个城市科技驱动力得分

序号	城市	2009 年		2010 年		2011 年		2012 年		2013 年	
		综合得分	排名	综合得分	排名	综合得分	排名	综合得分	排名	综合得分	排名
1	杭州	0. 568	1	0. 555	1	0. 619	1	0. 667	1	0. 701	1
2	宁波	0. 445	2	0. 463	2	0. 523	2	0. 607	2	0. 649	2
3	温州	0. 233	9	0. 243	9	0. 267	9	0. 283	9	0. 296	9
4	嘉兴	0. 337	4	0. 354	5	0. 377	5	0. 419	4	0. 426	4
5	湖州	0. 305	6	0. 303	6	0. 339	6	0. 363	6	0. 378	6
6	绍兴	0. 388	3	0. 375	4	0. 396	4	0. 419	5	0. 419	5
7	金华	0. 268	8	0. 269	7	0. 282	7	0. 307	8	0. 319	8
8	衢州	0. 151	11	0. 149	11	0. 173	11	0. 192	11	0. 214	11
9	舟山	0. 325	5	0. 381	3	0. 427	3	0. 455	3	0. 492	3
10	台州	0. 280	7	0. 268	8	0. 278	8	0. 308	7	0. 337	7
11	丽水	0. 186	10	0. 185	10	0. 203	10	0. 226	10	0. 274	10

表 5.27　2004—2013 年浙江 11 个城市科技人力支持一级指标得分

序号	城市	2004 年	2005 年	2006 年	2007 年	2008 年	2009 年	2010 年	2011 年	2012 年	2013 年
1	杭州	0.138	0.146	0.145	0.164	0.171	0.194	0.204	0.231	0.250	0.264
2	宁波	0.081	0.089	0.092	0.092	0.096	0.111	0.120	0.137	0.146	0.159
3	温州	0.065	0.060	0.063	0.071	0.071	0.076	0.083	0.096	0.084	0.098
4	嘉兴	0.022	0.033	0.039	0.043	0.049	0.043	0.067	0.076	0.079	0.081
5	湖州	0.014	0.019	0.027	0.030	0.036	0.041	0.047	0.055	0.059	0.076
6	绍兴	0.066	0.065	0.069	0.075	0.082	0.088	0.100	0.103	0.104	0.114
7	金华	0.112	0.104	0.101	0.087	0.111	0.119	0.106	0.101	0.097	0.079
8	衢州	0.055	0.054	0.062	0.064	0.067	0.063	0.062	0.069	0.072	0.079
9	舟山	0.105	0.121	0.137	0.139	0.143	0.141	0.136	0.150	0.144	0.158
10	台州	0.056	0.060	0.065	0.085	0.076	0.082	0.080	0.080	0.079	0.093
11	丽水	0.088	0.098	0.114	0.104	0.118	0.130	0.130	0.132	0.133	0.138

表 5.28　2004—2013 年浙江 11 个城市科技物质支持一级指标得分

序号	城市	2004 年	2005 年	2006 年	2007 年	2008 年	2009 年	2010 年	2011 年	2012 年	2013 年
1	杭州	0.079	0.096	0.078	0.081	0.089	0.094	0.103	0.132	0.123	0.127
2	宁波	0.045	0.050	0.037	0.046	0.053	0.057	0.068	0.079	0.094	0.107
3	温州	0.036	0.042	0.022	0.028	0.032	0.037	0.044	0.049	0.054	0.061
4	嘉兴	0.024	0.035	0.044	0.052	0.060	0.070	0.081	0.085	0.096	0.104
5	湖州	0.031	0.036	0.029	0.034	0.041	0.047	0.058	0.069	0.075	0.083
6	绍兴	0.026	0.038	0.042	0.049	0.054	0.059	0.071	0.071	0.076	0.080
7	金华	0.022	0.025	0.030	0.037	0.042	0.047	0.058	0.061	0.068	0.072
8	衢州	0.037	0.037	0.017	0.018	0.017	0.018	0.026	0.035	0.041	0.044
9	舟山	0.037	0.037	0.026	0.036	0.037	0.039	0.043	0.053	0.064	0.078
10	台州	0.026	0.029	0.032	0.041	0.049	0.057	0.052	0.057	0.063	0.071
11	丽水	0.019	0.010	0.010	0.010	0.009	0.014	0.019	0.024	0.031	0.045

表 5.29　2004—2013 年浙江 11 个城市创新偏好一级指标得分

序号	城市	2004 年	2005 年	2006 年	2007 年	2008 年	2009 年	2010 年	2011 年	2012 年	2013 年
1	杭州	0.015	0.015	0.021	0.032	0.033	0.057	0.043	0.040	0.045	0.049
2	宁波	0.068	0.069	0.071	0.071	0.071	0.055	0.059	0.067	0.084	0.101
3	温州	0.053	0.055	0.047	0.037	0.048	0.053	0.048	0.048	0.059	0.053
4	嘉兴	0.026	0.035	0.045	0.045	0.046	0.040	0.039	0.038	0.039	0.036
5	湖州	0.051	0.058	0.045	0.044	0.042	0.058	0.056	0.061	0.072	0.058
6	绍兴	0.039	0.054	0.046	0.045	0.048	0.056	0.049	0.047	0.051	0.045
7	金华	0.016	0.021	0.013	0.027	0.026	0.024	0.030	0.036	0.044	0.059
8	衢州	0.017	0.018	0.013	0.010	0.016	0.022	0.018	0.018	0.012	0.015
9	舟山	0.008	0.021	0.018	0.013	0.013	0.007	0.019	0.012	0.021	0.016
10	台州	0.034	0.035	0.031	0.035	0.035	0.046	0.046	0.043	0.047	0.056
11	丽水	0.012	0.007	0.007	0.002	0.005	0.006	0.006	0.012	0.016	0.019

表 5.30　2004—2013 年浙江 11 个城市城市需求拉动一级指标得分

序号	城市	2004 年	2005 年	2006 年	2007 年	2008 年	2009 年	2010 年	2011 年	2012 年	2013 年
1	杭州	0.122	0.135	0.143	0.169	0.165	0.173	0.154	0.164	0.192	0.194
2	宁波	0.144	0.156	0.172	0.182	0.202	0.199	0.190	0.206	0.245	0.242
3	温州	0.051	0.055	0.064	0.069	0.074	0.062	0.063	0.070	0.083	0.078
4	嘉兴	0.112	0.128	0.142	0.157	0.168	0.167	0.151	0.161	0.189	0.188
5	湖州	0.061	0.075	0.094	0.117	0.129	0.138	0.122	0.136	0.153	0.140
6	绍兴	0.122	0.149	0.156	0.173	0.177	0.180	0.151	0.170	0.184	0.173
7	金华	0.037	0.045	0.060	0.063	0.071	0.074	0.070	0.080	0.093	0.104
8	衢州	0.022	0.026	0.026	0.036	0.043	0.048	0.043	0.050	0.063	0.071
9	舟山	0.035	0.045	0.055	0.072	0.088	0.106	0.148	0.175	0.190	0.195
10	台州	0.052	0.059	0.076	0.084	0.090	0.081	0.081	0.091	0.110	0.105
11	丽水	0.012	0.019	0.013	0.024	0.027	0.032	0.025	0.032	0.042	0.065

表 5.31　2004—2013 年浙江 11 个城市科技服务一级指标得分

序号	城市	2004 年	2005 年	2006 年	2007 年	2008 年	2009 年	2010 年	2011 年	2012 年	2013 年
1	杭州	0.060	0.065	0.039	0.043	0.044	0.050	0.052	0.052	0.057	0.067
2	宁波	0.012	0.015	0.016	0.020	0.020	0.023	0.026	0.033	0.037	0.039
3	温州	0.004	0.004	0.003	0.004	0.005	0.004	0.005	0.004	0.004	0.005
4	嘉兴	0.016	0.016	0.016	0.012	0.014	0.017	0.016	0.017	0.016	0.016
5	湖州	0.006	0.017	0.024	0.017	0.018	0.020	0.020	0.017	0.005	0.020
6	绍兴	0.007	0.007	0.005	0.004	0.004	0.004	0.004	0.004	0.004	0.007
7	金华	0.006	0.005	0.005	0.008	0.004	0.004	0.004	0.005	0.005	0.006
8	衢州	0.004	0.004	0.004	0.003	0.001	0.001	0.001	0.001	0.004	0.004
9	舟山	0.020	0.027	0.029	0.030	0.030	0.032	0.034	0.037	0.036	0.044
10	台州	0.005	0.006	0.007	0.003	0.008	0.015	0.009	0.007	0.009	0.013
11	丽水	0.004	0.004	0.004	0.003	0.003	0.004	0.006	0.004	0.005	0.005

5.4.4.2　科技驱动力总体态势分析

1）浙江省 11 个城市的科技驱动力均在提升

浙江 11 个地级城市的科技驱动力的综合水平均在提升，其中，宁波增加幅度最大，从 2004 年的 0.351 增加至 2013 年的 0.649，驱动力得分增加 0.298，表明宁波的科技发展潜力巨大；增加值排在第 2 位的是杭州，驱动力得分增加 0.288；舟山科技驱动力得分增加值排在第 3，增加值为 0.285。驱动力得分增加最小的城市为衢州，增加 0.079，衢州科技发展动力不足，导致衢州科技水平较弱。

2）浙江省城市科技驱动力呈现明显的分级特征

从 2004 年到 2013 年，杭州、宁波一直处于第一层次，占据第 1 位和第 2 位的位置，宁波与杭州的差距也在逐渐缩小，宁波表现出强劲的科技动力；丽水和衢州一直处于最落后的层次，位列第 10 位和第 11 位。2013 年，城市科技驱动力得分在 0.214~0.701 之间，城市间差异明显，衢州处于最低水平，为0.214，衢州、丽水、温州处于0.2~0.3之间，金华、台州、湖州处于0.3~0.4之间，舟山、嘉兴、绍兴处于0.4~0.5之间，宁波、杭州处于0.6~0.7之间，宁波和杭州的科技驱动力处于最高水平。

3）城市创新偏好和城市科技服务是科技驱动力的短板

从2004年到2013年，城市创新偏好占科技驱动力的比重平均值为12.4%，城市科技服务占科技驱动力的比重平均值为4.4%，而科技人力支持占的比重平均值为33.5%，科技物质支持的比重平均值为16.2%，城市需求拉动占的比重平均值为33.5%。这说明为了促进城市科技发展，必须在城市创新偏好和城市科技服务上改善，增强创新意识，做好科技成果的转化工作。

5.4.4.3 科技驱动力一级指标分析

1）11个城市科技人力支持一级指标分析

根据表5.27，对11个城市科技人力支持得分进行分析。

从各年时点值比较来看，杭州、宁波、舟山、丽水的科技人力支持处于较高的水平，湖州、金华、衢州的科技人力支持值较低。2013年，杭州市科技人力支持得分为0.264，宁波得分值为0.159，舟山得分值为0.158，丽水得分值为0.138。舟山、丽水科技人力支持得分值较高，主要是由于科技人力支持采用的是相对指标衡量，未采用总量指标。

从科技人力支持动态发展来看，除了金华市外，其余城市的科技人力支持均在上升，金华市的科技人力支持水平处于下降趋势，从2004年的0.122下降到0.078，主要原因在于万人专业技术人员数、万名从业人员高校教师专任教师人数、科研技术服务从业人员比重3个指标均在下降。科技人力支持水平得分值增加最大的是杭州、宁波，杭州从2004年的0.138提高到2013年的0.264，提高了0.126，宁波从2004年的0.081提高到2013年的0.159，提高了0.078。

2013年，舟山科技人力支持得分为0.158，与宁波0.159水平相当，相比2003年，提高了0.053，提高幅度较大。

2）11个城市科技物质支持一级指标分析

根据表5.28，对11个城市科技物质支持得分进行分析。

从各年时点值来看，杭州、宁波、嘉兴的科技物质支持得分一直排在前3位，2013年，杭州市科技物质支持得分为0.127，宁波为0.107，嘉兴为0.104，舟山得分值为0.078，处于杭州、宁波、嘉兴、绍兴和湖州之后。

从科技物质支持动态发展来看，11个城市的科技物质支持得分值均在增加，科技物质支持得分值增加最大的城市是嘉兴，从2004年的0.024提高到2013年的0.104，提高了0.08，其次是宁波，提高了0.062。舟山增加了0.041，增加值居第8位。增加值最小的是衢州，仅为0.007。

3）11个城市创新偏好一级指标分析

根据表5.29，对11个城市创新偏好进行分析。

从各年时点值来看，宁波的城市创新偏好得分大部分年份都处于最大值，且得分远高于其他城市，湖州、温州、绍兴、台州、杭州、嘉兴、金华7个城市的创新偏好得分一直排在较前，衢州、舟山、丽水3个城市的城市创新偏好较差。2013年，宁波市城市创新偏好得分为 0.101，温州、湖州、绍兴、台州、金华、嘉兴、杭州的得分处于 0.045~0.06 之间，衢州、舟山、丽水处于 0.015~0.02 之间，3 个城市的创新偏好得分值很低。

从城市创新偏好动态发展情况来看，2013 年相比 2004 年，除了衢州的得分减少了，其余 10 个城市的城市创新偏好得分值均在增加，城市创新偏好得分值增加最大的城市是金华，从 2004 年的 0.016 提高到 2013 年的 0.059，提高了 0.043，其次是杭州，提高了 0.034，宁波提高了 0.033，舟山增加了 0.008。从得分值的变化来看，2009 年是城市创新偏好得分值的拐点，2009 年宁波、金华城市创新偏好陡降后慢慢复苏，并 2013 年得分已经超出 2007 年的值，杭州的复苏稍差。2009—2013 年嘉兴、绍兴则一直处于下降态势。

4）11 个城市需求拉动一级指标分析

根据表 5.30，对 11 个城市需求拉动进行分析。

从各年时点值来看，宁波的城市需求拉动得分一直处于最大值，且得分远高于其他城市，杭州、嘉兴、绍兴 3 个城市的城市需求拉动得分一直处于较高得分值，温州、衢州、丽水 3 个城市的城市需求拉动得分低。2013 年，宁波市城市需求拉动得分为 0.242，杭州、嘉兴、绍兴、舟山的得分处于 0.17~0.2 之间，金华、台州、湖州处于 0.1~0.14 之间，温州、衢州、丽水处于 0.06~0.08 之间，3 个城市的城市需求拉动值很低。

从城市需求拉动的动态发展情况来看，2013 年相比 2004 年，11 个城市的城市需求拉动得分值均在增加，城市需求拉动得分值增加最大的城市是舟山，从 2004 年的 0.035 提高到 2013 年的 0.195，提高了 0.16，其次是宁波，提高了 0.098。增加最小的为温州，仅增加 0.027，说明温州对科技的需求拉动力较弱。

5）11 个城市科技服务一级指标分析

根据表 5.31，对 11 个城市科技服务进行分析。

从各年时点值来看，杭州的城市科技服务得分一直处于最大值，舟山处于第 2 位，宁波处于第 3 位，其余城市的城市服务得分均较低，其中温州、衢州、丽水、绍兴、金华处于最低水平。2013 年，杭州市城市科技服务得分为 0.067，舟山的得分为 0.044，宁波的得分为 0.039，嘉兴、台州、湖州处于 0.013~0.02 之间，温州、衢州、丽水、绍兴、金华处于 0.004~0.007 之间，5 个城市的科技服务得分很低。

从城市科技服务的动态发展情况来看，2013 年相比 2004 年，7 个城市的城市科技服务得分在增加，嘉兴、绍兴、金华、衢州的城市科技服务得分无变化，宁波变动最大，从 2004 年的 0.012 提高到 2013 年的 0.039，提高了 0.027，其次是舟山，提高了 0.024。温州、丽水变化较小，仅为 0.001。

5.4.5　分异评价

5.4.5.1　系统聚类分析

为了更好地研究城市科技驱动力的分级特征，将浙江 11 个城市各个一级指标和综合得分进行系统聚类分析，运用组间平均数联结法生成聚类树状族谱，具体见图 5.4 和图 5.5。2004 年，将 11 个城市划分为三个层次：第一层次为杭州；第二层次为宁波、绍兴；第三层次为金华、舟山、台州、嘉兴、衢州、丽水、湖州、温州。舟山与金华的驱动力水平最接近。2013年，11个城市划分为三个层次：第一层次为杭州、宁波；第二层次为绍兴、嘉兴、湖州、舟山；第三层次为衢州、丽水、金华、台州、温州。

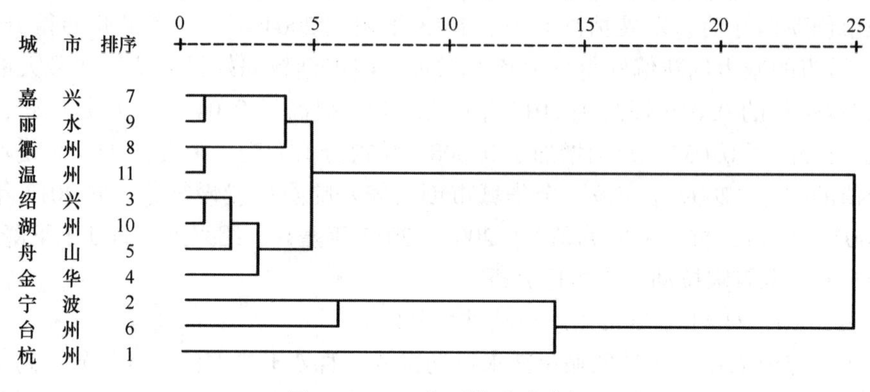

图5.4　2004年系统聚类分析

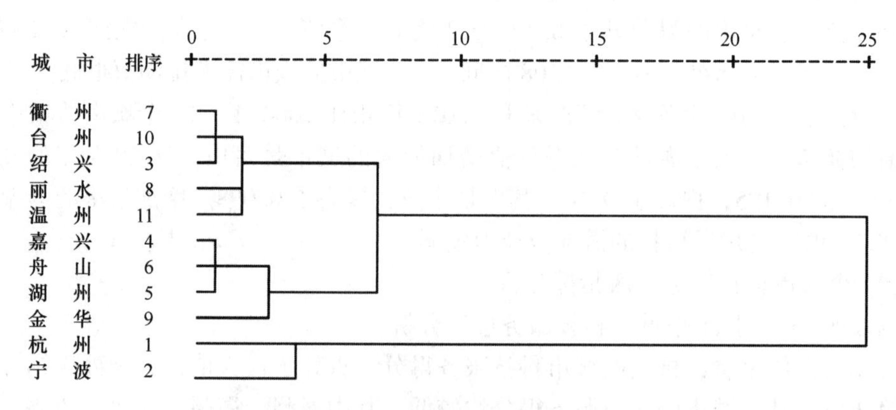

图5.5　2013年系统聚类分析

5.4.5.2　空间梯度分析

根据系统聚类结果，将0~0.3表示为科技驱动力低梯度；0.3~0.5为中梯度；0.5以上为高梯度。

2004年，杭州驱动力为中梯度，其他10个城市均为低梯度。2008年，杭州驱动力为高梯度，宁波、绍兴、台州驱动力为中梯度，丽水、衢州、金华、舟山、嘉兴、温州、湖州均为低梯度。2013年，丽水、衢州为低梯度，金华、舟山、台州、嘉兴、绍兴、温州、湖州为中梯度，杭州、宁波为高梯度。

尽管城市科技驱动力总体有所增强，但仍然表现出显著的空间分异，处于高梯度水平的城市偏少。

5.4.6　结论

浙江省11个城市科技驱动力的分析表明，从2004年至2013年，城市科技驱动力水平均有增强，其中宁波的提升幅度最大，突出表现在宁波的城市创新偏好高，重视科技人员。杭州市科技驱动力处于最高水平，与其他城市相比，在科技人力支持、科技物质支持、城市需求拉动、城市科技服务等均处于极高水平。舟山科技驱动力 2010—2013 年排名第 3，表现出较强的科技动力，其中科技人力支持和需求拉动表现较好，但与宁波、杭州的差距较大。

另外，浙江省 11 个城市的科技驱动力表现出明显的空间分异，科技驱动力不平衡，宁波和杭州处于较高水平，其他城市的科技实力有待提升。未来，浙江城市需要在城市创新偏好和城市科技服务方面付出更多努力，形成良好的创新氛围，促进科技成果转化。

5.5　协同性评价

从协同学的角度来分析，区域科技进步与经济增长的协同发展就是区域系统内部科技子系统与经济子系统的互动，协同，从无序到有序，形成更有利的系统结构与功能，产生巨大的整合效应，促使区域系统的不断发展和优化。科技进步与经济增长需要在“进度”与“步伐”上协调一致，科技与经济二者中无论哪一方的过快发展和过高的水平而另一方的缓慢和低水平，就不是协同发展，因为滞后的一方通常会形成对对方发展的制约。

5.5.1　协同机理

5.5.1.1　相互作用

1）科技进步与经济的相互适应

“高科技经济”充分地表达了科技与经济之间协调发展的相互适应性：它不是单向地要求一方来适应另一方，而是强调双方的双向调适，即既要通过对科技的调适，使之适用于经济发展，同时又要对经济调适，使之适应于科技进步，只有科技进步与经济增长双方的相互适应，才能更有效、更合理地使科技与经济互相耦合，发挥“科学技术是第一生产力”的最佳经济效应和经济增长的最佳科技效应，达到两者的协同发展。

2）科技进步与经济的相互依赖

科技进步与经济存在双重的依赖关系：科技进步会引起社会生产变革，推动经济增长；科技进步本身取决于现有的经济条件。科学技术成果一旦转化为社会生产力，就能促进社会经济的发展。但是，科学技术作为一个动态系统在对外输出高质量科技成果的同时，为了抵消其内部的“熵增”，需要输入“负熵流”即社会经济系统输入资金、设备、信息和人才等。

3）科技进步与经济的相互促进

科技进步与经济之间，一方的发展可以为对方的发展创造有利条件从而促进另一方的发展，并形成良性循环的状态。科技进步与经济进入互相促进状态之后，双方都能从对方的发展中获益，双方在同一性的关系中良性地互相促进：经济增长为科技进步提供物质条件，而科技进步则为经济增长提供新的支撑。

科技进步与经济增长的“协同”意味着双方在发展速度和水平上的相对平衡，不是毫无差别的绝对相等。在区域创新系统中，科技进步与经济的协同关联，才能使区域经济社会整体发展走向有序，形成更有利的区域科技经济结构与功能，使区域整体利益与局部利益同步走向最佳。科技与经济系统中各个子系统要素功能的协同，保证区域整体系统的有效协同，促进区域科技进步与经济增长协同系统“自组织”的形成与其顺利地推进，使得区域经济社会的稳步、快速、健康、持续、和谐发展目标的最终实现。

5.5.1.2 “自组织”进程

协同学中“自组织”系统的形成是由子系统之间的“协调合作”，在“控制参量”的作用和支配下形成一定的自组织结构和功能。各子系统或各要素在系统中各有重点，但又相互联系，协调一致，促进区域经济与科技协同系统“自组织”的有序运行，保证区域科技进步与经济增长协同发展目标的最终实现。区域创新系统的发展，使政府、企业、科研机构、高等院校和中介组织“协同作用”，从而大大缩短了科学技术向生产力转化的过程，完成社会经济增长需求与科技进步的互动功能。区域科技进步与经济增长的协同发展的自组织过程，要强调系统的开放性，随机涨落和非线性相互作用。

（1）从协同学的观点来看，科技成果向现实生产力的转化，是“科技—产业系统”形成和有序方向演化的过程。在区域创新系统中，科技系统与产业系统的“协同作用”，形成人员流动、资金流动、成果流动和产品流动的远离平衡的、开放的“科技—产业系统”，实现科技成果向现实生产力的转化。

（2）协同学理论指出：在远离平衡的开放系统，随机涨落则有可能被放大为巨涨落，从而破坏原来的结构，形成新的有序结构。区域科技成果向现实生产力转化的内部诱因是随机涨落，促进科技—产业系统新的稳定有序结构的形成，最终实现科技成果向现实生产力的转化。

（3）非线性相互作用是科技成果向现实生产力转化的根本机制。区域科技进步与经济增长的协同发展主要表现在：首先，在区域创新体系中形成科研、设计和生产3个子系统的非线性相互作用，加速区域科研成果向现实生产力的转化；其次，在区域创新体系中科学技术、劳动者、劳动对象和生产工具之间的非线性相互作用，使科学技术成为区域生产力系统中的“序参数”；最后，在区域创新体系中，政府、企业、科技和市场之间的非线性相互作用，形成科技—企业—市场—经济的非线性作用机制，即政府通过政策、法规从系统外去规范市场行为，引导科技—产业系统向有序方向演化；科研机构根据市场需求（包括现实需求和潜在需求）进行选题立项，组织研究与开发，按市场需求评价科研成果；企业根据市场需求选择科技成果，实现技术创新，使科学技术的发展最大限度地满足社会生产需求。

区域科技系统是一个复杂系统，科技进步与经济增长协同的一个重要途径，是依托特定产业，形成几个区域科技创新基地（如科技园区）。科技园区作为一种较高层次的经济性特区，促进区域创新系统中“产、学、研”三位一体的协同发展，成为世界各国和地区发展高新技术产业和促进区域经济发展的重要形式和普遍做法。

区域科技进步与经济增长协同发展，在宏观上就可以形成一种优势互补的高科技经济发展格局，扬长避短，提高区域整体资源的利用效率和效益，推动整个社会经济的快速、持续、健康、和谐发展。

5.5.2　评价步骤

根据协同理论，协同是指复合系统在序参量和子系统之间的相互作用下，由无序状态逐渐发展成为自组织结构的有序状态。借鉴孟庆松（2000）复合系统整体协调度的评价模型，研究区域科技和区域经济两个子系统的协同性，从以下几个步骤展开。

5.5.2.1　确定序参量

区域科技的直接投入产出水平决定了区域科技子系统的状态，可以选择区域科技的直接投入产出水平作为港口物流子系统的序参量，它来源于系统又反作用于系统，其发展的不同阶段能够反映出系统的不同运行状态。区域科技的投入产出水平可以从多个角度进行测量，本研究选择从区域科技投入和区域科技产出两个角度进行测量，归纳出衡量区域科技子系统序参量的 10 个指标，分别是 R&D 人员全时当量占总人口的比例、每万人口科技活动人员数、本级财政科技拨款占本级财政支出比重、地区研究与试验发展经费支出与 GDP 比例、规模以上工业企业技术开发费支出占主营业务收入比重、人均发表科技论文数、万人口发明专利授权量、万人口专利授权量、万人技术合同成交数、人均技术合同成交金额。根据区域经济的特征，从经济总量、经济结构、经济增长、经济效益 4 个方面选择区域生产总值、工业生产总值、工业新产品产值率、高新技术产业产值占 GDP 的比重、GDP 增长率、人均地区生产总值、货物进出口总额占地区生产总值的比重等 7 个指标整合形成新的区域经济子系统的序参量。具体见表 5.32。

表 5.32　子系统的序参量

子系统	序参量
区域科技子系统	R&D 人员全时当量占总人口的比例（人年/万人）
	每万人口科技活动人员数（人/万人）
	本级财政科技拨款占本级财政支出比重（%）
	地区研究与试验发展经费支出与 GDP 比例（%）
	规模以上工业企业技术开发费支出占主营业务收入比重（%）
	人均发表科技论文数（篇/人）
	万人口发明专利授权量（件/万人）
	万人口专利授权量（件/万人）
	万人技术合同成交数（项/万人）
	人均技术合同成交金额（元/人）
区域经济子系统	地区生产总值（亿元）
	工业总产值（亿元）
	高新技术产业产值占 GDP 的比重（%）
	工业新产品产值率（ % ）
	GDP 增长率（%）
	人均地区生产总值（元/人）
	货物进出口总额占地区生产总值的比重（万美元/亿元）

5.5.2.2 计算序参量贡献度

序参量 U_{ji}对于子系统的贡献度用 EC（U_{ji}）表示，j 是子系统的下标（j=1，2），i 是子系统序参量的下标（i=1，2，…，n）。U_{ji}在系统实际表现值为指标 X_{ji}，一般来说，序参量有两种类型，一种是 X_{ji}（$i\hat{I}$ [1，l]），其取值越大，系统有序度越高，取值越小，系统有序度越低。另一种是 X_{ji}（$i\hat{I}$ [l，n]），其取值越大，系统有序度越低，取值越小，系统有序度越高。α_{ji}、β_{ji}分别为系统稳定时指标变量 X_{ji}的临界上、下限，b_{ji}#X_{ji}，a_{ji}为了避免 0，1 的出现，一般将序参量的极值放大和缩小 1%作为临界点的上下限值。

$$EC(U_{ji}) = \begin{matrix} \dfrac{X_{ji} - b_{ji}}{a_{ji} - b_{ji}},\ i\hat{I}[1,\ l] \\ \dfrac{a_{ji} - X_{ji}}{a_{ji} - b_{ji}},\ i\hat{I}[l,\ n] \end{matrix} \tag{5.7}$$

5.5.2.3 计算子系统有序度

系统的总体效能不光由各序参量数值的大小决定，还取决于序参量的组合方式，即“集成与整合”。常见的集成方法有几何平均法和线性加权求和法，为简化计算，这里采用几何平均法进行计算，即

$$EC(U_j)(\overset{n}{\underset{i=1}{}}U_{ji})^{1/n} \tag{5.8}$$

5.5.2.4 计算协同度

假定初始时刻（或者选择的某一特定时刻）t_0，子系统 j 的有序度为 EC_j^0（U_j）、系统经过某个时间段的发展演变或者在 t_1 时刻，子系统 j 的有序度为 EC_j^1（U_j），定义复合系统的协同度为 $EC(U)$，也可以通过几何平均法和线性加权求和法，这里采用几何平均法计算，$EC(U)$ 具体由式（5.9）计算得到。

$$EC(U) = l|\qquad C_j^1(U_j) - EC_j^0(U_j)^{1/2} \tag{5.9}$$

其中

$$l = \frac{\min\limits_j C_j^1(U_j) - EC_j^0(U_j)}{\min\limits_j C_j^1(U_j) - EC_j^0(U_j)},\quad j = 1,\ 2 \tag{5.10}$$

$EC(U)$?（1，1），取值越趋近于 1，表明系统协同度越高，取值越趋近于-1，表明系统协同度越低或者不协同。

区域科技与区域经济协同发展程度不同，表现出来的协同发展模式也存在差别，结合部分学者的相关研究，将二者协同度分成 4 类，具体见表 5.33。

表 5.33 系统协同度评判

EC(U)	(0，0.3]	(0.3，0.5]	(0.5，0.8]	(0.8，1]
系统协同度	低度协同	中度协同	高度协同	极度协同

5.5.3　评价结果

根据上述区域科技与区域经济协同度的评价模型，对浙江 11 个城市的科技与经济的协同性进行实证评价。

5.5.3.1　序参量数据来源与处理

各序参量的数据主要来自于 2004—2014 年各城市统计年鉴，数据时间从 2004 年开始，主要是便于研究近 10 年的情况，有利于与后期进行对比分析。

5.5.3.2　计算贡献度、有序度、协同度

根据上述协同度评价模型的计算步骤，计算子系统序参量的贡献度、子系统的有序度和系统的协同度，具体见表 5.34、表 5.35、表 5.36。

表 5.34　2004—2013 年区域科技子系统有序度

序号	城市	2004 年	2005 年	2006 年	2007 年	2008 年	2009 年	2010 年	2011 年	2012 年	2013 年
1	杭州	0.028	0.214	0.076	0.231	0.276	0.363	0.334	0.324	0.381	0.346
2	宁波	0.049	0.100	0.067	0.249	0.206	0.283	0.220	0.357	0.392	0.327
3	温州	0.057	0.064	0.050	0.224	0.388	0.408	0.439	0.372	0.237	0.243
4	嘉兴	0.028	0.105	0.080	0.107	0.248	0.321	0.360	0.305	0.436	0.400
5	湖州	0.033	0.098	0.128	0.242	0.303	0.347	0.322	0.120	0.329	0.399
6	绍兴	0.020	0.099	0.151	0.231	0.287	0.288	0.136	0.287	0.288	0.304
7	金华	0.034	0.098	0.217	0.228	0.149	0.393	0.241	0.374	0.473	0.464
8	衢州	0.058	0.095	0.103	0.076	0.214	0.145	0.263	0.238	0.389	0.345
9	舟山	0.124	0.000	0.156	0.113	0.225	0.274	0.299	0.504	0.616	0.614
10	台州	0.024	0.072	0.190	0.108	0.358	0.427	0.426	0.428	0.523	0.313
11	丽水	0.044	0.080	0.131	0.078	0.017	0.016	0.078	0.045	0.112	0.064

表 5.35　2004—2013 年区域经济子系统有序度

序号	城市	2004 年	2005 年	2006 年	2007 年	2008 年	2009 年	2010 年	2011 年	2012 年	2013 年
1	杭州	0.047	0.109	0.100	0.479	0.582	0.633	0.252	0.586	0.735	0.252
2	宁波	0.047	0.141	0.117	0.276	0.477	0.331	0.363	0.637	0.718	0.507
3	温州	0.031	0.112	0.327	0.431	0.590	0.384	0.323	0.678	0.791	0.668
4	嘉兴	0.038	0.148	0.089	0.301	0.517	0.585	0.235	0.537	0.846	0.726
5	湖州	0.025	0.142	0.162	0.308	0.531	0.576	0.308	0.697	0.799	0.599
6	绍兴	0.035	0.177	0.151	0.386	0.487	0.556	0.281	0.666	0.723	0.412
7	金华	0.026	0.045	0.170	0.236	0.461	0.547	0.333	0.726	0.792	0.792
8	衢州	0.034	0.059	0.157	0.287	0.441	0.484	0.396	0.465	0.661	0.472
9	舟山	0.013	0.075	0.192	0.290	0.321	0.390	0.391	0.627	0.682	0.440
10	台州	0.027	0.137	0.196	0.455	0.564	0.571	0.313	0.801	0.865	0.635
11	丽水	0.006	0.028	0.043	0.066	0.250	0.309	0.192	0.539	0.656	0.692

表 5.36　2005—2013 年科技与经济协同度评价

序号	城市	2005 年	2006 年	2007 年	2008 年	2009 年	2010 年	2011 年	2012 年	2013 年
1	杭州	0.107	0.034	0.243	0.068	0.066	0.104	-0.059	0.092	0.129
2	宁波	0.069	0.028	0.170	-0.094	-0.106	-0.045	0.194	0.053	0.117
3	温州	0.007	-0.025	0.043	0.064	-0.029	-0.011	-0.092	-0.042	-0.009
4	嘉兴	0.092	0.038	0.075	0.175	0.070	-0.118	-0.129	0.201	0.065
5	湖州	0.087	0.025	0.129	0.117	0.044	0.082	-0.280	0.146	-0.119
6	绍兴	0.106	-0.037	0.137	0.075	0.009	0.204	0.241	0.007	-0.070
7	金华	0.035	0.122	0.027	-0.134	0.145	0.181	0.228	0.081	-0.001
8	衢州	0.03	0.029	-0.059	0.146	-0.054	-0.102	-0.042	0.172	0.091
9	舟山	-0.087	0.136	-0.065	0.059	0.058	0.007	0.220	0.078	0.018
10	台州	0.073	0.083	-0.145	0.165	0.022	0.012	0.031	0.078	0.220
11	丽水	0.028	0.028	-0.035	-0.106	-0.007	-0.085	-0.107	0.088	-0.041

5.5.3.3　结果分析

通过表 5.36，对城市科技与经济的协同状态进行分析。

1）11 个城市科技子系统的有序度得到提升

根据表 5.34，从 2004 年至 2010 年，11 个城市的科技子系统有序度值在不同程度提升，处于上升态势，表明各城市科技子系统各序参量的有序度在改善。11 个城市科技子系统的有序度具体见图 5.6。

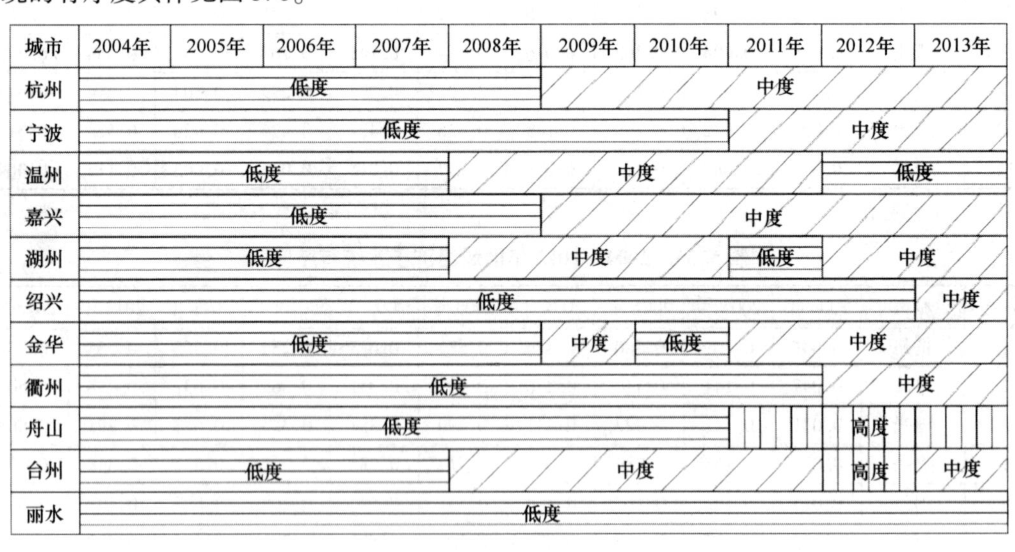

图 5.6　11 个城市科技子系统有序度

杭州城市科技子系统的有序度表现为：2004—2008 年，区域科技子系统的有序度小于 0.3，处于低度有序状态，2009—2013 年，区域科技子系统有序度值介于 0.3～0.5 之间，处于中度有序发展的态势，区域科技子系统的发展水平也在提升。区域科技子系统的有序度值并不高，表明杭州科技子系统内部的有序性还需进一步改善，特别是在万人论文发表、万人技术合同成交金额和数量等序参量需要改善。

丽水科技子系统有序度最差，一直处于低度有序状态，主要是由万人发明专利授权量、万人技术合同成交金额、万人技术合同成交数等序参量需要改善。

2）11 个城市经济子系统的有序度处于上升态势，存在波动

根据表 5.35，从 2004 年至 2010 年，11 个城市的经济子系统有序度值有不同程度提升，处于上升态势，表明 11 个城市经济子系统各序参量的有序度在改善。11 个城市科技子系统的有序度具体见图 5.7。从图可知，2010 年和 2013 年，11 个城市经济子系统的有序度在发生波动，2008 年金融危机对 2010 年经济子系统产生了较大影响，2013 年经济增长率、货物进出口总额占地区生产总值的比重等序参量均处于下降态势，导致 2013 年 11 个城市经济子系统的有序度处于下降态势。

杭州城市经济子系统的有序度表现为：2004—2006 年，区域经济子系统的有序度小于 0.3，处于低度有序状态；2007 年，区域科技子系统有序度值介于 0.3～0.5 之间，处于中度有序发展的态势，区域经济子系统的发展水平在 2008—2009 年提升，区域经济子系统有序度值介于 0.5～0.8 之间，处于高度有序发展的态势；2010 年，处于低度有序发展；2011—2012 年，处于高度有序；2013 年，处于低度有序。杭州经济子系统内部的有序性处于较大的波动状态，特别是在经济增长率、货物进出口总额占地区生产总值的比重等序参量需要改善。

丽水经济子系统有序度较差，一直处于低度有序状态，主要是经济结构的序参量工业新产品产值率、高新技术产业产值占 GDP 的比重等序参量需要改善。

<table>
<tr><th>序号</th><th>城市</th><th>2004年</th><th>2005年</th><th>2006年</th><th>2007年</th><th>2008年</th><th>2009年</th><th>2010年</th><th>2011年</th><th>2012年</th><th>2013年</th></tr>
<tr><td>1</td><td>杭州</td><td colspan="3">低度</td><td>中度</td><td colspan="2">高度</td><td>低度</td><td colspan="2">高度</td><td>低度</td></tr>
<tr><td>2</td><td>宁波</td><td colspan="4">低度</td><td colspan="3">中度</td><td colspan="3">高度</td></tr>
<tr><td>3</td><td>温州</td><td colspan="2">低度</td><td colspan="2">中度</td><td>高度</td><td colspan="2">中度</td><td colspan="3">高度</td></tr>
<tr><td>4</td><td>嘉兴</td><td colspan="3">低度</td><td>中度</td><td colspan="2">高度</td><td>低度</td><td>高度</td><td>极高度</td><td>高度</td></tr>
<tr><td>5</td><td>湖州</td><td colspan="3">低度</td><td>中度</td><td colspan="2">高度</td><td>低度</td><td colspan="3">高度</td></tr>
<tr><td>6</td><td>绍兴</td><td colspan="3">低度</td><td colspan="2">中度</td><td>高度</td><td>低度</td><td colspan="2">高度</td><td>中度</td></tr>
<tr><td>7</td><td>金华</td><td colspan="4">低度</td><td>中度</td><td>高度</td><td>低度</td><td colspan="3">高度</td></tr>
<tr><td>8</td><td>衢州</td><td colspan="4">低度</td><td colspan="4">中度</td><td>高度</td><td>中度</td></tr>
<tr><td>9</td><td>舟山</td><td colspan="4">低度</td><td colspan="3">中度</td><td colspan="2">高度</td><td>中度</td></tr>
<tr><td>10</td><td>台州</td><td colspan="3">低度</td><td>中度</td><td colspan="2">高度</td><td>中度</td><td colspan="2">极高度</td><td>高度</td></tr>
<tr><td>11</td><td>丽水</td><td colspan="5">低度</td><td>中度</td><td>低度</td><td colspan="3">高度</td></tr>
</table>

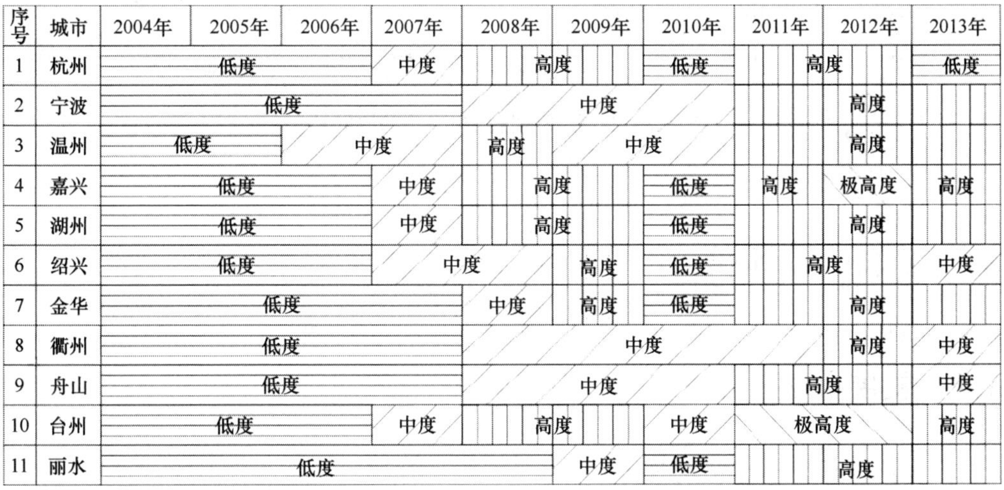

图 5.7　11 个城市经济子系统有序度

3）11 个城市科技与经济协同度性差

浙江省 11 个城市科技子系统和经济子系统的协同性差，处于不协同和低协同状态，基本所有城市都表现出科技与经济发展不匹配，处于“科技中等、经济较强”的态势，技术进步滞后于经济增长，具体表现为科技进步与经济增长的正相关系数较低，区域科技进

步与经济增长之间的互相依赖与促进的程度仅处在低级的水平，二者对对方的正相关系数只存在较低的层次。

科技与经济低协同的态势表明：第一，尽管经济体制和环境能够激发出一定的科技创新能力，但程度不高，有引进高新技术的能力但不能较好地吸收与消化，却未能在引进的基础上进行再创新；第二，有实现科研成果转化为现实生产力的想法但存在着经济性的困难，因而科研成果转化率较低；第三，科技进步在经济增长中具有了一定的作用，但还远远不如其他因素发挥的作用大。

未来，浙江城市还需要进一步加强科技成果产业化，促进科技成果的应用，进而带动区域经济的发展。

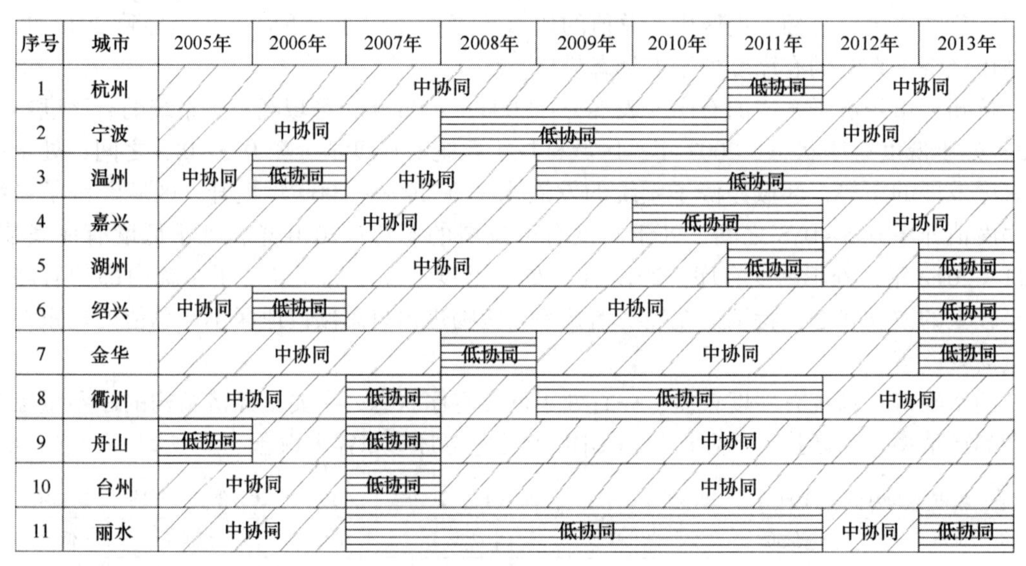

序号	城市	2005年	2006年	2007年	2008年	2009年	2010年	2011年	2012年	2013年
1	杭州	中协同						低协同	中协同	
2	宁波	中协同			低协同			中协同		
3	温州	中协同	低协同	中协同		低协同				
4	嘉兴	中协同					低协同		中协同	
5	湖州	中协同						低协同		低协同
6	绍兴	中协同	低协同	中协同						低协同
7	金华	中协同			低协同	中协同				低协同
8	衢州	中协同		低协同		低协同			中协同	
9	舟山	低协同		低协同	中协同					
10	台州	中协同		低协同	中协同					
11	丽水	中协同		低协同					中协同	低协同

图 5.8　11 个城市科技与经济的协同性

5.6　海洋科技评价

5.6.1　发展概述

5.6.1.1　宁波市海洋科技发展概述

宁波市具有完善的海洋科技创新体系，科研成果不断取得突破。宁波形成了以科研院所、高等院校涉海专业、重点实验室，以及企业研发中心等为主体的海洋科研与技术开发体系。建有宁波大学海洋学院和海运学院、宁波市海洋与渔业研究院、宁波海洋开发研究院等海洋科研机构拥有涉海类省级重点实验室 10 余家，市级科技创新服务平台 1 家，企业工程（技术）中心 8 家，海洋科技工作人员已达 2 000 余人，其中高级职称人员占总数的 15%以上。2014 年涉海类项目获得国家科技进步奖 1 项，省、部科技进步奖 30 项，专利授权30余项。

通过近几年的发展，宁波在海洋高技术装备产业、海洋生物育种及健康养殖产业、海洋药物及生物制品产业、海水综合利用产业等海洋高技术产业部分领域已经具有良好的产业基础。据测算，宁波市海洋高技术产业产值年均增长约25%。全市共有造船企业和船舶修造企业近70家，制造能力达500万载重吨；拥有海洋生物育种企业200余家，海洋生物制品企业20余家。

5.6.1.2　台州市海洋科技发展概述

台州市作为浙江重要的沿海城市，海洋科技创新上取得了可喜成绩，主要得益于：一是建立了完善的海洋科技创新保障体系。建立健全了科技兴海工作领导机制，成立了科技兴海工作领导小组和办公室，编制科技兴海中长期规划，加大科技经费向海洋科研和推广方面倾斜。二是重视海洋科技研发和推广。企业作为海洋科技研发主体，积极承担省、市、县三级海洋产业重点课题，围绕海洋生态环境保护和修复，名优水产品苗种繁育及增养殖关键技术研究与示范、海洋捕捞渔具渔法调查等项目开展研究。三是加快海洋高新技术成果产业化。积极争取与全国海洋大专院校和科研机构联姻，建设了一批海洋科技创新平台。玉环县建立了省级农业高科技园区；与武汉理工大学合作在台州设立华东船舶设计研究院；“中国国际（台州）船舶博览会”的成功举办，加强了台州船舶产业与世界的联系，提升了台州船舶产业的科技水平。但台州市海洋科研力量相当薄弱，按国家海洋局统计标准台州市没有一个专门的海洋科研机构。台州市海洋科技专业技术人员零散在各涉海机构，缺乏学术带头人和高层次科技人员。

5.6.1.3　温州市海洋科技发展概述

温州拥有一定数量的涉海院校及科研机构，主要包括温州医科大学、浙江省海洋水产养殖研究所、温州市环境保护设计科学研究院、温州市食品研究所，拥有温州市海洋科技创业园、省级海洋与农业高科技园区、海洋科技孵化器等科技创新载体，但海洋科技基础较为薄弱，海洋科学和技术装备也处于劣势，海洋领域的领军人才和拔尖人才十分匮乏。

5.6.1.4　嘉兴市海洋科技发展概述

目前，嘉兴市海洋科技水平还比较落后，运用高新技术促进海洋经济发展的投入不足，嘉兴市海洋经济产业发展的科技含量总体不高。嘉兴市拥有涉海院校两所，嘉兴南洋职业技术学院和嘉兴职业技术学院。嘉兴市海洋科研机构和科研力量相对薄弱，缺乏高层次的海洋科技人员与高素质的作业人员，科技成果产业化程度偏低，影响可海洋经济持续发展能力。

5.6.1.5　舟山市海洋科技发展概述

舟山市海洋科技通过不断努力建设，取得了一定成绩，拥有浙江省海洋水产研究所、浙江省海洋开发研究院、舟山市水产研究所、浙江海洋学院、浙江国际海运职业技术学院、浙江大学海洋研究院、浙江大学舟山海洋研究中心、舟山船舶工程研究中心等海洋科研机构及院校，舟山市努力推进科研平台建设，拥有省创新型试点（示范）企业10家、省级科技型中小企业218家、省级高新技术企业研发中心33家、省级重点实验室6家、高新技术企业45家。

舟山市紧抓海洋科技人才队伍建设，成立了海洋生物医药、船舶制造设计和海洋防腐防污技术领域3个创新团队，不断加快高端人才引进，2014年柔性引进和集聚各类高层次人才50多名。

5.6.2 绩效评价

5.6.2.1 海洋专利评价

全国科技兴海网站给出了全国各地区2003—2012年10年间我国海洋专利授权数量以及专利领域、专利名称、专利机构等情况。根据研究需要，我们对浙江7个沿海城市海洋专利进行了统计（表5.37）。

表5.37 浙江7个沿海城市海洋专利授权情况及领域分布（2003—2012年） 单位：件

专利城市	海洋专利总数	专利领域										
		海洋资源勘探技术	海洋环境监测预报技术	海洋信息技术	海洋矿产资源开采技术	海洋新材料制造技术	海洋工程技术	海洋环境治理与修复技术	海洋可再生能源利用技术	海水综合利用技术	海洋生物技术	海洋装备制造技术
杭州	184	8	20	3	7	11	2	7	13	15	33	65
宁波	86	0	2	0	1	5	4	2	6	1	39	26
舟山	60	0	3	5	0	1	1	2	1	0	15	32
温州	32	0	0	0	1	1	0	4	3	1	18	4
绍兴	12	0	1	0	0	0	1	0	4	0	0	6
嘉兴	0	0	0	0	0	0	0	0	0	0	0	0
台州	32	0	0	0	0	0	0	0	2	10	0	20
总数	406	8	26	8	9	18	8	15	29	27	105	153

资料来源：全国科技兴海网。

从专利数量来看，杭州市以184件居浙江沿海首位，宁波则以86件居第2位，随后是舟山、温州、台州、绍兴，嘉兴为0件。舟山以60件排在7个浙江沿海城市的第3位，处于前列。由此可见，舟山海洋专利在浙江排名前列。

从专利领域来看，11个专利领域中海洋装备制造技术以总数153件高居第1位，海洋生物技术以105件居于第2位，随后是海洋可再生能源利用技术（29件）、海水综合利用技术（27件）和海洋环境监测预报技术（26件）。表明浙江海洋专利以海洋装备制造技术和海洋生物技术为主。

从各城市专利优势来看，杭州、舟山以海洋装备制造技术为主；宁波在海洋生物技术在浙江处于领先地位，海洋装备制造技术也较强；台州在海洋装备制造技术上也表现出较强水平；温州在海洋生物技术上也毫不逊色。

5.6.2.2　海洋科技成果转化评价

为比较浙江 7 个沿海城市海洋科技成果转化情况，我们对 1998—2013 年 16 年间浙江沿海城市海洋科技成果转化数量以及科技成果领域等内容进行统计，得到表 5.38。从表中可知，7 个沿海城市共转化海洋科技成果 166 件，具体情况如下。

表 5.38　浙江 7 个沿海城市海洋科技成果转化情况及领域分布（2003—2013 年）　单位：件

专利城市	海洋科技成果总数	专利领域										
		海洋资源勘探技术	海洋环境监测预报技术	海洋信息技术	海洋矿产资源开采技术	海洋新材料制造技术	海洋工程技术	海洋环境治理与修复技术	海洋可再生能源利用技术	海水综合利用技术	海洋生物技术	海洋装备制造技术
杭州	92	10	16	19	1	0	2	0	0	13	27	4
宁波	22	0	7	2	0	0	2	1	0	0	10	0
舟山	46	0	0	5	0	1	0	1	1	0	30	8
嘉兴	1	0	0	0	0	0	0	0	0	0	1	0
绍兴	0	0	0	0	0	0	0	0	0	0	0	0
温州	5	0	1	0	0	0	0	2	0	0	2	0
台州	0	0	0	0	0	0	0	0	0	0	0	0
总数	166	10	24	26	1	1	4	4	1	13	70	12

资料来源：全国科技兴海网。

从科技成果转化数量来看，杭州市以 92 件海洋科技成果，位居首位；其次是舟山，以 46 件位居第 2；宁波则以 22 件居于第 3。随后是温州和嘉兴，最差的是绍兴和台州，都为 0 件。

从科技成果领域来看，海洋生物技术占大多数，有 70 件，占 50%左右；海洋信息技术和海洋环境监测预报技术也较多，分别为 26 件和 24 件。随后是海水综合利用技术、海洋装备制造技术和海洋资源勘探技术，均为 10 件左右。其余的海洋科技成果均在 5 件以下。表明浙江省海洋科技成果整体较弱。

5.6.2.3　海洋经济评价

2012 年宁波市主要海洋经济产业在运行质量、投资力度和项目建设等方面都呈现出良好的发展态势，全市实现海洋总产值 3 972.7 亿元，比上年增长 9.57%；实现地区海洋经济增加值 1 043.1 亿元，比上年增长 9%，海洋生产总值占地区生产总值的 16%。其中，海洋第一产业平稳增长，海洋第二产业企稳回升，海洋第三产业得到较快发展。海洋第一产业增加值 70.2 亿元，比上年增长 7.5%；海洋第二产业增加值 606.1 亿元，比上年增长 10.1%；海洋第三产业增加值 366.8 亿元，比上年增长 8.5%。

台州市海洋经济已有一定规模。2008 年、2009 年和 2010 年台州市海洋及其相关产业增加值分别为 238 亿元、260 亿元和 296 亿元，增加值年增长率分别为 15.8%、17.5%和

13.9%，2012年台州市海洋产业增加值373.23亿元。可见，台州海洋经济绝对规模较大，发展速度较快。

温州市2009年、2010年、2011年、2012年海洋经济总产值分别为1 021亿元、1 104亿元、1 270亿元、1 903.13亿元，海洋经济增加值分别为372.5亿元、402.8亿元、525亿元、634.46亿元。随着海洋经济不断开发与发展，温州海洋产业体系日趋完备，船舶工业、能源（电力）工业、港口物流业等产业已成为海洋经济的主导产业，海洋生物资源业、海水综合利用业、海洋新能源产业等新兴产业得到不断发展，渔业经济的综合效益不断提升。这些都为温州海洋经济的科技化开发奠定了良好的基础。

2012年，嘉兴市海洋经济增加值298.71亿元，按现价计算，比上年增长10.8%，高于GDP现价增速2.8个百分点，占GDP比重10.3%，比上年提高0.2个百分点。嘉兴市海洋经济逐步形成了临港工业、港口物流业、临港旅游业等特色，在全市国民经济中已经占据重要地位，发挥着重要作用。

表5.39　2012年浙江主要沿海城市海洋经济增加值　　单位：亿元

城市	嘉兴	温州	台州	宁波	舟山
海洋经济增加值	298.71	634.46	373.23	1 043.10	586.44
* 第一产业增加值	2.32	42.36	88.37	70.20	73.42
* 第二产业增加值	180.32	250.13	154.98	606.10	321.24
* 第三产业增加值	116.06	342.10	130.00	366.80	191.77

数据来源：浙江统计信息网、城市统计信息网。

表5.40　2012年浙江主要沿海城市海洋经济产业结构　　单位：%

城市	嘉兴	温州	台州	宁波	舟山
第一产业比重	0.78	6.68	23.68	6.73	12.52
第二产业比重	60.37	39.42	41.52	58.11	54.78
第三产业比重	38.85	53.90	34.80	35.16	32.70

数据来源：浙江统计信息网、城市统计信息网。

从表5.39和表5.40分析来看，宁波海洋经济实力最强，温州次之，舟山排第3，舟山第一产业比重过高，第三产业比重偏低，需要增强海洋经济发展的科技内涵，调整海洋产业结构。

总体来看，宁波在海洋科技方面实力较强，发展基础雄厚；温州海洋科技实力有待提高；嘉兴市海洋经济仍处于粗放型开发为主的初级阶段，产业发展不够协调，质量和水平较低；舟山海洋科技发展速度较快，海洋经济基础也较好，未来发展前景良好。

5.7　舟山定位

舟山群岛新区作为浙江海洋经济发展的先导区和经济转型升级的突破口，是浙江省海洋科技发展的主导区和先行区，也是浙江省未来海洋科技发展潜力最大、最具后发优势的区域。

5.7.1　综合竞争力中等偏下

从舟山科技综合竞争力得分来看，2004 年至 2013 年舟山科技得分分别为 0.168、0.196、0.204、0.227、0.244、0.246、0.281、0.329、0.354、0.375，舟山科技综合竞争力一直在稳步提升。

从舟山科技竞争力排名来看，2004 年、2005 年，舟山排名第 6 位，2006 年、2007 年，舟山排名第 7 名，2008 年、2009 年、2010 年，舟山排名第 9 位，2011 年排名第 5 位，2012 年、2013 年，舟山排名第 6 位，舟山科技综合竞争力整体在浙江处于中等偏下水平。

从分异评价结果来看，2004 年数据显示，浙江 11 个城市被划分为三个层次：第一层次为杭州；第二层次为宁波、绍兴、温州；第三层次为嘉兴、湖州、金华、台州、舟山、衢州、丽水。2013 年数据显示，11 个城市被划分为四个层次：第一层次为杭州、宁波；第二层次为嘉兴、绍兴；第三层次为温州、湖州、金华、台州、舟山；第四层次为衢州、丽水。

与处于第一、第二层次的城市相比，舟山在科技进步环境、科技活动投入、科技活动产出 3 个方面表现较弱。科技进步环境方面，万人高校教师专任数、科研与综合技术服务业平均工资与全社会平均工资比例系数等指标值偏低；科技活动投入方面，2015 年舟山在地区研究与试验发展经费支出与 GDP 比例为 1.41，略高于衢州的 1.24，略低于台州的 1.78，高于丽水的 1.18；科技活动产出方面，万人技术合同成交数、百万人口技术市场成交合同额等指标值远低于杭州。

5.7.2　科技投入与产出基本吻合

应用 DEA 方法对浙江 11 个城市科技效率进行评价，结果表明，2004 年至 2013 年，舟山科技效率有效年份为 2005 年、2007 年、2009 年、2010 年、2011 年、2012 年、2013 年，而 2004 年、2006 年、2008 年的科技效率处于偏低状态。舟山 Malmquist 指数平均值大于 1，主要得益于技术效率的贡献。整体表明，除个别年份外，10 年间科技投入与产出基本吻合。

5.7.3　科技贡献率与资本投入呈正相关

从科技贡献率 2005—2013 年动态发展来看，舟山科技对经济增长的贡献率呈现出较大的波动性，主要与资本投入的波动呈正向关系。2005—2013 年，舟山科技贡献率的平均值为 50.99。

5.7.4　舟山发展科技价值高、作用大

从科技驱动力得分来看，2004—2013 年舟山科技驱动力得分分别为 0.207、0.251、

0.265、0.289、0.311、0.325、0.381、0.427、0.455、0.429，舟山科技驱动力整体呈稳步提升态势。

从舟山科技驱动力排名来看，2004 年，舟山排名第 5 位，2005 年排名第 4 位，2006—2009 年，排名第 5 位，2010—2013 年排名第 3 位，舟山科技驱动力整体在浙江处于中上水平，排在杭州、宁波之后。

从分异评价结果来看，2013 年数据显示，浙江 11 个城市划分为三个层次：第一层次为杭州、宁波；第二层次为嘉兴、湖州、绍兴、舟山；第三层次为温州、台州、金华、衢州、丽水。根据梯度划分来看，2013 年数据显示，杭州、宁波为高梯度，舟山、金华、台州、嘉兴、绍兴、温州、湖州为中梯度，丽水、衢州为低梯度。科技驱动力评价表明舟山发展科技的价值高、作用大。

5.7.5 科技与经济的协同性动态波动

从科技与经济协同性得分来看，2005—2013 年协同性值分别为 -0.807、0.136、-0.065、0.059、0.058、0.007、0.22、0.078、0.018，舟山科技与经济协同性呈现动态波动，与其他城市表现基本相同。主要原因是科技成果的转化及应用具有滞后性规律，表明科技发展需要前瞻性投入和连续性投入。

5.7.6 海洋科技处于领先水平

与浙江 7 个沿海城市相比，舟山海洋科技发展处于领先水平，海洋科技平台、海洋科技成果、海洋科技成果转化等方面都处于全省前列。

总体来看，舟山科技综合实力在全省处于中等偏下水平，但海洋科技一枝独秀，位于浙江省前列。

第6章　沿　海

沿海城市具有港口资源丰富、开放程度相对较高，有些沿海地区还实行经济特区的特殊政策。目前，我国主要有大连、秦皇岛、天津、威海、烟台、青岛、连云港、南通、上海、宁波、舟山、温州、福州、广州、湛江和北海16个沿海城市。在我国海洋强国建设进程中，这些沿海城市成为我国海洋经济的排头兵、顶梁柱，也是我国海洋科技创新的主要区域。海洋科技对沿海城市经济社会发展的支撑引领作用日益明显，海洋科技竞争力在某种程度上也影响了地区经济的发展水平。

6.1　竞争力评价

科技竞争力是一个地区科技资源与投入、自主创新能力、科技发展水平与潜力、产业科技竞争力形成的综合区域竞争优势的体现。城市科技竞争力的综合评价，是衡量科学技术对城市社会和经济发展推动作用的一个重要依据。本研究通过构建城市科技竞争力评价指标体系，采用2007—2012年数据对沿海城市的科技竞争力进行测算和分析，研究舟山与沿海城市科技竞争力的差距，找准舟山的位置。本研究为浙江舟山群岛新区科技发展水平的提升，科技对经济转型升级支撑作用的加强，进一步推动创新型城市建设提供决策依据。

6.1.1　评价体系

6.1.1.1　评价指标

本研究参考了国家科技部《全国科技进步统计监测报告》和《中国科技发展研究报告2000》，以及国内学者倪芝青、曹先柯、吴晓梅等对科技竞争力评价指标体系研究，从科技进步环境、科技投入、科技产出以及科技促进经济社会发展4个方面构建了一套较为完整的科技竞争力综合评价体系（见表6.1）。

6.1.1.2　数据处理

1）数据来源

本研究以我国16个沿海城市的科技活动为分析样本，研究数据来源于各地市统计年鉴2008—2013年、各省（市）科技统计年鉴2009—2014年以及国研网数据库2009—2014年数据。鉴于被考察对象16个沿海城市常住人口数据获取难度较大，本研究凡涉及人口的相对量统计数据均采取户籍人口数。

2）数据处理

运用 SPSS17.0 统计分析软件对我国 16 个沿海城市 2008—2013 年的 24 个指标值进行因子分析。

表 6.1 沿海城市科技竞争力评价指标体系

一级指标	二级指标	三级指标
科技进步环境（A1）	科技人力资源（B1）	万人专业技术人员数（人/万人）（C1）
		万人普通高等学校在校学生数（人/万人）（C2）
		万人高校教师专任数（人/万人）（C3）
	科技条件（B2）	科研与综合技术服务业人员数占从业人数比重（%）（C4）
		本级财政教育经费拨款占地方财政支出比重（%）（C5）
	科技意识（B3）	万人口专利申请量（件/万人）（C6）
		科研与综合技术服务业平均工资与在岗职工平均工资比例系数（%）（C7）
科技活动投入（A2）	科技活动人力投入（B4）	万人科技活动人员数（人/万人）（C8）
		科技活动人员数占单位从业人员数的比重（%）（C9）
	科技活动财力投入（B5）	R&D 经费支出与 GDP 比例（%）（C10）
		地方财政科技拨款占地方财政支出比重（%）（C11）
科技活动产出（A3）	科技活动产出水平（B6）	万人发表论文数（篇/万人）（C12）
		万人论文引用量（次/万人）（C13）
	技术成果市场化（B7）	万人口专利授权量（件/万人）（C14）
		万人口发明专利授权量（件/万人）（C15）
		人均技术成果成交额（万元/人）（C16）
	高新技术产业化（B8）	高新技术产业产值占 GDP 的比重（%）（C17）
		人均高新技术产业产值（万元/人）（C18）
科技促进经济社会发展（A4）	经济发展方式转变（B9）	人均地区生产总值（元/人）（C19）
		GDP 增长速度（%）（C20）
		第三产业增加值占 GDP 比重（%）（C21）
	社会生活改善（B10）	万人国际互联网络用户数（户/万人）（C22）
		百人固定电话和移动电话用户数（户/百人）（C23）
		环境改善指数（%）（C24）

注：环境改善指数采取《上海市环境状况公报 1998 年》的计算方法，即环境改善指数=生活垃圾无害化处理率 0.1+生活污水处理率 0.1+工业废水排放达标率 0.5+工业烟尘去除率 0.1+工业固体废物综合利用率 0.2。

（1）采用极差标准化的方法，对指标进行标准化处理。根据对协方差矩阵 V 进行 KMO 统计量及 Bartlett's 球形检验，判断标准化后数据进行时序全局因子分析的可行性。根据表 6.2，KMO 为 0.680，大于 0.6，说明变量适宜做因子分析；Bartlett's 球形检验得出 X2 值为 2 665.270，相应的显著性概率小于 0.001，为高度显著，说明变量间存在相关性，符合因子分析的要求。

表 6.2　变量的 KMO 统计量 和 Bartlett's 球形检验

取样足够度的 Kaiser-Meyer-Olkin 度量		0.680
Bartlett 的球形度检验	近似卡方	2 665.270
	df	276
	Sig.	0.000

（2）对变量进行标准正交方差分析，计算贡献率和累积贡献率。时序全局分析中对全局公因子的提取原则有两个：一是选取全部特征根大于 1 的因子作为全局公因子；二是根据累计方差贡献率大于 70% 的因子作为全局公因子①。根据表 6.3 和旋转后的因子载荷矩阵，前 7 个主成分的特征值大于 1，方差累计贡献率达到 81.193%，6 个主成分 F1、F2、F3 、F4、F5、F6 的方差贡献率分别为 20.781%、15.831%、12.716%、11.254%、10.225%、7.178%。这 6 个主成分能够解释 24 个评价指标的绝大部分变化，因此，可以把它们作为评价沿海城市科技竞争力的全局主公因子。

表 6.3　时序全局因子解释原有变量总方差的情况

成分	初始特征值			提取平方和载入			旋转平方和载入		
	合计	方差的（%）	累积（%）	合计	方差的（%）	累积（%）	合计	方差的（%）	累积（%）
1	8.279	34.496	34.496	8.279	34.496	34.496	4.988	20.781	20.781
2	3.737	15.570	50.066	3.737	15.570	50.066	3.799	15.831	36.612
3	2.618	10.908	60.973	2.618	10.908	60.973	3.052	12.716	49.329
4	1.586	6.610	67.583	1.586	6.610	67.583	2.701	11.254	60.582
5	1.324	5.517	73.100	1.324	5.517	73.100	2.454	10.225	70.807
6	1.172	4.885	77.985	1.172	4.885	77.985	1.723	7.178	77.985
7	0.970	4.043	82.028						
8	0.774	3.225	85.253						
9	0.628	2.617	87.869						
10	0.542	2.260	90.130						
11	0.520	2.169	92.298						
12	0.404	1.684	93.982						
13	0.365	1.520	95.502						
14	0.268	1.115	96.617						
15	0.230	0.957	97.574						
16	0.182	0.757	98.331						
17	0.129	0.538	98.869						
18	0.116	0.484	99.353						
19	0.054	0.223	99.577						
20	0.041	0.172	99.748						
21	0.023	0.095	99.843						
22	0.021	0.088	99.931						
23	0.012	0.051	99.982						
24	0.004	0.018	100.000						

① 任若恩，王惠文．多元统计数据分析——理论、方法、实例［M］．北京：国防工业出版社，1997.

（3）通过6个全局主公因子方差贡献率计算出因子权重，结合成分得分系数矩阵以及累计方差贡献率计算出各变量权重（表6.4）。

表6.4 沿海城市科技竞争力各变量定权

C1	C2	C3	C4	C5	C6
0.005	0.039	0.045	0.052	0.048	0.008
C7	C8	C9	C10	C11	C12
0.047	0.034	0.034	0.046	0.057	0.061
C13	C14	C15	C16	C17	C18
0.052	0.040	0.051	0.064	0.027	0.022
C19	C20	C21	C22	C23	C24
0.042	0.036	0.052	0.040	0.052	0.045

6.1.2 综合评价

6.1.2.1 科技竞争力总体态势分析

比较表6.5中的数据，对我国16个沿海城市科技竞争力的综合得分进行分析。

表6.5 2008—2013年我国16个沿海城市科技竞争力指数及排名

城市	2008年		2009年		2010年		2011年		2012年		2013年	
	指数	排名	指数	排名	指数	排名	指数	排名	指数	排名	指数	排名
天津	0.364	3	0.386	3	0.403	3	0.408	3	0.417	3	0.454	3
北海	0.116	16	0.134	15	0.133	16	0.143	16	0.157	15	0.195	15
大连	0.296	5	0.311	5	0.333	4	0.348	4	0.356	6	0.385	5
福州	0.283	6	0.289	6	0.299	6	0.329	7	0.285	8	0.303	10
广州	0.466	2	0.483	2	0.488	2	0.488	2	0.491	2	0.515	2
连云港	0.142	14	0.149	14	0.156	14	0.166	14	0.183	14	0.205	14
南通	0.227	10	0.238	9	0.264	8	0.339	6	0.398	4	0.347	7
秦皇岛	0.182	13	0.191	13	0.203	13	0.193	13	0.212	13	0.223	13
威海	0.265	7	0.244	8	0.258	9	0.292	9	0.270	10	0.315	9
上海	0.497	1	0.502	1	0.569	1	0.551	1	0.522	1	0.538	1
烟台	0.189	12	0.197	12	0.210	12	0.250	11	0.264	11	0.276	11
宁波	0.253	8	0.263	7	0.268	7	0.311	8	0.354	7	0.430	4
温州	0.207	11	0.208	11	0.238	11	0.235	12	0.230	12	0.275	12
舟山	0.230	9	0.222	10	0.247	10	0.263	10	0.285	9	0.322	8
湛江	0.123	15	0.133	16	0.144	15	0.151	15	0.151	16	0.133	16
青岛	0.303	4	0.319	4	0.317	5	0.346	5	0.367	5	0.368	6

1）我国16个沿海城市科技综合竞争力层次明显

从表6.5中可以看出，16个沿海城市的科技竞争力发展基本可以分为三个层次。上海、广州、天津的科技竞争力一直处在发展的领先地位，它们是第一层次。青岛、大连、福州、威海、宁波、南通、舟山7个城市相对落后于上海、广州、天津，它们为第二层次。然而，第二层次的6个城市科技竞争力也在逐渐分化，其中，青岛、大连与其他4个城市的科技竞争力拉开了差距，向天津追赶；提升最快的是宁波，在6年间从第8位上升到第4位，大有向第一层次进发的趋势；而威海、福州下降明显且有靠近第三层次的趋势。剩余的6个城市为第三层次，其中温州、烟台、秦皇岛的排名靠前，与第二层次接近，连云港、湛江、北海在2008—2013年6年间始终处于后3位，科技竞争力相对较差。

2）我国16个沿海城市科技竞争力动态发展趋势分明

从16个城市的动态发展来看，科技竞争力处于三类状态：第一类是天津、大连、宁波、烟台、连云港5个城市，这几个城市科技竞争力保持上升趋势，但是，它们提高的速度有较大的差距：大连、宁波的科技竞争力提高速度相对于天津、烟台、连云港要快较多；第二类是整体上处于上升趋势的城市，有福州、舟山、南通、秦皇岛、湛江、北海6个城市，且上升趋势明显；第三类是上升趋势不稳定的城市，有上海、广州、威海、温州、青岛5个城市，大起大落明显。

3）科技进步环境和科技活动产出成为沿海城市科技综合竞争力的短板

在科技综合竞争力的4个一级指标中，科技进步环境和科技活动产出成为提升城市科技综合竞争力的关键因素。2008—2013年，科技活动产出对科技综合竞争力贡献的平均值为5%，湛江市最小，平均值仅为0.92%，最高为上海市，平均值达到14.6%；科技进步环境对科技综合竞争力贡献的平均值为6%，舟山市最小，平均值为3.4%，最高为天津，平均值为8.7%。提高科技进步环境和科技活动产出水平是当前沿海城市科技发展的重点。

6.1.2.2　科技竞争力一级指标分析

如前面所述，城市科技竞争力由科技进步环境、科技投入、科技产出、科技促进经济社会发展4个方面构成，下面从这4个方面分别对我国16个沿海城市进行分析。

1）沿海城市科技进步环境分析

科技进步环境为一级指标中的第一个指标，共包括7个具体评价指标。对这7个指标的权重进行加权处理，可计算出2008—2013年沿海城市的科技进步环境指数，其结果如表6.6所示。

表6.6　2008—2013年我国16个沿海城市科技进步环境评价指数

城市	2008年	2009年	2010年	2011年	2012年	2013年
天津	0.079	0.084	0.082	0.091	0.087	0.100
北海	0.038	0.043	0.041	0.042	0.039	0.037
大连	0.051	0.057	0.062	0.069	0.073	0.080
福州	0.074	0.077	0.083	0.087	0.081	0.092
广州	0.105	0.115	0.115	0.119	0.127	0.139

续表 6.6

城市	2008 年	2009 年	2010 年	2011 年	2012 年	2013 年
连云港	0.043	0.036	0.033	0.031	0.035	0.041
南通	0.044	0.045	0.052	0.061	0.074	0.078
秦皇岛	0.040	0.043	0.046	0.044	0.042	0.059
威海	0.027	0.031	0.032	0.042	0.042	0.051
上海	0.083	0.090	0.094	0.102	0.075	0.076
烟台	0.039	0.040	0.040	0.045	0.047	0.052
宁波	0.047	0.047	0.051	0.053	0.072	0.091
温州	0.049	0.052	0.053	0.051	0.053	0.062
舟山	0.034	0.031	0.030	0.031	0.034	0.048
湛江	0.039	0.040	0.039	0.038	0.038	0.040
青岛	0.057	0.058	0.052	0.060	0.068	0.076

从科技进步环境横向比较来看，16 个沿海城市中广州始终处于领先地位，并且这种领先优势呈现扩大趋势。湛江和北海在 16 个沿海城市中始终处于低位。2013 年，广州市科技进步环境得分为 0.139，随后是天津，得分为 0.100，这两个城市 2013 年科技进步环境得分都达到 0.1 以上。绝大部分城市科技进步环境得分处于 0.04~0.1 之间，湛江和北海处于 0.04 以下。

从科技进步环境动态发展来看，上海、连云港、北海处于下降态势。其中上海在 2008—2011 年 4 年间处于第 2 位，但在 2012 年以后逐步下降，2012 年下降至第 4 位（0.075），2013 年下降到第 8 位（0.076）；天津和福州科技进步环境保持前列，上升明显；青岛科技进步环境指数始终处于上升，从 2008 年的 0.057 到 2013 年的 0.076，但排名处于下降状态；大连、温州、宁波、南通处于上升阶段，且上升稳定；连云港科技进步环境指数处于下降状态，排名也从 2008 年的第 10 位，下降到 2013 年的第 14 位，其中 2011 年处于末位。舟山科技进步环境与 15 个沿海城市相比处于弱势，但有上升的势头，达到 0.048，2013 年排名第 13 名。

2）沿海城市科技投入分析

科技投入为一级指标中的第二个指标，共包括 4 个具体评价指标。对这 4 个指标的权重进行加权得到 2008—2013 年科技投入指数，其结果如表 6.7 所示。

表 6.7　2008—2013 年我国 16 个沿海城市科技投入评价指数

城市	2008 年	2009 年	2010 年	2011 年	2012 年	2013 年
天津	0.087	0.093	0.097	0.103	0.107	0.115
北海	0.003	0.008	0.005	0.004	0.009	0.027
大连	0.051	0.051	0.056	0.063	0.061	0.061
福州	0.064	0.067	0.068	0.069	0.060	0.059

续表 6.7

城市	2008年	2009年	2010年	2011年	2012年	2013年
广州	0.058	0.061	0.063	0.055	0.044	0.061
连云港	0.028	0.033	0.033	0.038	0.042	0.051
南通	0.036	0.035	0.051	0.086	0.075	0.050
秦皇岛	0.024	0.024	0.026	0.028	0.035	0.037
威海	0.084	0.085	0.087	0.078	0.069	0.069
上海	0.115	0.114	0.162	0.150	0.151	0.155
烟台	0.035	0.040	0.043	0.055	0.058	0.061
宁波	0.060	0.067	0.068	0.079	0.087	0.113
温州	0.046	0.048	0.049	0.050	0.049	0.073
舟山	0.053	0.051	0.058	0.060	0.070	0.082
湛江	0.024	0.024	0.025	0.027	0.023	0.013
青岛	0.072	0.079	0.076	0.084	0.091	0.083

从科技投入横向比较来看，2008—2013年上海市科技投入始终保持领先地位，天津市紧追其后；宁波市是我国16个沿海城市中科技投入上升最为明显的城市。2013年上海市科技进步环境得分为0.155，随后是天津和宁波，得分分别为0.115、0.113；得分最少的是湛江，仅为0.013。

从科技投入动态发展来看，舟山是我国16个沿海城市中上升势头比较快速的城市，由2008年的第8位（0.053）到2013年的第5位（0.082）；天津、宁波、烟台、连云港、秦皇岛保持上升态势，增长平稳；其余城市处于大起大落的状态，发展态势不明朗；下降比较明显的是威海、广州、温州，其中威海下降幅度较大，由2008年的第3位（0.084）到2013年的（0.069），下降值为0.015。

3）沿海城市科技产出分析

科技产出为一级指标中的第三个指标，共包括7个具体评价指标。对这7个指标权重进行加权可计算出2008—2013年我国16个沿海城市的科技产出指数，其结果如表6.8所示。

从科技产出横向比较来看，我国16个沿海城市中，上海全程领先，并且这种领先优势呈现扩大态势；广州紧追其后，但是与上海的差距在进一步拉大；天津下降明显，大连、南通呈上升态势；福州在前半程处于上升状态，但在后3年处于下降状态；宁波后半程开始发力，取得明显提高，渐渐与大连、南通拉近，超越天津；北海、湛江科技产出水平相对较差，始终处于后几位。2013年上海科技产出最高，得分为0.148；湛江最少，得分仅为0.008。

从科技产出动态发展来看，2013年相比2007年，福州、广州、湛江的科技活动产出呈现下降趋势，其他城市的科技活动产出水平增长明显，科技活动产出增加最大的是南通，南通从2008年的0.033提高到2013年的0.086，提高了0.053；下降最大的是广州，从2008年的0.138下降到2013年的0.106，主要原因是万人论文引用量和万人发表论文数出现下降，尤其是万人论文引用量下降得比较明显。

表 6.8　2008—2013 年我国 16 个沿海城市科技产出评价指数

城市	2008 年	2009 年	2010 年	2011 年	2012 年	2013 年
天津	0.075	0.069	0.068	0.068	0.068	0.080
北海	0.009	0.010	0.008	0.012	0.015	0.020
大连	0.067	0.069	0.074	0.076	0.078	0.088
福州	0.061	0.066	0.069	0.049	0.046	0.047
广州	0.138	0.132	0.133	0.129	0.121	0.106
连云港	0.010	0.012	0.018	0.024	0.030	0.033
南通	0.033	0.039	0.044	0.073	0.103	0.086
秦皇岛	0.018	0.023	0.022	0.015	0.021	0.019
威海	0.038	0.026	0.029	0.038	0.032	0.051
上海	0.145	0.144	0.146	0.149	0.145	0.148
烟台	0.014	0.020	0.025	0.032	0.042	0.042
宁波	0.030	0.027	0.034	0.044	0.053	0.081
温州	0.020	0.015	0.018	0.021	0.021	0.023
舟山	0.015	0.014	0.030	0.035	0.035	0.036
湛江	0.010	0.010	0.010	0.009	0.008	0.008
青岛	0.051	0.053	0.052	0.057	0.054	0.055

4）沿海城市科技促进经济社会发展分析

科技促进经济社会发展为准则层的第四个指标，共包括 6 个具体评价指标。对这 6 个指标的权重进行加权可计算出 2008—2013 年我国 16 个沿海城市的科技促进经济社会发展指数，其结果如表 6.9 所示。

从科技促进经济社会发展横向比较来看，2008—2013 年我国 16 个沿海城市科技促进经济社会发展基本表现为三大集团的发展态势：广州一枝独秀，全程领跑，形成第一集团；青岛、舟山、宁波、上海、威海、南通、大连、天津 7 个城市大致相当，但逐渐与广州拉开差距而共同落后于广州形成第二集团；其余的 8 个城市形成第三集团。2013 年广州科技促进经济社会发展得分为 0.208，其次是上海，得分为 0.160，得分最少的是连云港和湛江，分别为 0.080 和 0.072。

从科技促进经济社会发展动态发展的角度看，我国 16 个沿海城市科技促进经济社会发展指数上都保持高速增长，北海 2013 年比 2007 年增长 66.7%，湛江也增长 44%，除秦皇岛、上海外，其他城市也保持两位数的增长。舟山科技促进经济社会发展的得分也有显著提升，达到 0.127，2008 年排名第 3 位，与上海的 0.154 差距较大；但到 2013 年与上海（0.160）、天津（0.158）的得分十分接近，达到 0.156，主要原因在于环境质量改善、百人固定电话和移动电话用户数、第三产业增加值占 GDP 比重有所提升；从落后者角度看，连云港、湛江始终处于末两位，得分未超过 0.1。

表 6.9　2008—2013 年我国 16 个沿海城市科技促进经济社会发展评价指数

城市	2008 年	2009 年	2010 年	2011 年	2012 年	2013 年
天津	0.123	0.140	0.157	0.147	0.155	0.158
北海	0.066	0.074	0.079	0.086	0.094	0.110
大连	0.126	0.134	0.142	0.140	0.144	0.155
福州	0.084	0.079	0.080	0.125	0.098	0.106
广州	0.165	0.175	0.177	0.185	0.198	0.208
连云港	0.060	0.067	0.073	0.073	0.075	0.080
南通	0.113	0.119	0.118	0.119	0.146	0.133
秦皇岛	0.100	0.100	0.110	0.106	0.113	0.108
威海	0.116	0.101	0.110	0.133	0.127	0.145
上海	0.154	0.155	0.167	0.149	0.152	0.160
烟台	0.101	0.097	0.102	0.118	0.117	0.122
宁波	0.116	0.122	0.114	0.134	0.142	0.145
温州	0.092	0.092	0.118	0.113	0.108	0.118
舟山	0.127	0.126	0.129	0.137	0.147	0.156
湛江	0.050	0.058	0.069	0.077	0.083	0.072
青岛	0.122	0.129	0.137	0.146	0.155	0.155

6.1.3　分异分析

6.1.3.1　沿海城市科技竞争力的系统聚类分析

为了更好地研究沿海城市科技竞争力的分级特征，将我国 16 个沿海城市各个一级指标和综合得分进行系统聚类分析，运用组间平均数联结法生成聚类树状族谱，具体见图 6.1 和图 6.2。2008 年，将我国 16 个沿海城市划分为三个层次时：第一层次为广州、上海；第二层次为连云港、湛江、北海；第三层次为其他 11 个沿海城市。舟山与宁波、南通的竞争力水平最接近。2013 年，将我国 16 个沿海城市划分为三个层次：第一层次为广州、上海；第二层次为北海、秦皇岛、连云港、湛江；第三层次为其他 10 个沿海城市。舟山与威海、青岛的竞争力接近。

6.1.3.2　沿海城市科技竞争力的空间梯度分析

根据系统聚类结果，将 0~0.3 表示为科技综合竞争力低梯度；0.3~0.5 为中梯度；0.5 以上为高梯度。

2008 年，上海、广州、天津、青岛为中梯度；其他 12 个城市均为低梯度。2013 年，上海、广州为高梯度；天津、宁波、大连、青岛、南通、舟山、威海、福州为中梯度；烟台、温州、秦皇岛、连云港、北海、湛江为低梯度。

尽管城市科技综合竞争力总体有所改善，但仍然表现出显著的空间分异，处于高梯度

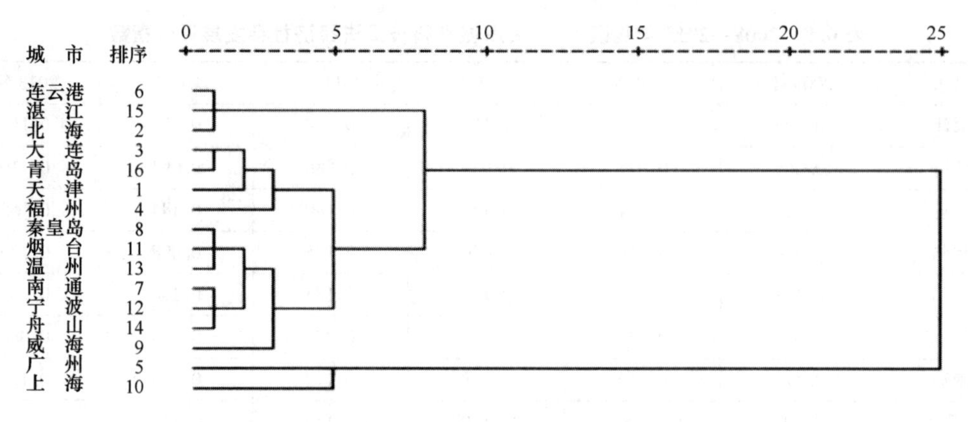

图 6.1 2008 年沿海城市科技竞争力的聚类树状谱系

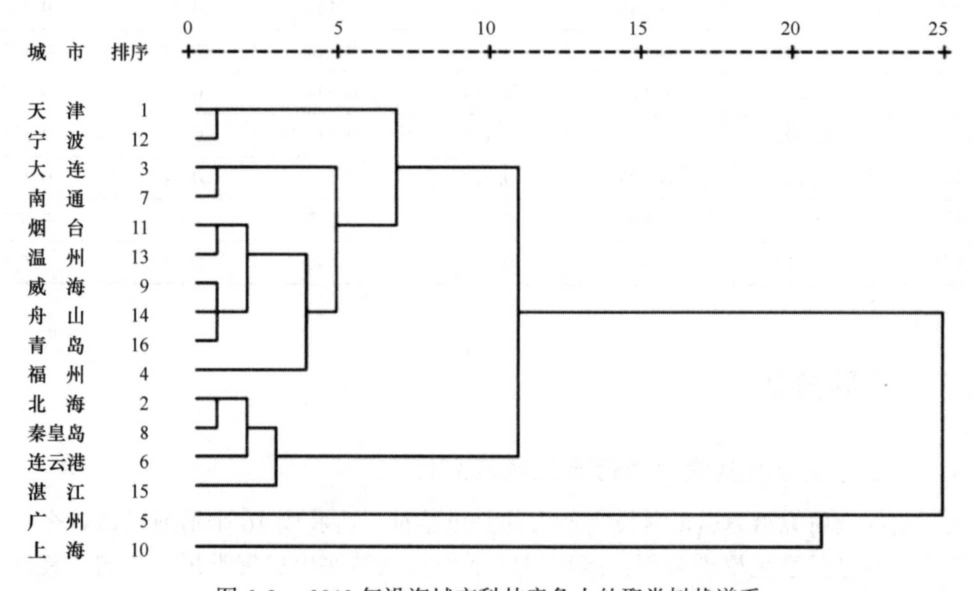

图 6.2 2013 年沿海城市科技竞争力的聚类树状谱系

水平的城市偏少。

6.2 科技效率评价

当前，我国经济发展进入“新常态”，如何适应发展新态势成为地方经济发展的新课题。作为首个海洋经济发展为主题的国家级新区，舟山群岛新区要推动经济转型升级，打造海洋经济发展升级版，需要用科技创新推动产业发展，促进新区经济步入新轨道。在前面我们已就科技发展情况在沿海城市中的位置进行了分析，下面我们将利用 2008—2013 年的统计数据，构筑城市科技投入产出指标，运用 DEA 分析方法和 Malmquist 生产力指数，分析舟山群岛新区在全国沿海城市中的效率水平以及 6 年间的科技效率变动情况，认清舟山群岛新区的差距和努力方向，同时也为舟山和其他城市提供科技投入政策分析方法和经验借鉴。

6.2.1　评价体系

6.2.1.1　评价指标

科技投入政策最终通过科技投入体现，而科技产出又是科技投入效果和效率的最终体现。因此，本研究首先要厘清科技投入、产出及其评价指标。

1）科技投入指标

科技投入是从事科技活动的基本要素和重要基础，科技投入的大小、结构决定科技活动的规模和效率。科技活动中的科技投入总量，主要包括财力、人力等的投入，其中财力投入是核心部分。本项目的科技投入指标包括：地区研究与试验发展经费支出与 GDP 比例、地方人均财政科技支出（元/人）、本级财政科技拨款占本级财政支出比重、万人专业技术人员数（人/万人）、万人科技活动人员数（人/万人）、科技活动人员数占单位从业人员数的比重。

2）科技产出指标

科技产出主要体现在两个方面：一是科技创新的成果，包括科技专利、科技论文、科技项目等；二是技术成果转化，包括技术成果市场成交额、高新技术产值等。本项目的科技产出指标包括：万人发表论文数（篇/万人）、万人口专利授权量（件/万人）、万人口发明专利授权量（件/万人）、人均技术合同成交金额（元/人）、高新技术产业产值占 GDP 的比重、人均高新技术产业产值（万元/人）。

基于上述分析，本研究构建了一整套沿海地区科技投入产出效率评价指标体系（表 6.10）。

表 6.10　沿海城市科技投入产出指标一览表

投入指标	产出指标
地区研究与试验发展经费支出与 GDP 比例（%）	万人发表论文数（篇/万人）
地方人均财政科技支出（元/人）	万人口专利授权量（件/万人）
本级财政科技拨款占本级财政支出比重（%）	万人口发明专利授权量（件/万人）
万人专业技术人员数（人/万人）	人均技术合同成交金额（元/人）
万人科技活动人员数（人/万人）	高新技术产业产值占 GDP 的比重（%）
科技活动人员数占单位从业人员数的比重（%）	人均高新技术产业产值（万元/人）

6.2.1.2　评价方法及数据来源

本研究采用 DEA 模型进行评价。DEA 是著名运筹学家 A. Charnes 和 W. W. Copper 等以“相对效率”概念为基础，根据多指标投入和多指标产出对相同类型的单位（部门）进行相对有效性或效益评价的一种系统分析方法。作为非参数估计方法的 DEA，因有效避免了计量参数分析方法中的许多限制，而且，无需考虑输入输出指标的单位量纲问题，从而得到了广泛使用。通常情况下，DEA 基于规模报酬假设情况的不同，可划分为可变规模报酬（VRS）和不变规模报酬（CRS）方法。

科技投入产出所用的基础数据与前两节所述数据来源相同，本研究从上述指标体系中提取了 6 个投入指标、6 个产出指标，对我国 16 个沿海城市 2008—2013 年的数据进行测评。

6.2.2 静态评价

借助 DEAP2.1，测算了从 2008—2013 年我国沿海城市科技投入产出的效率得分（表 6.11）。同时，还对各年份地区间的平均效率得分以及各地区不同年份的效率得分，以及 6 年来沿海城市科技效率的情况进行了计算，对效率的变动情况进行了计算，并根据各地区的平均效率得分对各地区进行了排名。从图 6.3 可以看出，2008—2013 年各沿海城市科技投入产出平均效率得分出现波动性，表明我国 16 个沿海城市科技投入产出的效率水平不稳定。

6.2.2.1 各年份科技投入产出效率的情况分析

从表 6.11 的数据可以看出，2008 年我国 16 个沿海城市提供有效率的城市共有 13 个，平均效率得分 0.924，变异系数 0.194，表明城市间科技效率水平差异不大。

表 6.11 2008—2013 年我国沿海城市科技投入产出效率得分

DMU	2008 年	2009 年	2010 年	2011 年	2012 年	2013 年	地区平均效率	地区平均效率排名	地区效率变异系数
上海	1.000	1.000	1.000	1.000	1.000	1.000	1.000	1.000	0.000
广州	1.000	1.000	1.000	1.000	1.000	1.000	1.000	1.000	0.000
大连	1.000	1.000	1.000	1.000	1.000	1.000	1.000	1.000	0.000
福州	1.000	1.000	1.000	1.000	1.000	1.000	1.000	1.000	0.000
南通	1.000	1.000	1.000	1.000	1.000	1.000	1.000	1.000	0.000
秦皇岛	1.000	1.000	1.000	1.000	1.000	1.000	1.000	1.000	0.000
烟台	1.000	1.000	1.000	1.000	1.000	1.000	1.000	1.000	0.000
宁波	1.000	1.000	1.000	1.000	1.000	1.000	1.000	1.000	0.000
北海	1.000	1.000	1.000	1.000	1.000	1.000	1.000	1.000	0.000
湛江	1.000	1.000	1.000	1.000	1.000	1.000	1.000	1.000	0.000
威海	1.000	1.000	1.000	1.000	0.798	1.000	0.966	11.000	0.085
青岛	1.000	0.968	1.000	1.000	0.637	1.000	0.934	12.000	0.156
温州	1.000	1.000	0.860	0.926	0.733	0.851	0.895	13.000	0.114
连云港	0.525	0.593	1.000	0.825	1.000	0.957	0.817	14.000	0.258
天津	0.823	0.810	0.902	0.736	0.620	0.842	0.789	15.000	0.125
舟山	0.437	0.512	0.624	0.518	0.437	0.580	0.518	16.000	0.145
年度平均效率	0.924	0.930	0.962	0.938	0.889	0.952			
年度效率变异系数	0.194	0.167	0.103	0.145	0.207	0.118			

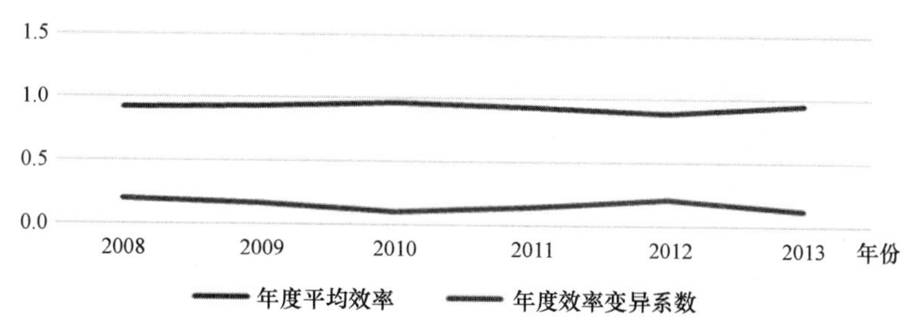

图6.3 2008—2013年沿海城市科技投入产出效率平均得分及变异系数

2009年，科技投入产出提供有效率的城市减少了环渤海湾城市群的青岛，有效率水平城市总量减少了1个，为12个。这一年的平均效率为0.930，与2008年相比效率水平有所提高，而各地区的效率得分的变异系数为0.167，表明城市间科技投入产出的效率的差异程度在不断缩小。

2010年，剔除了温州，增加了连云港、青岛，提供有效率的沿海城市再次达到13个。这年的平均效率为0.962，比前两年均有所增加，说明科技效率随时间的变化在不断提高，各城市间的效率差异也在逐步缩小，地区效率变异系数为0.103。这一年是6年中科技效率最理想的一年，处于高效率低变异状态。

2011年，科技投入产出效率达到有效的城市有所减少，仅为12个，其中连云港被剔除出有效行列。这一年平均效率得分明显低于前一年，但高于2008年、2009年，达到了0.938，表明科技效率出现了不稳定，但依旧高效率，地区变异系数为0.145，变异系数高于前一年，但低于2008年、2009年，说明城市间的效率差异在扩大。

2012年有2个城市被剔除出有效率城市，增加了1个有效率城市，分别是剔除青岛、威海，增加了连云港，共计11个城市达到DEA有效。平均效率进一步下降，效率达到6年最低，仅为0.889，表明这一年沿海城市效率较差，同时城市间的差异性也最大，变异系数达到0.207。

2013年，科技投入产出效率达到有效的城市增至12个，威海、青岛再次进入有效率城市行列。这一年平均效率有所提升，平均效率达到0.952，说明我国沿海城市效率有所提高。地区变异系数为0.118，明显低于前二年，但是比2010年有小幅扩大。总体上看，城市间的科技效率水平差异在不断缩小。

从以上分析可以看出：首先，2008—2013年每年达到相对有效的城市都不相同，但数量差别不大，维持在12~13个；其次，从图6.3可以看出，2008—2013年平均效率和变异系数呈反比关系，表明城市效率高与地区差异小，反之亦然；再次，科技投入产出的变异系数也由2008年的0.194下降至2010年的0.103，说明城市科技效率的差异性逐渐缩小，但是2010年到2012年变异系数又有所上升，从0.103上升到0.207，2013年与2012年相比又有所下降，说明2013年的城市差异有所缩小。

6.2.2.2 16个沿海城市科技投入产出效率的情况分析

首先，从表6.11可以看出，2008—2013年科技投入产出效率DEA得分一直保持有效状态的城市有上海、广州、大连、福州、南通、秦皇岛、烟台、宁波、北海、湛江，这10

个城市一直处于高效率水平行列。

其次，从16个沿海城市效率得分变异系数看，连云港、青岛、舟山、天津、温州等城市效率得分变异系数较大，说明这几个城市在2008—2013年间科技投入产出效率的得分差异较大。16个沿海城市科技投入产出效率的变动情况与其总的平均效率得分之间具有关联。16个沿海城市历年平均效率得分较高的地区效率得分波动较小，而平均效率得分低的城市波动相对较大，科技投入产出效率保持稳定城市的其效率水平都比较高。

最后，效率得分较低的有舟山、天津、连云港、温州、青岛、威海这些城市，2008—2013年的平均效率得分均低于1。舟山是我国16个沿海城市中效率水平最低的城市，表明舟山在科技资源投入利用上偏低或者是与低效率使用导致投入未能充分发挥应有的作用有关。天津是作为直辖市的城市位列低效率水平得分地区，但从其资源投入数量来看，天津市投入量较大，相对量较小，可能是由于天津市人口众多，资源相对量较少有关。青岛市是一个科技大市，也是科技强市，但是在效率水平上未能达到1的水平，仅为0.934，同时，在2010年严重偏低，为0.637。这可能是由于天津在科技资源投入上出现偏差，未能有效使资源转化为产出所致。

6.2.3 动态评价

为进一步考察各决策单元效率的动态变化趋势情况，研究运用DEAP2.1软件对2008—2013年间我国16个沿海城市科技投入产出的面板数据进行Malmquist全要素生产力指数分析，得到了16个沿海城市科技活动的Malmquist指数及其分解指数，具体计算结果如表6.12、表6.13所示。该指数大于1，表示样本研究期间科技投入产出效率水平提高，该指数小于1，表示科技投入产出效率水平下降；技术效率指标大于1，表示样本期间综合技术效率提升，反之，表示技术效率下降；技术变动指标大于1，表示样本期间技术进步，反之，表示技术进步状况恶化；纯技术效率和规模效率都是投入和产出的生产层面讲的生产技术效率和生产规模效率。

从表6.12所示的16个沿海城市科技活动效率总体平均变化水平来看，2008—2013年我国16个沿海城市科技资源的利用效率呈弱衰弱趋势，但Malmquist指数较高，总体平均值为1.051。如表6.13所示，这6年内Malmquist指数均大于1，但变化处于不稳定状态，呈现“低—高—低”变化态势，这表明16个沿海城市科技资源的整体利用率在2008—2013年间处于高水平状态，但改善不明显和不稳定。从分解指数的角度来看，16个沿海城市科技活动的技术效率变化指数均值为1.009，其中2010年和2013年两年的技术效率呈增长态势，增长分别为3%和16.5%，而技术进步变化的均值为1.041，这5年中整体上处于下降趋势，进一步解释可以从纯技术效率变化和规模效率变化中看出，两个指数变化处于下降状态，其中纯技术效率变化下降速度快于规模效率变化速度。

表 6.12　我国 16 个沿海城市不同年份 Malmquist 及分解指数均值

年份	技术效率变动指数	技术进步变动指数	纯技术效率变动指数	规模效率变动指数	Malmquist 指数
2009	1.014	0.995	1.006	1.008	1.010
2010	1.045	1.040	1.064	0.982	1.087
2011	0.969	1.160	0.988	0.980	1.124
2012	0.936	1.110	0.956	0.979	1.039
2013	1.090	0.918	1.029	1.058	1.000
平均值	1.009	1.041	1.008	1.001	1.051

从表 6.13 所示的结果看出，2008—2013 年间我国 16 个沿海城市科技效率处于上升的阶段，各省市 Malmquist 全要素生产力指数的均值为 1.051，表明整个考察期间，16 个沿海城市的科技效率是在不断上升的。将其进行分解，技术效率变化均值为 1.009，而技术进步变化为 1.041。整体来看，技术进步的有效变动是促进我国沿海城市科技效率不断上升的主要原因。

从各城市具体的情况来看，根据 16 个沿海城市科技效率动态变化的差异性（即 Malmquist 指数大小，简写为 M），我们将各地区的效率变动分为 4 种类型，即高有效增长型（M>1.1）；有效增长型（1.1>M>1）；低无效增长型（0.9<M<1）；高无效增长型（M<0.9）。如表 6.14 所示。下面我们对 4 种类型的典型城市科技效率的成长状况进行分析。

表 6.13　我国 16 个沿海城市科技投入产出的 Malmquist 指数平均值

城市	技术效率变动指数	技术进步变动指数	纯技术效率变动指数	规模效率变动指数	Malmquist 指数
天津	1.004	1.072	1.001	1.003	1.077
北海	1.000	0.987	1.000	1.000	0.987
大连	1.000	1.169	1.000	1.000	1.169
福州	1.000	0.857	1.000	1.000	0.857
广州	1.000	1.049	1.000	1.000	1.049
连云港	1.128	0.914	1.087	1.037	1.031
南通	1.000	1.091	1.000	1.000	1.091
秦皇岛	1.000	0.967	1.000	1.000	0.967
威海	1.000	1.045	1.000	1.000	1.045
上海	1.000	1.109	1.000	1.000	1.109
烟台	1.000	1.029	1.000	1.000	1.029
宁波	1.000	1.244	1.000	1.000	1.244
温州	0.968	1.136	0.971	0.997	1.100
舟山	1.058	1.036	1.077	0.982	1.096
湛江	1.000	0.918	1.000	1.000	0.918
青岛	1.000	1.109	1.000	1.000	1.109
平均值	1.009	1.041	1.008	1.001	1.051

表 6.14 我国 16 个沿海城市科技效率成长模式

增长类型	高有效增长型（M>1.1）	有效增长型（1.1>M>1）	低无效增长型（0.9<M<1）	高无效增长型（M<0.9）
城市	宁波、大连、上海、青岛、温州	天津、广州、连云港、南通、威海、舟山、烟台	北海、秦皇岛、湛江	福州

资料来源：作者根据 Deap2.1 软件计算结果整理。

6.2.3.1 以宁波、大连、上海、青岛和温州为代表的高有效增长型

处于该类型的城市，其 Malmquist 指数大于 1.1，表明在研究期间这些城市的科技效率是在不断上升的，增长幅度 10%~20%，上升幅度较大。由 Malmquist 指数的分解可以看出，促使该类型城市的科技效率上升的原因主要是技术进步。宁波、大连、上海和青岛的技术效率值都是 1，而相应的技术进步变化值分别达到 1.244、1.169、1.109、1.109。可以看出，技术进步已成为提升科技效率的关键因素。值得注意的是，温州也处于该种类型，并且技术进步在科技效率上升中发挥着举足轻重的作用，技术进步变化值达到 1.136，而技术效率变化值仅为 0.968。出现这一现象的主要原因我们认为，由于温州在民营经济飞速发展的过程中，特别是经历 2008 年的金融风暴，越来越多的企业家以及政府部门的领导者越来越关注技术进步对改善“两头在外”的民营经济弊端的作用，迫切希望用技术改变产业低端的局面。

6.2.3.2 以天津、广州、南通和舟山等为代表的有效增长型

处于该类型的城市数量最多，共有 7 个，其 Malmquist 指数介于 1~1.1 之间，表明在研究期间这些城市的科技效率平均上升在 10%以下，上升幅度不大。与高有效增长型不同，在该类型的 7 个城市中，天津、广州、南通、威海、烟台主要依赖于技术进步，技术进步变化值分别为 1.072、1.049、1.091、1.045、1.029，而技术效率变化值仅为 1.004、1.000、1.000、1.000、1.000；连云港和舟山主要依赖于技术效率变化，技术效率变化值分别为 1.128 和 1.058，而技术进步变化值分别为 0.914 和 1.036。由此可见，沿海城市中的大多数城市处于有效增长型。

6.2.3.3 以北海、秦皇岛和湛江为代表的低无效增长型

处于该类型的城市，其 Malmquist 指数介于 0.9~1 之间，表明在研究期间这些城市的科技效率是在不断下降的，但幅度没有超过 10%。进一步分析发现，导致该类型城市科技效率下降的原因主要是技术进步变动的衰退。北海、秦皇岛和湛江技术进步变化值分别是 0.987、0.967、0.918，没有其他要素影响科技效率，由此可见，技术进步已经成为影响这 3 个城市科技效率改善的最主要的因素。导致这 3 个城市科技效率下降的现实原因可能是由于这些地区经济和技术基础薄弱，其技术的提升较为缓慢。

6.2.3.4 以福州为代表的高无效增长型

福州市的 Malmquist 指数仅为 0.857，技术效率和技术进步变化值分别是 1 和 0.857。表明福州的科技效率在本研究期间是在不断下降的，平均下降在 10%~20%，下降幅度较

大。导致该市科技效率下降的主要原因是技术进步变动的衰退，而作为省会城市的福州本应该在该指数上处于高位，但却出现科技效率高无效增长。导致该现象出现的主要原因我们认为是，由于福州在整体技术和经济水平飞速发展的带动下，在较高的技术水平基础上，继续维持快速的技术进步是相当困难的。

6.3　科技贡献率评价

近年来，我国沿海城市经济增长乏力且呈下降趋势，要素投入对经济增长的拉动作用日渐式微，如何提振并维持经济稳定快速增长成为沿海各级政府和学界普遍讨论的焦点。在创新驱动政策引领下，探究科学技术对区域经济社会的影响，寻求利用科学技术手段促进经济增长日益受到人们的重视。因此，利用统计数据，就科技进步对沿海城市经济增长的影响进行经验实证，把握经济增长规律、正确评价目前的经济增长方式，利于从科技贡献率的角度对舟山科技进行定位。

6.3.1　评价体系

对科技进步贡献率的测算，采用索罗模型构建增长速度方程以分析科技进步因素对经济增长的贡献。增长速度方程为式（6.1）：

$$Y = A + aK + bL \tag{6.1}$$

科技进步、资本、劳动对产出增长速度的贡献率、分别为：

$$EA = A/Y \tag{6.2}$$

$$EK = aK/Y \tag{6.3}$$

$$EL = bL/Y \tag{6.4}$$

在第 5 章第 5.3 节对该方法已做了详细的解释，在此不再叙述。

对于评价指标，我们确定了产出量（Y）、劳动量（L）、资本量（K）以及产出弹性系数（资本产出弹性系数 b 和劳动产出弹性系数 a）。对于计算方法，我们采用第 5.3 节的方法。不同的是，测算各城市固定资本存量时，假定各城市 2006 年固定资本存量值/2006 年城市所在省的固定资本存量=2006 年城市 GDP/2006 年城市所在省的 GDP，通过文献计算，得到 2006 年城市所在省的固定资本存量数据（1952 年价格），并计算得到各城市 2006 年的固定资本存量。各城市每年新增的固定资本，采用各城市统计年鉴中的“全社会固定资本投资额”，通过引入城市所在省的固定资产投资价格指数和 2006 年相对于 1952 年的价格换算数据，将各城市全社会固定资产投资额换算为 1952 年价格衡量的固定资本投资，消除价格影响。

根据公式（6.3），计算得到资本对经济增长的贡献率 EK，具体见表 6.15。

根据公式（6.4），计算得到劳动力对经济增长的贡献率 EL，具体见表 6.16。

技术进步对经济增长的贡献率 $EA=1-EL-EK$，由此计算得到 9 个沿海城市技术进步对经济增长的贡献率 EA，具体见表 6.17。

6.3.2 综合评价

6.3.2.1 资本投资对我国沿海城市经济增长的贡献“举足轻重”

分析表6.15，我国沿海城市的经济增长很大程度上依赖于资本的投入，除广州、福州、厦门、大连外，其余城市资本的平均贡献率均大于40%。从2008—2010年时段来看，资本贡献率在逐年上升，由于2008年金融危机，2009年政府加大了资本投入，资本对经济增长贡献率增加；而后2011—2013年，由金融危机的后续影响导致资本对经济增长贡献率下降。资本对舟山经济增长的贡献率相对较高，年均达到47.2%。与其他城市一样，受金融危机的影响，2010年资本对经济增长的贡献率与2009年相比有所下降，随后有所增加。也说明舟山近几年来的经济增长依然是靠资金的追加投入来实现的，而且这种依靠大量的投资和资源消耗来维持经济增长的方式给舟山带来了许多的经济、社会和生态问题。并且对资本的依赖性强的增长，如果一旦出现资金短缺，整个经济就会丧失前进动力。

表6.15 2008—2013年我国沿海城市资本对经济增长贡献率 单位：%

城市	2008年	2009年	2010年	2011年	2012年	2013年	平均值
广州	35.4	32.26	31.87	31.79	31.6	28.44	31.9
福州	40.08	38.7	39.6	37.92	39.18	39.89	39.23
厦门	37.38	37.35	40.81	32.48	33.04	28.68	34.95
连云港	52.66	53.55	47.82	42.78	40.12	35.51	45.41
上海	50.32	50.6	56.25	33.24	28.69	26.99	41.02
南通	50.18	46.08	42.36	38.43	36.07	34.85	41.33
大连	27.95	31.37	33.72	35.07	33.55	38.93	33.44
青岛	42.05	40.83	38.47	40.52	39.96	38.23	40.01
舟山	51.8	46.25	46.01	46.11	44.01	42.89	46.18

6.3.2.2 我国沿海城市劳动力增长贡献率低

分析表6.16，2008—2013年，我国沿海城市经济增长中劳动力的贡献作用较小，考察的9个沿海城市劳动增长贡献率均值9.53%。广州市的劳动力贡献率较高，达到12.92%，与其他沿海城市相比，舟山市劳动贡献率最低，仅为1.17%。宏观经济学告诉我们，经济越是高度发展，科技水平和劳动者的素质在其中的比重就越大。经济增长对于劳动者素质的要求就越来越高，人力资源作为知识的载体成为经济增长的原动力，对经济增长所起的作用越来越为人们所关注。从这个角度来看，舟山市的劳动力素质不高，对经济的贡献不大。因此，下一步舟山市应该注重科技人才的培养和引进，以保证经济快速、稳定、持续的发展。

表6.16 2008—2013年我国沿海城市劳动对经济增长贡献率 单位:%

城市	2008年	2009年	2010年	2011年	2012年	2013年	平均值
广州	11.84	14.47	16.16	13.16	10.69	11.22	12.92
福州	10.87	10.52	8.00	8.05	6.01	4.29	7.96
厦门	11.93	9.98	4.74	11.96	6.56	9.10	9.05
连云港	-2.43	-3.70	0.42	2.36	4.21	8.46	1.55
上海	-2.41	-3.16	-9.88	11.37	12.14	10.79	3.14
南通	1.79	4.38	7.37	8.53	9.92	10.19	7.03
大连	19.08	13.94	10.05	8.07	9.38	2.56	10.51
青岛	3.28	3.22	3.74	1.40	1.50	1.63	2.46
舟山	-2.47	2.98	2.22	1.46	1.57	1.28	1.17

6.3.2.3 我国沿海城市科技进步贡献率不足

分析表6.17，2008—2013年，我国沿海城市科技进步贡献率不足，平均贡献率为54.49%，最高的城市为青岛，最低的城市为舟山，年度间科技贡献率波动性很大。2008—2013年，舟山市科技进步贡献率处于较低水平，且下降趋势明显，同时表现出较大的波动性。2008—2013年舟山市GDP年均增长12.5%，高于浙江省的平均水平，也高于全国平均水平，然而科技进步贡献率却走低。造成这一趋势的原因：一是科技投入与经济发展的方向性不一致，科技进步对舟山市经济增长的效应不突出；二是受金融危机和经济转型的双重影响，舟山市经济增长较慢，企业创新受到很大影响。

表6.17 2008—2013年我国沿海城市科技对经济增长贡献率 单位:%

城市	2008年	2009年	2010年	2011年	2012年	2013年	平均值
广州	52.76	53.27	51.97	55.05	57.71	60.34	55.18
福州	49.05	50.78	52.40	54.03	54.81	55.82	52.81
厦门	50.69	52.67	54.45	55.56	60.40	62.22	56.00
连云港	49.77	50.15	51.76	54.86	55.67	56.03	53.04
上海	52.09	52.56	53.63	55.39	59.17	62.22	55.84
南通	48.03	49.54	50.27	53.04	54.01	54.96	51.64
大连	52.97	54.69	56.23	56.86	57.07	58.51	56.05
青岛	54.67	55.95	57.79	58.08	58.54	60.14	57.53
舟山	47.50	48.76	51.77	52.32	54.42	55.83	51.77

6.3.3 国内外比较

6.3.3.1 沿海城市科技进步贡献率的国际比较

与发达国家相比，目前，我国沿海城市科技进步贡献率相对较低，只有43.32%，仅为韩国20世纪80年代的水平，不及法国、日本、美国20世纪50年代的水平。与新兴国家或地区相比，我国大陆沿海城市科技进步贡献率均低于亚洲“四小龙”20世纪80年代水平，不及新加坡1980—1993年的62%、中国香港1980—1993年的56.5%的水平、中国台湾1980—1993年50.6%的水平。表明我国大陆沿海城市科技进步贡献率整体水平仍较低。

表6.18　主要国家和地区科技进步贡献率

<table>
<tr><th>国　名</th><th>时　间</th><th>科技进步贡献率</th><th>国家或地区</th><th>时间</th><th>科技进步贡献率</th></tr>
<tr><td rowspan="2">英　国</td><td>1948—1969年</td><td>47.7%</td><td rowspan="3">新加坡</td><td>1960—1970年</td><td>10.1%</td></tr>
<tr><td>1970—1985年</td><td>78%</td><td>1970—1980年</td><td>35.5%</td></tr>
<tr><td rowspan="3">日　本</td><td>1953—1971年</td><td>55.2%</td><td>1980—1993年</td><td>62%</td></tr>
<tr><td>1971—1981年</td><td>56.7%</td><td rowspan="4">韩国</td><td>1960—1970年</td><td>7.5%</td></tr>
<tr><td>1981—1990年</td><td>62.7%</td><td>1970—1980年</td><td>40.1%</td></tr>
<tr><td rowspan="2">法　国</td><td>1950—1962年</td><td>55.7%</td><td>1980—1990年</td><td>44.9%</td></tr>
<tr><td>1965—1985年</td><td>78%</td><td>1990—1994年</td><td>50.3%</td></tr>
<tr><td rowspan="3">美　国</td><td>1950—1962年</td><td>53.4%</td><td rowspan="3">中国香港</td><td>1960—1970年</td><td>49%</td></tr>
<tr><td>1981—1993年</td><td>57.4%</td><td>1970—1980年</td><td>27.8%</td></tr>
<tr><td>1994年以后</td><td>80%</td><td>1980—1993年</td><td>56.5%</td></tr>
<tr><td rowspan="3">德国（西德）</td><td>1950—1962年</td><td>55.7%</td><td rowspan="3">中国台湾</td><td>1960—1970年</td><td>11%</td></tr>
<tr><td>1965—1985年</td><td>87%</td><td>1970—1980年</td><td>33.5%</td></tr>
<tr><td>—</td><td>—</td><td>1980—1993年</td><td>50.6%</td></tr>
</table>

资料来源：1. 科技进步对经济增长的作用及对策；2. 李京文．生产率与中美日增长研究．中国社会科学出版社，1993；3. 世界发展报告；4. 葛霖生．亚洲“四小龙”经济发展方式转变探析，国外社会科学情况，1997（06）；5. 程国芳．提升科技进步贡献率的国际经验及启示，世界经济与政治论坛，2009（06）。

6.3.3.2　国内科技进步贡献率的比较

表6.19表明，改革开放30多年我国科技进步贡献率基本上在40%以上（1989年、1990年除外），年均科技进步贡献率为46.29%，年均资本贡献率为30.0%，年均劳动贡献率为23.71%。这说明我国经济增长的主要动力来自科技进步，其次是资本投入，而劳动投入对经济增长的贡献率是最低的。但在2009年，科技进步对经济增长的贡献率出现了负值，科技进步对经济增长不但没有起到贡献作用，还需要补贴。

表6.19　1979—2009年我国科技进步贡献率

年份	EK（资本）	EL（劳动投入）	EA（技术进步）
1979	0.060 235	0.197 743	0.742 022
1980	0.065 291	0.288 611	0.646 098
1981	0.078 416	0.424 977	0.496 607
1982	0.057 934	0.274 345	0.667 721
1983	0.097 597	0.160 617	0.741 785

续表 6.19

年份	EK（资本）	EL（劳动投入）	EA（技术进步）
1984	0.091 609	0.172 923	0.735 468
1985	0.144 386	0.178 696	0.676 917
1986	0.301 953	0.220 997	0.477 05
1987	0.250 861	0.174 86	0.574 279
1988	0.273 291	0.180 257	0.546 452
1989	0.786 315	0.311 881	-0.098 2
1990	0.546 255	3.068 904	-2.615 16
1991	0.198 536	0.086 394	0.715 07
1992	0.161 051	0.049 045	0.789 904
1993	0.209 762	0.049 141	0.741 096
1994	0.281 159	0.051 233	0.667 608
1995	0.362 776	0.057 28	0.579 944
1996	0.386 546	0.089 899	0.523 555
1997	0.403 251	0.093 918	0.502 831
1998	0.447 701	0.103 372	0.448 927
1999	0.476 657	0.097 325	0.426 018
2000	0.396 307	0.079 438	0.524 255
2001	0.392 982	0.108 716	0.498 302
2002	0.368 761	0.074 603	0.556 636
2003	0.359 512	0.064 775	0.575 712
2004	0.418 062	0.070 799	0.511 139
2005	0.435 289	0.055 128	0.509 583
2006	0.360 91	0.045 055	0.594 035
2007	0.286 369	0.044 779	0.668 852
2008	0.498 500	0.022 900	0.478 600

资料来源：1979—2007 年数据来源于国家科技进步贡献报告。

6.4　驱动力评价

科技驱动是一个国家、一个地区提升创新能力和取得经济发展的关键。研究科技驱动力就是要深层次考量影响科技驱动创新的要素，并且分析这些驱动要素对科技进步、科技发展的作用，最终提升地区科技创新能力，进而带动区域经济的可持续发展。因此，准确地评价城市科技驱动力，对于城市经济发展、科技水平提升有着重要的意义。作为第三个国家级新区的浙江舟山群岛新区，正以前所未有的勇气和胆识，大力发展新区高新技术产业和战略性新兴产业，提升经济质量，而高新技术产业的发展有赖于强有力的科技支撑。因此，科技驱动作用在新区发展中尤为重要。本研究以上海、广州、大连等16个沿海城市为对象，比较分析浙江舟山群岛新区科技驱动力水平和差距，为新区制定科技政策提供方向。

6.4.1 评价体系

6.4.1.1 评价指标

目前城市科技竞争力、科技效率、科技支撑力等城市科技水平评价研究对城市科技驱动力指标多有涉及，但完整的城市科技驱动力评价指标尚未有。根据第5章对科技驱动力内涵的分析，从城市科技人力支持、城市科技物质支持、城市创新偏好、城市需求拉动、城市科技服务5个方面着手，根据理论与实践相结合、科学性与可操作性相结合的原则，设计了沿海城市科技驱动力评价指标体系（表6.20）。考虑到制度环境支持因素更多涉及定性分析，而定性分析难以直观地、科学地表述制度因素在科技驱动中的作用，因而在指标设计中使用一些制度环境可测量的指标来代替定性描述。

表6.20 沿海城市科技驱动力评价指标体系

一级指标	二级指标
科技人力支持（A1）	专业技术人员数占单位从业人员数的比重（%）（B1）
	科研技术服务业从业人员占所有从业人员比重（%）（B2）
	万名从业人员高校教师专任教师人数（人/万人）（B3）
	万人普通高等学校在校学生数（人/万人）（B4）
科技物质支持（A2）	地方人均教育事业费支出（元/人）（B5）
	地方人均财政科技支出（元/人）（B6）
	地区研究与试验发展经费支出与GDP比例（%）（B7）
城市创新偏好（A3）	科研与综合技术服务业平均工资与全社会平均工资比例系数（%）（B8）
	万名就业人员专利申请量（项/万人）（B9）
	万名就业人员专利授权量（项/万人）（B10）
	发明专利授权量占专利授权量的比重（%）（B11）
城市需求拉动（A4）	货物进出口总额占地区生产总值的比重（B12）
	人均地区生产总值（万元/人）（B13）
	人均高新技术产业产值（万元/人）（B14）
	高新技术产业占GDP的比重（%）（B15）
城市科技服务（A5）	生产性服务业人数占从业人数比重（%）（B16）
	人均技术合同成交金额（元/人）（B17）

6.4.1.2 评价对象的选取及数据来源

对舟山群岛新区科技驱动力进行评价，要选择具有典型性和可比性的城市作为比较对象，同时考虑到数据的可得性，本研究以我国 16 个沿海城市作为城市科技驱动力评价研究对象，比较时期是 2008—2013 年。这些城市具有一定规模，具备驱动创新所需要的资金、技术和人力等条件，作为较大的行政区划单位，统计数据较易搜集，研究结果对制定相应的政策具有现实的指导意义。

数据来源于各地市统计年鉴 2009—2014 年、各省、市、区科技统计年鉴 2009—2014 年以及国研网数据库 2009—2014 年数据。由于评价指标体系中各指标的量纲不同，利用 SPSS17.0 做全局主成分分析时，程序会自动对数据进行标准化处理。

6.4.1.3　评价方法及数据初步处理

1）数据有效性检验

根据表 6.21，KMO 为 0.675，接近 0.7，大于 0.6，说明变量适宜做因子分析。Bartlett's 球形统计量值为 1537.765，比较大，且给出的相伴概率为 0.000，小于显著性水平 0.05，可以拒绝 Bartlett's 球形检验的原假设，说明变量间存在相关性，符合因子分析的要求。

表 6.21　KMO 和 Bartlett 的检验

取样足够度的 Kaiser-Meyer-Olkin 度量		0.675
Bartlett 的球形度检验	近似卡方	1 537.765
	df	136
	Sig.	0.000

2）提取全局主成分

对标准化后的数据计算变量的相关系数矩阵 $\boldsymbol{R}$，得到其特征根及方差贡献率，由表 6.22 可知，变量的相关系数矩阵 $\boldsymbol{R}$ 有 5 大特征根大于 1，前 5 个全局主成分的累计方差贡献率已达到 78.437%，能反映原始数据所提供的大部分信息，相应地提取前 5 个全局主成分因子。

表 6.22　提取的时序全局公因子解释的总方差

成分	初始特征值			提取平方和载入			旋转平方和载入		
	合计	方差的（%）	累积（%）	合计	方差的（%）	累积（%）	合计	方差的（%）	累积（%）
1	6.215	36.556	36.556	6.215	36.556	36.556	3.999	23.526	23.526
2	2.807	16.512	53.069	2.807	16.512	53.069	3.868	22.754	46.281
3	1.782	10.483	63.552	1.782	10.483	63.552	2.244	13.201	59.481
4	1.455	8.560	72.112	1.455	8.560	72.112	1.713	10.075	69.557
5	1.075	6.325	78.437	1.075	6.325	78.437	1.510	8.880	78.437
6	0.919	5.406	83.843						
7	0.785	4.619	88.462						
8	0.550	3.236	91.698						
9	0.335	1.971	93.669						

续表 6.22

成分	初始特征值			提取平方和载入			旋转平方和载入		
	合计	方差的（%）	累积（%）	合计	方差的（%）	累积（%）	合计	方差的（%）	累积（%）
10	0.308	1.811	95.480						
11	0.230	1.353	96.833						
12	0.193	1.133	97.966						
13	0.181	1.067	99.033						
14	0.072	0.422	99.456						
15	0.042	0.247	99.702						
16	0.032	0.191	99.893						
17	0.018	0.107	100.000						

提取方法：主成分分析。

3）确定变量权重

通过5个全局主公因子方差贡献率计算出因子权重，结合成分得分系数矩阵以及累计方差贡献率计算出各变量的权重（表6.23）。

表 6.23 各变量的权重

B1	B2	B3	B4	B5	B6	B7	B8	B9
0.070	0.080	0.013	0.081	0.046	0.053	0.100	0.053	0.048
B10	B11	B12	B13	B14	B15	B16	B17	
0.043	0.045	0.068	0.074	0.056	0.105	0.028	0.038	

6.4.2 综合评价

6.4.2.1 科技驱动力总体态势分析

表 6.24 2008—2013 年我国沿海地区科技驱动力综合指数

城市	2008 年		2009 年		2010 年		2011 年		2012 年		2013 年	
	指数	排名	指数	排名	指数	排名	指数	排名	指数	排名	指数	排名
天津	0.361	3	0.365	3	0.364	4	0.389	5	0.397	5	0.442	4
北海	0.145	15	0.140	15	0.150	15	0.171	14	0.194	15	0.224	14
大连	0.329	6	0.358	5	0.396	3	0.463	3	0.485	3	0.533	3
福州	0.349	4	0.338	6	0.353	5	0.372	6	0.345	8	0.354	9
广州	0.419	2	0.448	2	0.458	2	0.502	2	0.507	2	0.534	2
连云港	0.182	10	0.210	11	0.220	11	0.235	12	0.280	11	0.319	10
南通	0.260	9	0.291	7	0.289	7	0.345	8	0.378	6	0.382	8

续表 6.24

城市	2008 年		2009 年		2010 年		2011 年		2012 年		2013 年	
	指数	排名	指数	排名	指数	排名	指数	排名	指数	排名	指数	排名
秦皇岛	0.157	14	0.194	12	0.195	13	0.167	15	0.221	13	0.263	13
威海	0.289	7	0.252	8	0.268	8	0.346	7	0.305	9	0.418	7
上海	0.466	1	0.491	1	0.508	1	0.537	1	0.517	1	0.537	1
烟台	0.165	11	0.210	10	0.210	12	0.257	11	0.284	10	0.317	11
宁波	0.261	8	0.252	9	0.268	9	0.307	9	0.354	7	0.442	5
温州	0.162	12	0.156	14	0.168	14	0.185	13	0.202	14	0.216	15
舟山	0.158	13	0.163	13	0.231	10	0.261	10	0.275	12	0.305	12
湛江	0.109	16	0.137	16	0.124	16	0.115	16	0.118	16	0.120	16
青岛	0.342	5	0.361	4	0.333	6	0.405	4	0.440	4	0.424	6

1）我国 16 个沿海城市的科技驱动力均有所提升

16 个沿海城市的科技驱动力的综合水平均有所提升，其中大连增加幅度最大，从 2008 年的 0.329 增加至 2013 年的 0.533，驱动力得分增加 0.204，表明大连的科技发展潜力巨大；增加值排在第 2 位的是宁波，驱动力得分增加 0.181；随后是烟台，增加值为 0.152；舟山科技驱动力得分增加值排在第 4，增加值为 0.147。驱动力得分增加最小的城市为福州，增加值为 0.005，表明福州科技发展动力不足。

2）我国 16 个沿海城市科技驱动力呈现明显的分级特征

从 2008 年到 2013 年，上海一直处于第一层次，占据第 1 位，广州与上海的差距正在逐渐缩小，显现出广州较强劲的科技动力；北海、温州、湛江处于较低水平，其中湛江 6 年间始终处于末位。舟山在 6 年间处于中等偏下水平。梯度水平上，16 个沿海城市在 2008—2013 年间科技驱动力改善明显，高梯度城市增多，低梯度城市减少，中间城市增多。舟山也由低梯度向高梯度转变。

3）城市创新偏好是科技驱动力的短板

从 2008 年到 2013 年，城市创新偏好占科技驱动力的比重平均值为 18.9%，城市科技服务占科技驱动力的比重平均值为 6.6%，而科技人力支持占的比重平均值为 24.4%，科技物质支持的比重平均值为 19.8%，城市需求拉动占的比重平均值为 30.3%。同时，在 5 个一级指标中城市创新偏好处于较低水平，2013 年，舟山城市创新偏好得分仅为 0.037，在 16 个沿海城市中排名第 14 位。这表明舟山市科技创新偏好严重短缺，创新意识有待加强。

6.4.2.2 沿海城市科技驱动力一级指标分析

1）科技人力支持评价

人才是科技创新的关键，也是科技的第一驱动力。对科技驱动力的人力资源支持考量主要从专业技术人员数、科研技术服务业从业人员、高校教师专任教师数、高等学校在校学生数 4 个层面进行。专业技术人员、科研人员和高校教师是科技创新的显性要素，他们能够为科技创新产生直接驱动，而高校学生拥有高知识、高文化是科技创新的潜在驱动力。根据表6.25，对16个沿海城市科技人力支持得分进行分析。

表6.25　2008—2013年我国16个沿海城市科技人力支持指数

城市	2008年	2009年	2010年	2011年	2012年	2013年
天津	0.088	0.093	0.091	0.095	0.074	0.087
北海	0.065	0.068	0.071	0.069	0.061	0.060
大连	0.086	0.087	0.093	0.098	0.095	0.099
福州	0.100	0.101	0.109	0.116	0.106	0.102
广州	0.128	0.135	0.138	0.146	0.137	0.144
连云港	0.066	0.075	0.074	0.076	0.079	0.081
南通	0.054	0.061	0.070	0.079	0.076	0.075
秦皇岛	0.054	0.053	0.056	0.053	0.051	0.070
威海	0.031	0.032	0.040	0.041	0.038	0.050
上海	0.086	0.095	0.105	0.112	0.062	0.057
烟台	0.023	0.025	0.027	0.030	0.025	0.028
宁波	0.027	0.028	0.028	0.029	0.031	0.032
温州	0.027	0.028	0.030	0.032	0.031	0.036
舟山	0.061	0.059	0.053	0.057	0.055	0.064
湛江	0.022	0.020	0.020	0.023	0.021	0.022
青岛	0.052	0.055	0.056	0.061	0.061	0.059

从科技人力支持横向比较来看，广州、福州、大连的科技人力支持处于较高的水平，其中广州连续6年指数排名第1；烟台、湛江的科技人力支持值最低，其中湛江连续6年垫底。2013年，广州市科技人力支持得分值为0.144，福州得分值为0.102，舟山得分值为0.064，湛江得分值为0.022。舟山科技人力支持得分值在16个沿海城市处于中下游水平。

从科技人力支持动态发展来看，上海、北海、威海3个城市在科技人力支持指数上下降明显，其中上海市由2008年的0.086下降到2013年的0.057。南通、连云港、天津3个城市6年间科技人力支持指数处于波动状态，具有不稳定性。

2）科技物质支持评价

物质投入是科技创新的保障，因而物质支持是科技驱动的重要因素。本研究中将地方教育事业费支出、财政科技支出和地区研究与试验发展经费支出作为科技财政支持的衡量标准。表6.26对各城市科技物质支持得分进行了分析。

从科技物质支持横向比较来看，上海、天津的科技物质支持得分一直排在前3位，其中上海市连续6年排名第1。2013年，上海市科技物质支持得分值为0.182，天津得分值为0.137，宁波得分值为0.095，舟山得分值为0.078，处于第7位。

从科技物质支持动态发展来看，除福州外，其他沿海城市的科技物质支持得分值均在增加。福州科技物质支持得分由2008年的0.104下降到2013年的0.067，下降了0.037。科技物质支持得分值增加最大的城市是上海，从2008年的0.105提高到2013年的0.182，提高了0.077，其次是天津，提高了0.066。舟山增加了0.044，增加值居第5位。增加值最小的是湛江，仅为0.010。

表6.26 2008—2013年我国16个沿海城市科技物质支持指数

城市	2008年	2009年	2010年	2011年	2012年	2013年
天津	0.071	0.082	0.089	0.101	0.119	0.137
北海	0.003	0.002	0.006	0.009	0.014	0.034
大连	0.043	0.049	0.053	0.066	0.064	0.077
福州	0.104	0.068	0.071	0.076	0.064	0.067
广州	0.061	0.068	0.069	0.065	0.074	0.093
连云港	0.022	0.025	0.032	0.025	0.040	0.062
南通	0.035	0.037	0.039	0.048	0.055	0.064
秦皇岛	0.020	0.023	0.025	0.028	0.039	0.048
威海	0.042	0.047	0.057	0.064	0.069	0.075
上海	0.105	0.112	0.141	0.141	0.162	0.182
烟台	0.037	0.048	0.051	0.060	0.078	0.092
宁波	0.048	0.051	0.058	0.067	0.083	0.095
温州	0.024	0.029	0.036	0.041	0.043	0.049
舟山	0.034	0.038	0.043	0.054	0.064	0.078
湛江	0.002	0.003	0.004	0.005	0.007	0.012
青岛	0.064	0.066	0.069	0.078	0.094	0.084

3）城市创新偏好评价

创新因素是科技驱动的重要动力。创新偏好主要体现在制度性因素和环境性因素。科技政策好对科技驱动就相对较大，反之，如果科技政策差则科技驱动力就差，这直接反映在科技产出上。因此，对制度性因素的定量分析上我们采纳了专利拥有量和发明专利授权量两个指标。环境性因素主要考量人们的科技意识，科技意识强对科技的重视度就高，反之则低，因此，对环境性因素的定量分析我们采纳了科研与综合技术服务业平均工资与全社会平均工资比例系数和专利申请量两个指标。表6.27对16个沿海城市创新偏好进行了分析。

从城市创新偏好横向比较来看，宁波、大连、青岛、南通的城市创新偏好得分表现出较好水平，均达到0.1以上。北海、烟台、舟山城市创新偏好得分较差，其中2008年舟山市城市创新偏好在16个沿海城市中最低。2013年，宁波市城市创新偏好得分为0.123，大连得分为0.115，青岛得分为0.112，南通得分为0.105；2013年，最差的3个城市，舟山城市创新偏好得分为0.037，烟台得分为0.033，北海为0.021。

从城市创新偏好动态发展情况来看，除北海外，其余15个城市的城市创新偏好得分值均在增加，城市创新偏好得分值增加最大的城市是宁波，从 2008 年的 0.068 提高到 2013 年的 0.123，提高了 0.055；其次是大连，提高了 0.047，南通提高了 0.046，舟山增加了 0.015，得分提高最少的是湛江，仅为 0.001。北海城市创新偏好不仅较差，而且下降明显，由 2008 年的 0.029 下降到 2013 年的 0.021，下降了 0.008。

表 6.27　2008—2013 年我国 16 个沿海城市创新偏好指数

城市	2008 年	2009 年	2010 年	2011 年	2012 年	2013 年
天津	0.063	0.065	0.070	0.068	0.075	0.074
北海	0.029	0.020	0.027	0.027	0.035	0.021
大连	0.068	0.068	0.087	0.122	0.118	0.115
福州	0.045	0.042	0.040	0.041	0.042	0.048
广州	0.063	0.065	0.068	0.082	0.083	0.090
连云港	0.040	0.045	0.035	0.031	0.033	0.044
南通	0.059	0.063	0.070	0.092	0.111	0.105
秦皇岛	0.025	0.035	0.037	0.031	0.040	0.047
威海	0.047	0.055	0.045	0.084	0.061	0.064
上海	0.057	0.062	0.055	0.057	0.062	0.068
烟台	0.025	0.031	0.019	0.035	0.034	0.033
宁波	0.068	0.060	0.067	0.076	0.097	0.123
温州	0.048	0.052	0.051	0.051	0.061	0.060
舟山	0.022	0.020	0.030	0.028	0.036	0.037
湛江	0.043	0.072	0.058	0.046	0.050	0.044
青岛	0.085	0.086	0.065	0.098	0.113	0.112

4）城市需求拉动评价

经济及产业发展对科技的需求是科技驱动的重要力量。研究中我们将货物进出口总额占地区生产总值的比重、高新技术产业产值作为考量标准。货物进出口总额占地区生产总值的比重考量经济活跃度，人均高新技术产业产值和高新技术产业占 GDP 的比重考量高新技术产业对科技的需求拉动力度。表 6.28 对 16 个沿海各城市需求拉动进行了分析。

从城市需求拉动横向比较来看，威海、大连城市需求拉动表现较为强劲，拉动效果明显，广州、宁波、上海 3 个城市的城市需求拉动得分一直处于较高值，秦皇岛、温州、湛江的城市需求拉动得分低。2013 年，威海市城市需求拉动得分为 0.227，随后是大连，得分为 0.217，这两个城市 2013 年城市需求拉动达到 0.2 以上。绝大部分城市的城市需求拉动得分处于 0.1~0.2 之间，秦皇岛、温州、湛江则在 0.1 以下。

从城市需求拉动的动态发展情况来看，除上海外，其他 15 个城市的城市需求拉动得分值均在增加，城市需求拉动得分值增加最大的城市是大连，从 2008 年的 0.113 提高到 2013 年的 0.217，提高了 0.104；第二是烟台，提高了 0.084，第三是舟山，提高了 0.080。增加最小的为湛江，仅增加 0.03，说明湛江对科技的需求拉动力较弱。上海市城市需求拉动在减弱，表明上海市对科技的需求拉动增加不明显。

表 6.28 2008—2013 年我国沿海城市城市需求拉动指数

城市	2008 年	2009 年	2010 年	2011 年	2012 年	2013 年
天津	0. 121	0. 106	0. 094	0. 104	0. 114	0. 126
北海	0. 038	0. 040	0. 036	0. 056	0. 075	0. 101
大连	0. 113	0. 132	0. 144	0. 166	0. 189	0. 217
福州	0. 091	0. 113	0. 118	0. 123	0. 126	0. 133
广州	0. 143	0. 155	0. 157	0. 182	0. 191	0. 186
连云港	0. 040	0. 052	0. 066	0. 089	0. 114	0. 119
南通	0. 102	0. 120	0. 100	0. 115	0. 124	0. 126
秦皇岛	0. 033	0. 058	0. 052	0. 030	0. 066	0. 076
威海	0. 166	0. 114	0. 122	0. 152	0. 135	0. 227
上海	0. 176	0. 177	0. 159	0. 174	0. 177	0. 172
烟台	0. 075	0. 100	0. 105	0. 125	0. 140	0. 159
宁波	0. 109	0. 102	0. 104	0. 123	0. 133	0. 180
温州	0. 060	0. 043	0. 048	0. 056	0. 061	0. 061
舟山	0. 022	0. 028	0. 080	0. 096	0. 099	0. 102
湛江	0. 028	0. 028	0. 028	0. 028	0. 029	0. 031
青岛	0. 131	0. 144	0. 132	0. 159	0. 163	0. 160

5）城市科技服务评价

城市科技服务反映了城市对科技的服务，包括各类服务、科技中介服务等，由人均技术合同成交额、生产性服务业人数占总从业人员比重两个指标构成。

表 6.29 2008—2013 年我国 16 个沿海城市城市科技服务指数

城市	2008 年	2009 年	2010 年	2011 年	2012 年	2013 年
天津	0. 017	0. 019	0. 020	0. 020	0. 016	0. 018
北海	0. 010	0. 010	0. 011	0. 010	0. 009	0. 008
大连	0. 018	0. 021	0. 019	0. 021	0. 020	0. 025
福州	0. 009	0. 014	0. 015	0. 015	0. 007	0. 005
广州	0. 024	0. 025	0. 026	0. 026	0. 023	0. 021
连云港	0. 014	0. 013	0. 013	0. 013	0. 013	0. 013
南通	0. 009	0. 010	0. 011	0. 012	0. 012	0. 012
秦皇岛	0. 026	0. 026	0. 025	0. 025	0. 025	0. 021
威海	0. 003	0. 003	0. 005	0. 006	0. 002	0. 002
上海	0. 042	0. 044	0. 048	0. 053	0. 054	0. 058
烟台	0. 005	0. 007	0. 008	0. 008	0. 006	0. 005
宁波	0. 010	0. 011	0. 011	0. 012	0. 010	0. 012
温州	0. 003	0. 004	0. 004	0. 004	0. 006	0. 009
舟山	0. 019	0. 019	0. 025	0. 026	0. 020	0. 024
湛江	0. 014	0. 013	0. 013	0. 012	0. 012	0. 011
青岛	0. 008	0. 009	0. 010	0. 010	0. 009	0. 009

表6.29对16个沿海城市科技服务进行了分析。

从城市科技服务横向比较来看，上海的城市科技服务得分一直处于最大值且遥遥领先。秦皇岛处于第2位，广州处于第3位，大连市也保持较高水平。其他城市均处于较低水平。2013年，上海市城市科技服务得分为0.058，大连的得分为0.025，舟山的得分为0.024。福州、烟台、威海3个城市处于最低水平，得分分别为0.005、0.005、0.002。

从城市科技服务的动态发展情况来看，16个沿海城市有9个城市处于下降，分别是北海、福州、广州、连云港、秦皇岛、威海、湛江、烟台、青岛。天津变化较小，变化最大的是上海，由2008年的0.042提高到2013年的0.058，增加值为0.016。

6.4.3 分异分析

6.4.3.1 沿海城市科技驱动力的系统聚类分析

为了更好地研究沿海城市科技驱动力的分级特征，将16沿海城市各个一级指标和综合得分进行系统聚类分析，运用组间平均数联结法生成聚类树状族谱，具体见图6.4和图6.5。2008年，将16个城市划分为四个层次：第一层次为上海；第二层次为福州、广州、大连、天津；第三层次为威海、青岛、宁波、南通；第四层次为其他7个沿海城市。舟山处于第四层次，与秦皇岛、北海、连云港的驱动力水平最接近。2013年，16个沿海城市划分为三个层次：第一层次为天津、上海；第二层次为大连、广州；第三层次为宁波、青岛、南通、威海、烟台；第四层次为其余7个城市。舟山处于第四层次与福州相当。

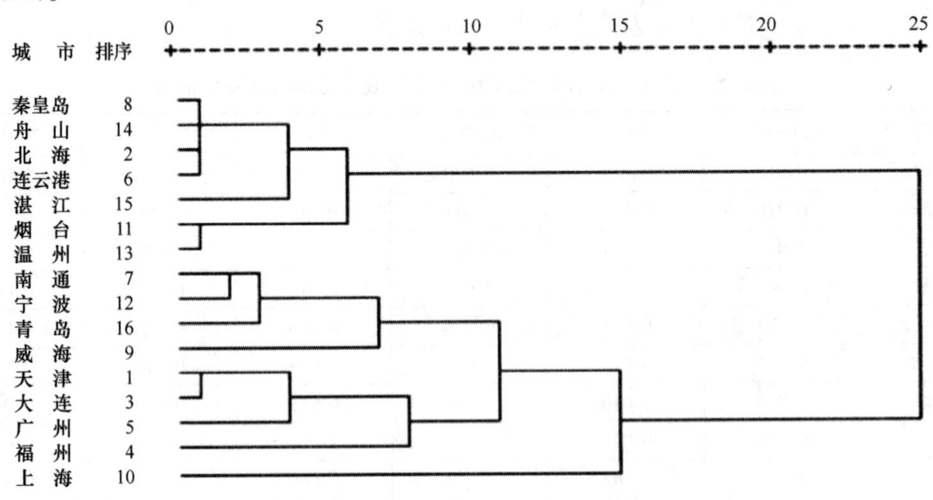

图6.4 2008年16个沿海城市科技驱动力的聚类树状谱系

6.4.3.2 城市科技驱动力的空间梯度分析

根据系统聚类结果，将0~0.3表示为科技驱动力低梯度；0.3~0.5为中梯度；0.5以上为高梯度。

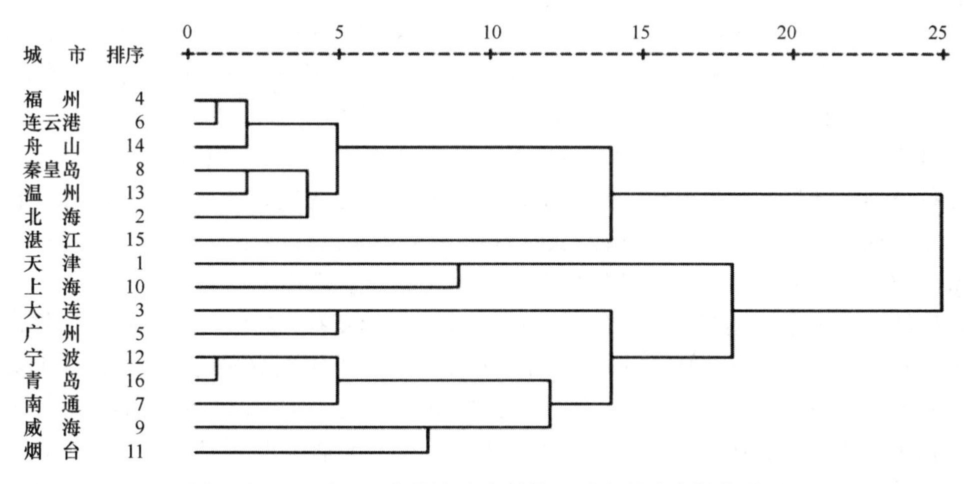

图 6.5　2013 年 16 个沿海城市科技驱动力的聚类树状谱系

2008 年，上海、广州、天津、福州、青岛、大连竞争力为中梯度，其他 10 个城市均为低梯度。2013 年，上海、广州、大连为高梯度，天津、宁波、青岛、威海、南通、福州、连云港、烟台、舟山为中梯度，秦皇岛、北海、温州和湛江为低梯度。16 个沿海城市在 2008—2013 年间科技驱动力改善明显，高梯度城市增多，低梯度城市减少，中梯度城市增多。

6.5　海洋科技评价

科学技术是第一生产力，技术创新是促进经济发展的重要引擎。海洋经济是技术依赖型经济，海洋科技创新有助于海洋经济在海洋资源利用的深度和广度上有所拓展，有助于提升海洋产品的附加值，有助于海洋经济可持续发展。然而，目前我国沿海城市海洋科技发展水平不一，海洋科技带动海洋经济发展作用各不相同。本研究对我国主要沿海城市海洋科技发展进行概述，并从海洋专利、海洋科技成果转化、海洋经济、海洋产业结构等方面进行绩效评价，以期作为舟山海洋科技发展的一面“镜子”。

6.5.1　发展概述

6.5.1.1　青岛市海洋科技发展概述

青岛是我国海洋科技发展的“领头羊”和先驱者，拥有中国海洋大学、农业部水产科学研究院黄海水产研究所、国家海洋局第一海洋研究所、国土资源部青岛海洋地质研究所等 28 家以海洋科研与教育为主的机构；拥有各类海洋人才 15 000 人，各类国家级海洋优秀人才总数达 207 人，拥有中高级职称以上的 5 700 人，其中两院院士 19 人；博士学位一级学科授予点 7 个，博士学位二级学科授予点 42 个，博士后流动站 8 个；国家级重点学科 5 个；建有海洋科学观测台站 11 处，其中国家级 1 处，部委级 6 处；拥有各类海洋科学考察船 20 余艘，现有千吨级以上现役大型科学考察船 7 艘；建有科学数据库 12 个，种质资源库 5 个，样品标本馆（库、室）6 个。

“十一五”以来，国家“863”计划海洋领域课题约有46%由驻青岛的科研院所承担，累计拨款项目经费3.4亿元，约占全国的30%；各级重点实验室51家，其中国家部委级26家，约占全国的55%，现有各级工程中心26家，其中国家部委级9家，约占全国的40%。2013年，青岛市涉海科研教育单位及企业主持或参与的62项海洋科技项目入选国家重点科技项目计划，中央财政全年给予青岛市近4亿元的经费支持。其中有13个项目入围国家“863”计划海洋技术领域，获批资金1.6亿元，占该领域项目数量的35%，资金总量的40%，为青岛市海洋科技发展奠定了雄厚的资金基础①。

科技创新推动青岛海洋经济发展。从海洋经济发展速度看，2012年青岛海洋产业总产值达到1 890亿元，海洋产业增加值670亿元。2012年青岛市实现海洋经济增加值1 114.4亿元，占GDP比重为15.3%；到2013年底，青岛市海洋经济增加值达到1 115.6亿元，占GDP的比重为16.7%。从海洋产业结构看，海洋第一产业产值增长57.2亿元，增长率为1.7%；海洋第二产业产值增长443.6亿元，增长率为16.9%；海洋第三产业产值增长434.9亿元，增长率为18.2%。

6.5.1.2 上海市海洋科技发展概述

上海市具有较强的海洋科技实力，海洋科技研究机构众多，如上海交通大学海洋船舶与建筑工程学院、海洋水下工程科学研究院，同济大学海洋与地球科学学院，华东师范大学河口海岸动力沉积和动力地貌综合国家重点实验室，复旦大学生物多样化与生态工程教育部重点实验室，上海海洋大学水产与生命学院、海洋科学学院、海洋科学研究院，上海海事大学商船学院、交通运输学院、海洋科学与工程学院、海洋材料科学与工程研究院、上海高级国际航运学院，国家海洋局东海预报中心、国家海洋局东海海洋工程勘察设计研究院，中国科学院上海技术物理研究所，中国水产科学研究院东海水产研究所等科研单位20余家，拥有4个国家级涉海重点实验室，省部级涉海重点实验室10余家。上海海洋研究学科门类较全，河口海岸、海洋地质、船舶海洋工程、深海技术等学科在全国具有领先地位，现有海洋专业博士点17个、硕士点27个。上海有关海洋科技的院校和实验室有悠久的历史，具有较好的科研基础和发展潜力，培育了一大批海洋科技人才，目前上海市拥有海洋科技人才3 000余名，其中在国内具有较高知名度的涉海类院士3名。

近年来，上海市高度重视海洋科技发展，海洋科研机构年均经费收入260余亿元，R&D经费内部支出达到10亿元以上。海洋科技产出成效明显，2011年海洋生产总值达5 618.5亿元，海洋产业产值3 272.2亿元，海洋科研机构专利申请受理831件，专利受理400件，承担课题1 094件，发表海洋类科技论文1 103篇。

6.5.1.3 厦门市海洋科技发展概述

厦门市是我国南部重要的海洋科技大市。厦门大学、国家海洋局第三海洋研究所、福建海洋研究所、福建省水产研究所、集美大学、厦门市海洋职业技术学院、厦门市海洋与渔业研究所、厦门南方海洋研究中心等诸多涉海研究和教学单位，形成了力量雄厚、学科齐全、技术密集的海洋科研和人才培养基地。厦门拥有海洋科技人才近1 000人，其中两

① 青岛市科技局．青岛市科技发展报告．2013，第59页．

院院士2人；建有“近海海洋环境科学国家重点实验室”1个，省部级海洋重点实验室6个，2个博士后工作站。2008年以来，厦门取得产业类技术成果197项，公益类技术成果52项；推进科技兴海平台、基地和园区建设12个，其中省级工程技术研究中心和企业技术中心6个、成果转化基地3个；制定与科技兴海有关的国家标准2项，省市规程、规范等13项；开展包括科技兴海成果的示范性推广、技术咨询服务、科技兴海培训等各类科技兴海服务5 425人次；举办各类较大型的国际学术会议30次，参加人数达上万人次，与50多个国家开展国际合作与交流，交流人次达608次，实施国际合作项目15个。

科技助推海洋产业发展。2012年厦门市海洋经济增加值为318.4亿元，同比增长12%，占全市GDP的11.3%；2014年，厦门海洋产业总产值为2 045.9亿元，同比增长10.2%；实现增加值410.5亿元，同比增长14%，增幅高于全市GDP增长速度4.8个百分点，海洋经济产业结构得到优化，不断壮大海洋经济千亿元产业链。

6.5.1.4　广州市海洋科技发展概述

广州作为广东省海洋科技研究中心，集聚了中山大学、暨南大学、华南师范大学等设有海洋专业的高校以及中国科学院南海研究所、中国水产科学研究院南海水产研究所、广东省海洋资源研究发展中心、国土资源部广州海洋地质调查局、中国气象局广州热带海洋气象研究所等涉海科研开发机构和管理机构，聚集了众多的海洋科技人才，在海洋生物资源综合开发技术、海洋船舶工程技术、海洋矿产资源开发技术、海洋监测及灾害预报预警技术的研发方面具有较强实力，近年来形成了一批具有自主知识产权的海洋科技创新成果。

雄厚的科技力量，为广州海洋经济向高端化、现代化发展提供了有力支撑。2009年，主要海洋产业总产值为1 075.86亿元，连续多年位居全省前列，海洋产业结构不断调整和优化，2009年第一、第二、第三产业比重为6∶44∶50，呈现高级化的结构特征。广州是全国三大造船基地、三大海运基地和四大港口城市之一，形成了海洋交通运输业、港口经营业、海洋船舶工业、滨海旅游业、海洋渔业和海洋生物医药业等海洋产业群，具备海陆互动发展的产业基础。近年来，广州海洋经济总量不断提升，总体实力明显增强。

6.5.1.5　天津市海洋科技发展概述

天津拥有南开大学海洋工程研究中心、天津大学海洋科学与技术学院、天津科技大学海洋科学与工程学院等高校科研单位12家，拥有国家部委下属及天津海洋研究院所14家，国家涉海类重点实验室2个，海洋专业博士点3个，硕士点6个；拥有海洋科技人才2 000余人，其中具有高级职称700余人，占30%以上。2011年海洋科研机构经费收入159.33亿元，课题数536项，科技论文765篇，专利申请受理数111项，专利授权数67项，R&D经费内部支出5 222万元。

科技发展推动天津海洋经济发展，2012年海洋科技对海洋经济的贡献率达到65%。“十一五”以来，天津海洋经济年均增速超过20%，2012年实现海洋生产总值4 014亿元，海洋生产总值占天津市GDP比例达到31.2%，海洋经济成为拉动经济发展的新增长点和重要引擎。目前，海洋石油天然气、海洋交通运输、海洋化工和以高新技术为主体的其他海洋产业成为天津市海洋经济优势产业。国家级塘沽海洋高新技术开发区是全国最大的海洋高新技术开发区。

6.5.1.6 宁波市海洋科技发展概述

宁波市具有完善的海洋科技创新体系，科研成果不断取得突破。宁波形成了以科研院所、高等院校涉海专业、重点实验室以及企业研发中心等为主体的海洋科研与技术开发体系。建有宁波大学海洋学院、海运学院，宁波市海洋与渔业研究院，宁波海洋开发研究院等海洋科研机构，拥有涉海类省级重点实验室 10 余家，市级科技创新服务平台 1 家，企业工程（技术）中心 8 家，海洋科技工作人员已达 2 000 余人，其中高级职称人员达总数的 15%以上。2014 年涉海类项目获得国家科技进步奖 1 项，省、部科技进步奖 30 项，专利授权 30 余项。

通过近几年的发展，宁波在海洋高技术装备产业、海洋生物育种及健康养殖产业、海洋药物及生物制品产业、海水综合利用产业等海洋高技术产业部分领域已经具有良好的产业基础。据测算，宁波市海洋高技术产业产值年均增长约 25%。全市共有造船企业和船舶修造企业近 70 家，制造能力达 500 万载重吨；拥有海洋生物育种企业 200 余家，海洋生物制品企业 20 余家。

6.5.1.7 深圳市海洋科技发展概述

历年来深圳市高度重视海洋科技发展，以深圳科技创新优势推动海洋科技发展。为此，深圳市成立了海洋管理委员会，统筹管理海洋事务，推动海洋科技进步，促进海洋经济发展。目前深圳市已拥有涉海企业、涉海行政机关、事业单位、科研院所和高等院校等近 100 家。近年来，深圳市承担的国家重大海洋公益科研专项逐年增多，获批 2012 年度中央分成海域使用金支出项目 2 个，经费 5 997 万元；获批 2013 年度海洋公益性行业科研专项 2 个，经费 3 131 万元，投入比例居全国沿海地区前列。深圳“数字海洋”工程建设、海洋环境远程自动监测系统建设为深圳海域的环境评价与预报、灾害预警与防范、海洋综合管理、海洋公众服务等提供重要数据支撑，为深圳市海洋经济可持续发展提供环境技术保障。龙岗海洋生物产业园建设推动海洋科技产业化。

科技推动深圳海洋产业发展的态势明显。2011 年，深圳市海洋生产总值可达 1 030 亿元，其中海洋交通运输业中港口货物吞吐量 22 325.07 万吨，同比增长 1.0%；滨海旅游总收入 741 亿元；海洋油气业工业增加值可达 443.6 亿元，其中石油与天然气开采服务的工业增加值可达 6 亿元；海洋船舶工业实现增加值 10.7 亿元；海洋渔业 2011 年实现增加值 4.3 亿元；海洋设备制造业实现增加值 17.5 亿元；涉海产品及材料制造业实现增加值 17.5 亿元。海洋交通运输业、海洋油气业、滨海旅游业三大优势产业增加值合计均占当年深圳市海洋生产总值的 95%以上。深圳市被列为全国海洋经济科学发展示范城市。

6.5.1.8 大连市海洋科技发展概述

大连市是我国北方重要的港口城市和海洋科技大市，拥有涉海类高校 3 所，分别是大连理工大学、大连海事大学、大连海洋大学，拥有辽宁师范大学等设有涉海专业的高校 10 余所，涉海专业 60 余个，32 个二级学科博士点，在校生 3 万余人，院士（含双聘院士）11 人，教职工近 3 000 人，其中教授近 500 人，海洋科技人才占全国的 20%。长海海洋牧场、大连海洋经济产业园、旅顺海洋信息产业园成为海洋科技研发和产业化的高地。大连现代海洋生物产业基地被认定为国家级科技兴海产业示范基地。

强大的海洋科技实力推动海洋经济的发展。大连海洋经济保持持续快速增长，2009年大连市海洋产业总产值1 303.2亿元，占全市GDP的比重为29.5%，到2012年海洋产业总产值达到2 339亿元，占全市GDP的比重为33.4%，2014年海洋产业总产值达到2 773亿元，占全市GDP的比重达到34.7%。近6年来，海洋经济对于大连市经济增长的平均贡献率达到14%以上①。海洋装备制造业、造船业、海洋渔业、滨海旅游业、海洋交通运输业等海洋经济重点产业正在大连蓬勃发展，海洋经济已成为大连经济新的增长点。

6.5.2 绩效评价

6.5.2.1 海洋专利评价

全国科技兴海网站给出了全国各地区2003—2012年10年间我国海洋专利授权数量以及专利领域、专利名称、专利机构等情况。根据研究需要，我们对全国17个沿海城市海洋专利进行了统计（表6.30）。

表6.30 我国主要沿海城市海洋专利授权情况及领域分布（2003—2012年） 单位：件

专利城市	海洋专利总数	专利领域										
		海洋资源勘探技术	海洋环境监测预报技术	海洋信息技术	海洋矿产资源开采技术	海洋新材料制造技术	海洋工程技术	海洋环境治理与修复技术	海洋可再生能源利用技术	海水综合利用技术	海洋生物技术	海洋装备制造技术
大连	212	0	8	5	1	8	2	10	7	23	90	58
秦皇岛	11	0	0	0	0	1	0	0	3	2	2	3
天津	235	4	32	3	8	4	24	7	9	57	47	40
青岛	344	4	53	3	0	3	6	15	11	16	203	30
南通	29	0	0	0	1	1	1	0	0	1	7	18
连云港	9	0	0	1	0	0	0	0	1	0	5	2
上海	403	1	21	11	6	10	30	28	24	41	83	148
杭州	184	8	20	3	7	11	2	7	13	15	33	65
宁波	86	0	2	0	1	5	4	2	6	1	39	26
舟山	60	0	3	5	0	1	1	2	1	0	15	32
温州	32	0	0	0	1	1	0	4	3	1	18	4
福州	25	0	0	0	0	0	0	0	0	0	15	10
厦门	63	0	4	0	0	0	0	1	2	6	40	10
深圳	70	0	1	3	1	4	0	1	6	7	22	25
广州	171	2	12	2	8	0	1	5	7	14	85	35
湛江	28	1	1	0	0	0	0	0	1	0	25	0
北海	4	0	0	0	0	0	0	0	0	0	4	0
总数	1 966	20	157	36	34	49	71	82	94	184	733	506

资料来源：全国科技兴海网。

① 贺义雄，高健，勾维民．大连发展都市型海洋经济策略．辽宁经济，2014（04）：71-73.

从专利数量上来看，上海市以403件居全国首位，青岛则以344件居第2位，随后是天津、大连、杭州、广州，处于末几位的是秦皇岛、连云港、北海。舟山以60件排在17个沿海城市的第10位，处于中等偏下水平。由此可见，舟山在海洋专利上还处于较低水平。

从专利领域来看，11个专利领域中海洋生物技术以总数733件高居第1位，海洋装备制造技术以503件居于第2位，随后是海水综合利用技术（184件）和海洋环境监测预报技术（157件）。表明我国在海洋科技研究以海洋生物技术和海洋装备制造技术为主。青岛在海洋生物技术专利授权上处于领先地位，上海在海洋装备制造技术上处于领先地位。

从各城市专利优势来看，大连市以海洋生物技术和海洋装备制造技术为专长；天津在海水综合利用技术上较强，海洋生物技术和海洋装备制造技术也较强；青岛在海洋生物技术上一枝独秀；上海在海洋装备制造技术上较强，在海洋生物技术上也毫不逊色；杭州在海洋装备制造技术上较强；宁波在海洋生物技术和海洋装备制造技术上也表现出较强水平；舟山则在海洋装备制造技术上较强；厦门在海洋生物技术上也较强；广州在海洋生物技术上表现强劲，海洋装备制造技术业上也不逊色。

6.5.2.2 海洋科技成果转化评价

为比较17个沿海城市海洋科技成果转化情况，我们对1998—2013年16年间各沿海城市海洋科技成果转化数量以及科技成果领域等内容进行统计，得到表6.31。从表中可知，17个沿海城市共转化海洋科技成果962件，具体情况如下。

表6.31 我国主要沿海城市海洋科技成果转化情况及领域分布（1998—2013年） 单位：件

专利 城市	海洋科技成果总数	专利领域										
		海洋资源勘探技术	海洋环境监测预报技术	海洋信息技术	海洋矿产资源开采技术	海洋新材料制造技术	海洋工程技术	海洋环境治理与修复技术	海洋可再生能源利用技术	海水综合利用技术	海洋生物技术	海洋装备制造技术
大连	35	0	4	9	1	0	0	6	0	0	14	1
秦皇岛	3	0	0	1	0	0	0	0	0	0	2	0
天津	154	2	27	30	4	0	0	0	1	73	3	14
青岛	211	10	28	41	6	0	0	15	2	5	95	9
南通	23	0	0	0	0	0	0	0	0	0	23	0
连云港	3	0	0	1	0	0	0	0	0	0	2	0
上海	100	3	25	30	0	0	0	1	1	0	30	10
杭州	90	10	16	19	1	0	0	0	0	13	27	4
宁波	20	0	7	2	0	0	0	1	0		10	0
舟山	45	0	0	5	0	0	0	1	1	0	30	8
温州	5	0	1	0	0	0	0	2		0	2	0
福州	14	0	0	0	0	0	0	0	0	0	14	0
厦门	177	1	11	5	0	0	0	15	0	2	137	6
深圳	1	0	0	0	0	0	0	0	0	0	0	1
广州	75	0	10	22	0	0	3	0	0	0	35	5
湛江	4	0	0	0	0	0	0	0	0	0	4	0
北海	2	0	1	0	0	0	0	0	0	0	1	0
总数	962	26	130	165	12	0	3	41	5	93	429	58

资料来源：全国科技兴海网。

从科技成果转化数量来看，青岛市海洋科技成果处于领先地位，总数为211件，占17个沿海城市总数的21.9%；其次是厦门、天津和上海，分别为177件、154件和100件，这些城市的海洋科技成果转化能力较强。海洋科技成果转化数量占两位数的城市有7个，分别是杭州、广州、舟山、大连、南通、宁波、福州。海洋科技成果转化数量占个位数的城市有6个，转化数量最少的是北海和深圳。

从科技成果领域来看，海洋生物技术占大多数，有429件，占50%左右；海洋信息技术和海洋环境监测预报技术也较多，分别为165件和130件。海洋新材料制造技术的转化情况最差，海洋工程技术和海洋可再生能源利用技术也较弱，而这些科技是新兴技术，表明我国在海洋新兴产业和海洋战略性新兴产业上整体较弱。

从各城市科技成果优势来看，各城市在海洋科技成果转化优势区别明显。天津市以海水综合利用技术转化见长；厦门和青岛以海洋生物技术转化见长。同时，天津、青岛、杭州、厦门在多个领域内表现出较强的海洋科技成果转化能力。舟山海洋科技成果转化主要集中在海洋生物技术。

6.5.2.3 海洋经济评价

由于各沿海城市海洋生产总值统计较难，我们本着数据的可获得性原则，对大连、秦皇岛、天津、青岛、连云港、上海、宁波、舟山、福州、深圳、广州和北海作比较分析。

图6.6给出了2007—2011年我国12个沿海城市海洋生产总值变化情况，如图所示，上海市的海洋生产总值连续5年都位居首位，其次为宁波、天津。始终处于末位的是秦皇岛和北海。舟山海洋生产总值在12个沿海城市中处于中上水平，由2007年的819.39亿元，到2011年的1 823.51亿元，且逐年提高，有赶超青岛、广州的趋势。

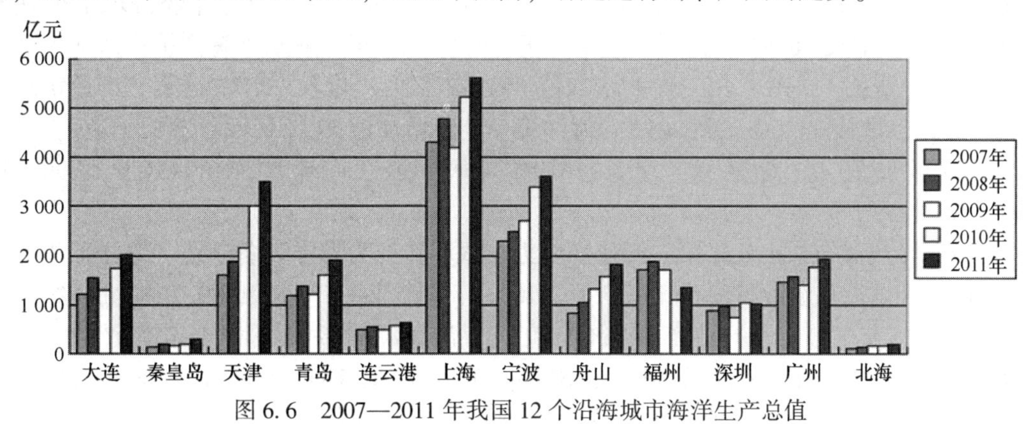

图6.6 2007—2011年我国12个沿海城市海洋生产总值

资料来源：中国海洋年鉴2008—2012年、中国海洋统计年鉴2008—2012年①

6.5.2.4 海洋产业结构评价

由于各沿海城市对海洋产业结构的统计存在差异，同时本着数据的可获得性原则，本

① 本图数据主要来源于中国海洋年鉴2008—2012年、中国海洋统计年鉴2008—2012年和各地市统计年鉴，部分数据直接咨询了各地海洋渔业局。此数据与刘琦所著的《海洋强国背景下青岛市海洋强市战略研究》（中国海洋大学硕士研究生论文2014年6月）引用的个别数据不一致。

部分只对天津、上海、宁波、深圳、青岛和舟山作比较分析。

2010年，天津市的海洋三次产业结构之比为0.2：65.5：34.3；到2011年为0.2：68.5：31.3；2012年三次产业结构之比为0.2：46.9：47.8。产业结构逐年优化，第三产业占比最大。

2010年，上海市的海洋三次产业结构之比为0.1：39.4：60.5；到2011年为0.1：39.1：60.8；2012年三次产业结构之比为0.1：37.8：62.1。海洋产业结构基本实现高级化，且基本保持稳定。

宁波市、深圳市等则以海洋渔业、海洋交通运输业和滨海旅游业为主。2011年宁波市实现海洋经济总产值为3 625.74亿元，同比增长4.5%，实现海洋经济增加值（GOP）为956.96亿元，其中渔业总产值达到109.60亿元，同比增长8.92%，渔业经济中第一产业增幅贡献率达到76.8%；港口货物吞吐量完成4.3亿吨，同比增长5.2%；滨海旅游业收入为751.3亿元，同比增长15.4%。2008—2011年深圳市海洋经济总量保持较快发展，海洋生产总值由2008年的981.25亿元，到2011年海洋生产总值达1 030亿元。2011年深圳海洋交通运输业增长趋缓，深圳港港口货物吞吐量22 325.07万吨，同比增长1.0%；滨海旅游业增加值由2008年的131.76亿元到2011年的741亿元；海洋油气业工业增加值由2008年的485.31亿元到2011年的443.6亿元；海洋船舶工业增加值由2008年的8.28亿元到2011年的10.7亿元；海洋渔业增加值由2008年的6.59亿元到2011年下降为4.3亿元；海洋设备制造业增加值由2008年的17.19亿元到2011年的17.5亿元；涉海产品及材料制造业增加值由2008年的3.39亿元到2011年的17.5亿元。

青岛市拥有众多海洋产业，如海洋渔业、海洋交通运输业、滨海旅游业等，其中海洋船舶制造业为青岛海洋经济带来巨大收益。到2013年底，青岛市海洋经济增加值达到1 115.6亿元，增长18.9%。海洋产业结构优化明显，2011年青岛市海洋第一产业增加值83.30亿元，增长11.4%；第二产业增加值582.72亿元，增长20.7%；第三产业增加值544.51亿元，增长14.6%。到2013年海洋第一产业增加值57.2亿元，增长1.7%；海洋第二产业增加值443.6亿元，增长16.9%；海洋第三产业增加值434.9亿元，增长18.2%[①]。

舟山海洋产业结构由依靠第一产业渔业为主逐步转变为海洋装备制造、海洋工程等海洋第二产业和滨海旅游业等海洋第三产业。2007年海洋第一产业产出89.70亿元、第二产业产出561.15亿元、第三产业产出168.54亿元，海洋经济第一、第二、第三产业比例为10.95：68.48：20.57。2011年海洋经济第一产业产值134.53亿元，第二产业产值1 338.80亿元，第三产业产值350.18亿元，海洋经济第一、第二、第三产业结构比例为7.38：73.42：19.20，海洋产业结构优化有待进一步提升。

6.6 协同度评价

随着经济的发展，科技对经济的促进作用越来越明显。但科技的发展，又需要大量的

① 刘琦．海洋强国背景下青岛市海洋强市战略研究．中国海洋大学硕士研究生论文，2014年6月。

人、财、物的投入，科技的发展依赖经济的发展。科技发展与经济发展之间是一个复杂的、涉及多方交互作用的过程，是一个对立统一的社会复合系统，这种相互依赖、对立统一要求科技与经济协调发展，才能实现社会复合系统的整体优化。因此，如何判断科技与经济的协调发展程度，对于促进我国沿海地区的发展，实现社会系统的优化有重要的现实意义。

6.6.1　评价体系

6.6.1.1　确定区域科技子系统和经济子系统的序参量

区域科技的直接投入产出水平决定了区域科技子系统的状态，可以选择区域科技的直接投入产出水平作为港口物流子系统的序参量，它来源于系统又反作用于系统，其发展的不同阶段能够反映出系统的不同运行状态。区域科技的投入产出水平可以从多个角度进行测量，本研究选择从区域科技投入和区域科技产出两个角度进行测量，归纳出衡量区域科技子系统序参量的 7 个指标，分别是每万人口科技活动人员数（人/万人）、本级财政科技拨款占本级财政支出比重、地区研究与试验发展经费支出与 GDP 比例、万人口发表科技论文数、万人口发明专利授权量、万人口专利授权量、人均技术合同成交金额。根据区域经济的特征，从经济总量、经济结构、经济增长、经济效益 4 个方面选择区域生产总值、工业生产总值、高新技术产业产值占 GDP 的比重、第三产业占 GDP 比重、GDP 增长率、人均地区生产总值、货物进出口总额占地区生产总值的比重 7 个指标整合形成新的区域经济子系统的序参量。具体见表 6.32。

表 6.32　区域科技子系统的序参量

子系统	序参量
区域科技子系统	每万人口科技活动人员数（人/万人）
	本级财政科技拨款占本级财政支出比重（%）
	地区研究与试验发展经费支出与 GDP 比例（%）
	万人口发表科技论文数（篇/万人）
	万人口发明专利授权量（项/万人）
	万人口专利授权量（项/万人）
	人均技术合同成交金额（元/人）
区域经济子系统	地区生产总值（亿元）
	工业总产值（亿元）
	高新技术产业产值占 GDP 的比重（%）
	第三产业占 GDP 比重（%）
	GDP 增长率（%）
	人均地区生产总值（元/人）
	货物进出口总额占地区生产总值的比重（万美元/亿元）

6.6.1.2 序参量数据来源与处理

根据数据的可获得性和可比较性，本研究以沿海 14 个城市的科技、经济活动为分析样本，研究数据来源于各地市统计年鉴 2009—2014 年、各省科技统计年鉴 2009—2014 年以及国研网数据库 2009—2014 年数据。

研究方法及数据处理按照第 5 章第 5.1 节计算序参量的贡献度、子系统的有序度以及协同度。

6.6.2 综合评价

6.6.2.1 沿海城市科技子系统的有序度评价

表 6.33 所示为从 2008 年至 2012 年，14 个沿海城市的科技子系统有序度值在不同程度提升，处于上升态势，表明各城市科技子系统各序参量的有序度在改善。

表 6.33　2008—2013 年我国沿海区域科技子系统有序度

城市	2008 年	2009 年	2010 年	2011 年	2012 年	2013 年
广州	0.138	0.164	0.436	0.413	0.373	0.618
天津	0.026	0.157	0.215	0.413	0.659	0.934
青岛	0.064	0.068	0.298	0.328	0.753	0.436
北海	0.030	0.119	0.119	0.085	0.267	0.736
福州	0.065	0.177	0.451	0.327	0.246	0.232
南通	0.012	0.064	0.247	0.739	0.869	0.651
威海	0.069	0.203	0.306	0.494	0.297	0.306
湛江	0.228	0.212	0.492	0.404	0.135	0.420
上海	0.032	0.061	0.506	0.566	0.666	0.604
秦皇岛	0.061	0.113	0.230	0.434	0.646	0.225
大连	0.035	0.092	0.305	0.498	0.461	0.383
烟台	0.011	0.109	0.285	0.600	0.821	0.898
连云港	0.015	0.055	0.223	0.352	0.699	0.977
舟山	0.034	0.066	0.196	0.295	0.552	0.431

各沿海城市科技子系统的有序度（图 6.7）表现为：2008—2009 年，广州、福州、威海、湛江、上海和大连区域科技子系统的有序度均小于 0.3，处于低度有序状态；2008—2010 年，天津、南通、秦皇岛、烟台和连云港区域科技子系统的有序度均小于 0.3，处于低度有序状态；青岛有序度小于 0.3 的年度为 2008—2011 年，北海 2008—2012 年有序度小于 0.3。有序度高于 0.5，处于极高城市的仅为天津、烟台和连云港。表明各沿海城市科技子系统内部的有序性还需进一步改善。

上海科技子系统有序度表现较好，5 年间，2008—2009 年处于低度；2010—2013 年处于高度水平，表明上海市在科技子系统上有序度较好，但在万人口发明专利授权量和万人口发表科技论文数等序参量上需要改善。

<table>
<tr><th>城市</th><th>2008年</th><th>2009年</th><th>2010年</th><th>2011年</th><th>2012年</th><th>2013年</th></tr>
<tr><td>广州</td><td colspan="2"></td><td colspan="3">中度</td><td>高度</td></tr>
<tr><td>天津</td><td colspan="3">低度</td><td>中度</td><td>高度</td><td>极高度</td></tr>
<tr><td>青岛</td><td colspan="4">低度</td><td>高度</td><td>中度</td></tr>
<tr><td>北海</td><td colspan="5">低度</td><td>高度</td></tr>
<tr><td>福州</td><td colspan="2">低度</td><td colspan="2">中度</td><td colspan="2">低度</td></tr>
<tr><td>南通</td><td colspan="3">低度</td><td colspan="3">高度</td></tr>
<tr><td>威海</td><td colspan="2">低度</td><td colspan="2">中度</td><td>低度</td><td>中度</td></tr>
<tr><td>湛江</td><td colspan="2">低度</td><td colspan="2">中度</td><td>低度</td><td>中度</td></tr>
<tr><td>上海</td><td colspan="2">低度</td><td colspan="4">高度</td></tr>
<tr><td>秦皇岛</td><td colspan="3">低度</td><td>中度</td><td>高度</td><td>低度</td></tr>
<tr><td>大连</td><td colspan="2">低度</td><td colspan="4">中度</td></tr>
<tr><td>烟台</td><td colspan="3">低度</td><td>高度</td><td colspan="2">极高度</td></tr>
<tr><td>连云港</td><td colspan="3">低度</td><td>中度</td><td>高度</td><td>极高度</td></tr>
<tr><td>舟山</td><td colspan="4">低度</td><td>高度</td><td>中度</td></tr>
</table>

图 6.7　沿海城市科技子系统有序度

北海市的科技子系统有序度最差，2008—2012 年处于低度有序状态，仅 2013 年处于高度，主要是人均技术合同成交金额、万人口专利授权量、万人口发明专利授权量等序参量需要改善。

舟山市的科技子系统有序度在 14 个沿海城市中表现并不良好，2008—2011 年处于低度有序状态，2012 年处于高度有序状态，2013 年处于中度有序状态。

6.6.2.2　沿海城市经济子系统的有序度评价

表 6.34 所示为从 2008 年至 2011 年，除秦皇岛外各沿海城市的经济子系统有序度值在不同程度提升，处于上升态势，表明各城市经济子系统各序参量的有序度在改善。2011—2013 年，各城市经济子系统的有序度在发生波动。2008 年金融危机对 2011 年经济子系统产生了较大影响，万人口发表科技论文数、本级财政科技拨款占本级财政支出比重等序参量处于下降态势。2013 年经济增长率序参量处于下降态势。

表 6.34　2008—2013 年我国 14 个沿海城市区域经济子系统有序度

城市	2008 年	2009 年	2010 年	2011 年	2012 年	2013 年
广州	0.070	0.321	0.268	0.635	0.571	0.381
天津	0.089	0.219	0.187	0.334	0.338	0.341
青岛	0.091	0.372	0.185	0.566	0.644	0.446
北海	0.032	0.133	0.127	0.200	0.561	0.601
福州	0.067	0.238	0.194	0.426	0.476	0.459

续表 6.34

城市	2008 年	2009 年	2010 年	2011 年	2012 年	2013 年
南通	0.069	0.247	0.219	0.403	0.377	0.263
威海	0.098	0.119	0.150	0.512	0.434	0.507
湛江	0.108	0.247	0.218	0.480	0.422	0.287
上海	0.125	0.386	0.237	0.563	0.526	0.287
秦皇岛	0.063	0.278	0.268	0.133	0.361	0.159
大连	0.058	0.320	0.389	0.433	0.421	0.300
烟台	0.043	0.290	0.401	0.597	0.718	0.277
连云港	0.032	0.143	0.231	0.438	0.512	0.585
舟山	0.024	0.149	0.357	0.533	0.644	0.507

14 个沿海城市科技子系统的有序度（图 6.8）表现为：2008—2010 年广州、天津、北海、福州、威海、湛江、烟台、连云港、舟山等区域经济子系统的有序度均小于 0.3，处于低度有序状态；2011 年 14 个沿海城市经济子系统有序度出现较大变化，由低度走向中高度；2013 年又由中高度走向低度，表现比较明显的城市有上海、南通、湛江、秦皇岛、烟台。

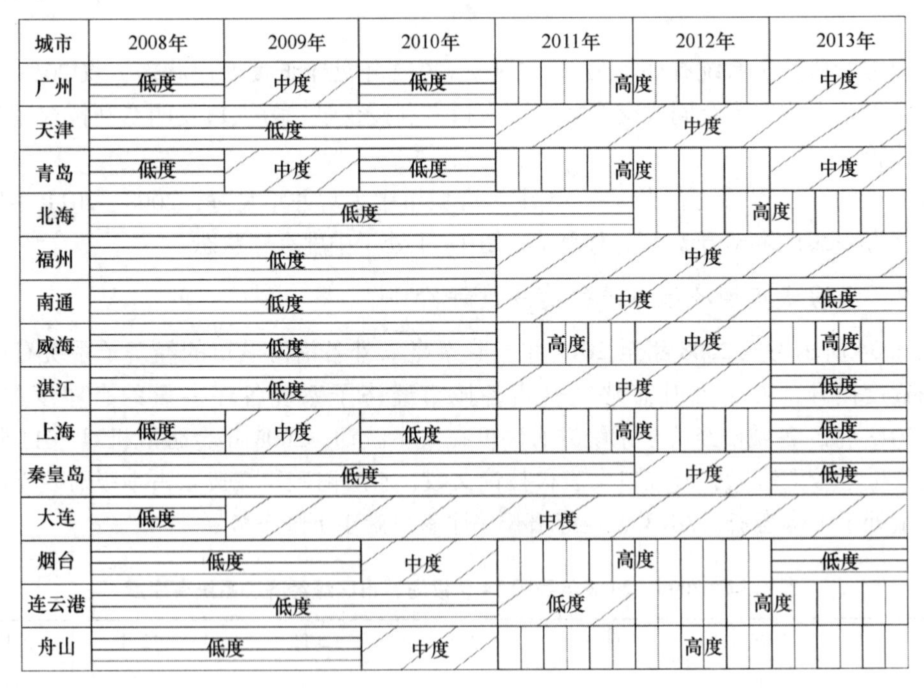

图 6.8　14 个沿海城市经济子系统有序度

上海、广州、青岛、烟台在 14 个沿海城市中经济子系统有序度波动最大，处于“低度—中度—高度—中度或低度”的变化状态，特别是经济增长率、货物进出口总额占地区生产总值的比重等序参量有待改善。

威海和舟山两个城市经济子系统的有序度表现较好，2008—2013 年间基本上处于“低度—中度—高度”的上升态势，但高新技术产业产值占 GDP 的比重、GDP 增长率、人均技术合同成交金额、万人口发表科技论文数等序参量有待改善。

6.6.2.3　科技子系统和经济子系统协同度评价

14 个沿海城市科技子系统和经济子系统的协同性差，基本处于不协同和低协同状态，基本所有城市都表现出科技与经济发展不匹配，处于“科技中等、经济较强”的态势，技术进步滞后于经济增长，具体表现为科技进步与经济增长的正相关系数较低，区域科技进步与经济增长之间的互相依赖与促进的程度仅处在低级的水平，二者对对方的正相关系数只存在较低的层次。科技与经济低协同的态势表明，科技进步在经济增长中的作用还有待发挥更大地作用。

表 6.35　2009—2013 年我国 14 个沿海城市科技与经济协同度评价

城市	2009 年	2010 年	2011 年	2012 年	2013 年
广州	0.081	-0.120	-0.092	0.051	-0.216
天津	0.131	-0.043	0.170	0.033	0.029
青岛	0.034	-0.207	0.107	0.181	0.250
北海	0.095	-0.002	-0.049	0.256	0.137
福州	0.138	-0.110	-0.169	-0.064	0.015
南通	0.096	-0.072	0.301	-0.057	0.157
威海	0.053	0.056	0.261	0.124	0.025
湛江	-0.047	0.089	-0.151	0.125	-0.196
上海	0.087	-0.257	0.139	-0.061	0.122
秦皇岛	0.106	-0.034	-0.166	0.220	0.292
大连	0.122	0.121	0.092	0.021	0.097
烟台	0.156	0.140	0.249	0.164	-0.184
连云港	0.067	0.121	0.163	0.161	0.142
舟山	0.063	0.165	0.132	0.169	0.129

14 个沿海城市科技子系统和经济子系统协同度（图 6.9）具体表现为：5 年间始终处于低协同的城市有大连、连云港、舟山。南通在 2011 年出现中度协同，主要贡献的序参量是每万人口科技活动人员数、万人口发明专利授权量、万人口专利授权量。福州在 14 个沿海城市中协同度最差，地区研究与试验发展经费支出与 GDP 比例、人均技术合同成交金额等序参量还有待改善。

因此，未来我国沿海城市还需要进一步加强科技成果产业化，促进科技成果的应用，进而带动区域经济的发展。

<table>
<tr><th>城市</th><th>2009年</th><th>2010年</th><th>2011年</th><th>2012年</th><th>2013年</th></tr>
<tr><td>广州</td><td>中协同</td><td colspan="2">低协同</td><td>中协同</td><td>低协同</td></tr>
<tr><td>天津</td><td>中协同</td><td>低协同</td><td colspan="3">中协同</td></tr>
<tr><td>青岛</td><td>中协同</td><td>低协同</td><td colspan="3">中协同</td></tr>
<tr><td>北海</td><td>中协同</td><td colspan="2">低协同</td><td colspan="2">低度</td></tr>
<tr><td>福州</td><td>中协同</td><td colspan="4">低协同</td></tr>
<tr><td>南通</td><td>中协同</td><td>低协同</td><td>中度</td><td colspan="2">低协同</td></tr>
<tr><td>威海</td><td colspan="5">中协同</td></tr>
<tr><td>湛江</td><td>低协同</td><td>中协同</td><td>低协同</td><td>中协同</td><td>低协同</td></tr>
<tr><td>上海</td><td>中协同</td><td>低协同</td><td>中协同</td><td>低协同</td><td>中协同</td></tr>
<tr><td>秦皇岛</td><td>中协同</td><td colspan="2">低协同</td><td colspan="2">中协同</td></tr>
<tr><td>大连</td><td colspan="5">中协同</td></tr>
<tr><td>烟台</td><td colspan="4">中协同</td><td>低协同</td></tr>
<tr><td>连云港</td><td colspan="5">中协同</td></tr>
<tr><td>舟山</td><td colspan="5">中协同</td></tr>
</table>

图 6.9　14 个沿海城市科技与经济的协同性

6.7　舟山定位

沿海地区既是我国经济社会最发达的地区，也是科技创新资源高度集聚区。21 世纪以来，占全国 1/3 的沿海地区聚集了全国 57%的科技活动人员、65%的科技经费支出。沿海城市的科技主要体现为海洋科技，科技发展状况也基本反映了海洋科技的发展水平，舟山的特征尤为明显。作为首个以群岛建市的国家级新区，舟山海洋资源丰富，发展海洋科技的条件得天独厚。

6.7.1　海洋科技竞争力处于中梯度

沿海城市的科技主要表现为海洋科技。16 个沿海城市统计数据显示，舟山科技综合竞争力得分，2008—2013 年分别为 0.230、0.222、0.247、0.263、0.285、0.322；科技竞争力排名，2008—2013 年分别为第 9 位、第 10 位、第 10 位、第 10 位、第 9 位、第 8 位；2013 年分异评价结果显示，舟山处于第三层次，与天津、大连、福州、广州、南通、威海、烟台、宁波、温州 9 个城市水平相当。综合上述数据判断，舟山海洋科技竞争力中处于中梯度。

6.7.2　海洋科技效率处于中等水平

2008—2013 年数据显示，舟山 Malmquist 指数均值大于 1，排名第 7 位，处于中等偏上水平，为有效增长型城市。其中，海洋专利排名第 10 位；海洋科技成果转化排名第 8 位；海洋经济产出排名第 7 位。所有这些表明舟山海洋科技投入总体有效，投入与产出基本符合一般规律。

6.7.3　海洋科技驱动力位居中游

2008—2013 年数据显示，舟山海洋科技驱动力得分分别为 0.158、0.163、0.231、0.261、0.275、0.305，纵向呈现稳步提升态势。横向比较 16 个沿海城市，舟山 2008 年、2009 年排名第 13 位，2010 年、2011 年排名第 10 位，2012 年、2013 年排名第 12 位。2013 年分异评价结果显示，舟山海洋科技驱动力处于中梯度水平，与天津、宁波、青岛、威海、南通、福州、连云港、烟台水平相当。

6.7.4　科技与经济的拟合度与沿海城市基本持平

2009—2013 年评价数据显示，舟山海洋科技与海洋经济协同性得分分别为 0.063、0.165、0.132、0.169、0.129，与其他城市表现基本相同，均处于低协同状态。这就说明海洋经济发展过程中必须充分利用和发挥海洋科技的驱动作用；反之，海洋科技成果的转化也必须适应市场主体的需求，精准对接海洋产业。两者只有深度融合、相辅相成，才能不断提升海洋科技与海洋经济的拟合度。

第7章　新　区

国家级新区是由国务院批准设立，承担国家重大发展和改革开放战略任务的综合功能区。国家级新区是中国于20世纪90年代初期设立的一种新开发开放与改革的大城市区。1992年中国改革开放后，国家级新区成为新一轮开发开放和改革的新区。截至2016年6月，我国已设立了上海浦东新区、天津滨海新区、重庆两江新区、浙江舟山群岛新区、兰州新区、广州南沙新区、陕西西咸新区、贵州贵安新区、青岛西海岸新区、大连金普新区、四川天府新区、湖南湘江新区、南京江北新区、福州新区、云南滇中新区、哈尔滨新区、长春新区、江西赣江新区18个国家级新区。

7.1　新区概况

新区的设立是落实国家战略的需要，也是实现区域协调发展的需要。国家通过设立国家级新区作为试点城市、先行先试城市，探索区域发展的新模式。因此，各新区必须实现错位发展、差异化发展。

7.1.1　新区发展背景

改革开放以来我国经济步入持续高速增长阶段。但在1978年以前，国内处于传统的计划经济体制时代。面对日新月异的全球化市场，我国要想加快发展，迫切需要改革开放。邓小平在此时提出以创办经济特区为突破口，发挥其改革试验田和对外开放窗口作用，通过试点总结经验，然后逐步扩大到沿海及内陆地区，从而形成全方位、多层次、宽领域的对外开放的战略格局。深圳由于其既毗邻香港，又有特区的政策优惠，成为改革试点城市，开启了我国开发开放的新篇章。

时光步入20世纪90年代初，当时中国经济体制改革已进入第10个年头。深圳特区经过10年的发展，国家已经形成了以深圳、珠海、汕头、厦门等经济特区和大连、天津等14个沿海开放城市为主体的都市圈。为了巩固80年代以来改革开放的成果，进一步深化我国的对外开放政策，1992年中国加快改革开放的经济特区模式移到国家级新区，上海浦东新区的成立成为中国新一轮改革重要标志。国家着力推进建设上海浦东新区，打造与国际经济接轨的国际型大都市与“长三角”城市圈。由此拉开了我国90年代更高层次、更大范围改革开放的序幕。

进入21世纪后，国家为保持经济持续发展，兼顾中西部协调发展，加快东北振兴，中部崛起，国家通过在若干个城市设立负有国家战略需要的新区作为先行先试的试点城市，探索区域经济发展的新模式。2006年国家设立天津滨海新区，是加速环渤海地区经济增长的需要，是国家在环渤海地区建立国际港口航运试点的需要。2010 年重庆两江新区的设立是在西部大开发战略实施 10 年后，标志着我国的开发开放战略转向内陆腹地。浙江舟山群岛新区、青岛西海岸的成立，是在党的“十八大”提出建设海洋强国的背景下，从发展海洋经济的需要出发，推动我国区域发展从陆域延伸到海洋。大连金普新区、哈尔滨新区、长春新区的设立是国家实现东北老工业基地振兴的战略需要。广州南沙新区和福州新区的设立是国家实现内陆对接港澳，推进粤港澳一体化的需要和海峡西海岸经济发展区发展需要。2012 年以来国家陆续批准设立的兰州新区、西咸新区、贵安新区、四川天府新区，是《西部大开发“十二五”规划》中明确提出重点建设的城市新区。而 2013 年以丝绸之路经济带为代表的“向西开放”战略，设立兰州、西咸两个国家级新区，随后又设立了云南滇中新区，从西部大开发的国内段拓展至毗邻的中、西亚，将西部国家级新区开发、开放提升至国际区域经济合作的高度。[①] 2015 年湖南湘江新区和 2016 年江西赣江新区的设立是国家在实现中西协调发展和东北振兴后，对中部崛起的一大战略部署。

表 7.1　国家级新区基本情况

名称	成立时间	区域范围	规划面积（平方千米）	2013 年常住人口（万人）	2013 年地区生产总值（亿元）
上海浦东新区	1992-10	原川沙县，上海县的三林乡，黄浦区、南市区、杨浦区浦东部分	1 210.41	504.73	6 448.7
天津滨海新区	1994-03	天津经济技术开发区、保税区，塘沽区、汉沽区、大港区、天津港和高新技术产业园区	2 270	263.52	8 020.4
重庆两江新区	2010-05	江北、渝北、北碚 3 个行政区的部分区域	1 200	170	1 650
舟山群岛新区	2011-03	原舟山市行政管辖区域	陆域 1 440 海域 2.08 万	114.2	930.85
甘肃兰州新区	2012-08	永登县中川、秦川、上川、树屏和皋兰县西岔、水阜 6 个乡镇	806	12	162
广州南沙新区	2012-09	广州市沙湾水道以南区域	803	62.51	908.03
陕西西咸新区	2014-01	西安、咸阳两市 7 县（区）23 个乡镇和街道办事处	882	90	400
贵州贵安新区	2014-01	贵阳市花溪区、清镇市和安顺市平坝县、西秀区的 20 个乡镇	1 795	73	35
青岛西海岸新区	2014-06	青岛市黄岛区全域	陆域 2 096 海域 5 000	171	2 124
大连金普新区	2014-06	大连市金州区和普兰店市部分地区	2 299	158	2 751.7
四川天府新区	2014-10	成都、眉山、资阳 3 市的 7 个县（市、区）	1 578	205	—
湖南湘江新区	2015-04	岳麓区、望城区和宁乡县部分区域	490	85	970

① 曹云．国家级新区比较研究［M］．北京：社会科学文献出版社，2014，8.

续表 7.1

名称	成立时间	区域范围	规划面积（平方千米）	2013 年常住人口（万人）	2013 年地区生产总值（亿元）
南京江北新区	2015-07	南京市浦口区、六合区和栖霞区八卦洲街道	788	130	1 435
福州新区	2015-09	马尾区、仓山区、长乐市、福清市部分区域	800	155.5	1 041.4
云南滇中新区	2015-09	安宁市、嵩明县和官渡区部分区域	482	60	506.5
哈尔滨新区	2015-12	哈尔滨市松北区、呼兰区、平房区的部分区域	493	70	754.2
长春新区	2016-02	长春市朝阳区、宽城区、二道区、九台区的部分区域	499	47	930
江西赣江新区	2016-06	南昌市青山湖区、新建区和共青城市、永修县的部分区域	465	65	570

注：以上信息来自于国家发改委批复的各新区总体方案或发展规划。

7.1.2 功能定位

7.1.2.1 国家级新区及其功能定位

对于国家级新区进行功能定位需要对其内涵有一个深入的剖析。所谓新区是一个相对性概念，是城市化快速发展，老城区为突破自身瓶颈应运而生的产物。然而国家级新区的内涵则远远超过了这一概念，作为国家层面的新区，是肩负承担国家战略发展的使命。因此，国家级新区的内涵可以概括为：新区的成立乃至于开发建设都上升到国家战略，总体发展目标、发展定位等由国务院统一进行规划和审核，相关特殊优惠政策和权限等由国务院直接批复，在辖区内实行更加开放和优惠的特殊政策，鼓励新区进行各项制度改革与创新的探索工作①。

功能定位，是指城市为了实现最大化收益，根据自身条件、竞争环境、消费需求及其动态变化，确定自身主要发挥作用和承担任务的主要领域、空间范围、目标位置作出战略性安排。功能定位是城市定位的核心，也是城市定位的重点。城市的功能是多样化的，从城市起作用的对象上看，城市功能可分为外部功能和内部功能，外部功能即城市主要为本市提供服务的功能，内部功能是任何城市所必须具备的功能要素。由于城市内部功能具有相似性和不可或缺性，因此城市功能定位主要是城市外部功能即基本功能的定位。城市功能定位又分为专业功能定位和空间功能定位。按照国际惯例，从专业功能的角度，城市分为综合型、政治型、经济型、生产型、消费型、服务型等中心城市。从空间功能的角度，城市分为区域性、全国性、洲际性和国家性城市。

① 伍皓．产业新区轮：中国梦工厂：新区发展与产业建设［M］．北京：世界图书出版公司，2013.

与传统城市新区相比，国家级新区的产生是国家战略催生的结果，其发展职能更多是为所在区域服务，辐射周边，成为区域发展的引领者与增长极，国家级新区的产生还需要服务于所在时期国家战略转型与发展方向。因此，国家级新区功能定位往往是复合型功能定位，既有城市内部功能，也有城市外部发展功能；既有区域功能，也有全国性功能；既有专业性功能，也有综合性功能。

7.1.2.2　国家级新区的功能定位分析

按照城市功能定位的内在原理，本研究从服务区域、服务产业、服务社会和服务战略4个方面的功能对已批准成立的18个国家级新区进行分析。

1）从服务区域功能看

上海浦东新区定位在立足全国，面向世界；天津滨海新区定位依托京津冀、服务环渤海、辐射“三北”、面向东北亚；重庆两江新区依托重庆及周边省份，服务西南，辐射中西部；舟山群岛新区定位在东海地区重要的海上开放门户；甘肃兰州新区定位辐射西北地区；广州南沙新区定位立足广州、依托“珠三角”、连接港澳、服务内地、面向世界；陕西西咸新区定位在我国向西开发开放的深入口；贵安新区定位在西南部欠发达地区；青岛西海岸新区立足山东，服务全国海洋经济；大连金普新区立足辽宁沿海经济，带动东北地区；四川天府新区立足四川，服务西部；湖南湘江新区定位为向南辐射湘中、湘南地区，向北带动洞庭湖生态经济区，引领带动长株潭城市群发展；南京江北新区立足苏南，辐射长江经济带和“一带一路”；福州新区立足福建，影响“一带一路”；云南滇中新区立足云南，参与“一带一路”、长江经济带；哈尔滨新区和长春新区立足东北地区，辐射“一带一路”；江西赣江新区立足江西，辐射长江三角洲、环长株潭城市群和皖江城市带。从18个新区的战略定位来看，上海浦东新区、天津滨海新区、广州南沙新区具有服务全国、面向世界的战略定位，而其他新区则更多地体现在区域层面。

2）从服务产业功能看

上海浦东新区以打造国际金融中心和国际航运中心为战略目标；天津滨海新区以建设高水平的现代制造业和研发转化基地、北方国际航运中心和国际物流中心为战略目标；重庆两江新区为内陆重要的现金制造业和现代服务业基地，长江上游地区的经济中心、金融中心和创新中心；浙江舟山群岛新区是以港航物流、船舶制造、海洋新能源等为特色的现代海洋产业基地；甘肃兰州新区着力打造承接产业转移示范区，建设成为国家重要的装备制造、石油化工和生物医药产业发展基地；贵安新区打造高端服务业集聚区、国际休闲度假旅游区，积极承接国内外产业转移；西咸新区打造丝绸之路经济带重要支点、西北地区能源金融中心和物流中心；青岛西海岸新区建设成为海洋经济国际合作先导区、陆海统筹发展试验区，打造海洋经济升级版；大连金普新区成为面向东北亚区域开放合作的战略高地，引领东北地区全面振兴的重要增长极，老工业基地转变发展方式的先导区；四川天府新区打造现代高端产业集聚区和内陆开放经济高地，建设成为丝绸之路经济带、长江经济带的重要支点以及承接国际国内产业转移的重要平台；湖南湘江新区努力建设成为高端制造研发转化基地和创新创意产业集聚区、长江经济带内陆开放高地；南京江北新区建设成为“长三角”地区现代产业集聚区、长江经济带对外开放合作重要平台；福州新区建设成为东南沿海重要现代产业基地；云南滇中新区努力成为云南桥头堡建设重要经济增长极；哈尔滨新区成为中俄全面合作重要承载区、东北地区新的经济增长极、老工业基地转型发展示范区；长春新区建设成为创新经济发展示范区、新一轮东北振兴的重要引擎、图们江区域合作开发的重要平台；江西赣江新区建设成为中部地区先进制造业基地。

3）从社会功能看

国家级新区具有社会发展和社会管理创新的功能，主要体现在文化建设、环境保护、居住理念、社会管理等方面。从 10 个新区的社会功能定位上的分析，大部分新区力求打造开放和谐的生态区。不同的新区在社会功能定位上也有所不同，陕西西咸新区充分利用历史文化资源，打造新型城镇；天津滨海新区打造宜居生态新城区；广州南沙新区建设社会管理创新实验区和粤港澳全面合作示范区；贵安新区建设生态文明区和新型生态城市；青岛西海岸新区以建设幸福新区为主旨，实现再造一个升级版的青岛新城；兰州新区为调整城市空间结构，带动产业转型升级，促进新区与老城区联动发展、整体提升；浙江舟山群岛新区则打造海岛宜居城市；大连金普新区努力成为体制机制创新与自主创新的示范区，新型城镇化和城乡统筹的先行区；四川天府新区建设宜业宜商宜居的新城，统筹城乡一体化发展示范区；湖南湘江建设成为产城融合、城乡一体的新型城镇化示范区，全国“两型”社会建设引领区；福州新区建设成为生态文明先行区；云南滇中新区成为西部地区新型城镇化综合试验区；哈尔滨新区成为特色国际文化旅游聚集区；江西赣江新区建设成为长江中游新型城镇化示范区和美丽中国“江西样板”先行区。

4）从服务国家战略功能看

国家级新区的战略功能更多体现在国家发展的需要，服务于所在时期国家战略转型与发展方向。如 1992 年设定的上海浦东新区，是国家树立沿海地区开发开放的标杆典型；2010 年设定的天津滨海新区则更多体现在应对金融危机，加快产业转型升级。而 2011 年浙江舟山群岛新区的设定则是贯彻党的“十八大”提出的建设海洋强国的战略需要。由此可见，每个新区战略功能定位各不相同。从 18 个新区的战略定位来看，重庆两江新区、甘肃兰州新区、陕西西咸新区、贵州贵安新区、四川天府新区、云南滇中新区 6 个新区是西部大开发的战略需要，浙江舟山群岛新区、青岛西海岸新区、大连金普新区、福州新区 4 个新区是建设海洋强国的战略需要。湖南湘江新区、江西赣江新区是国家中部崛起的战略需要。甘肃兰州新区、陕西西咸新区、南京江北新区、福州新区、云南滇中新区、哈尔滨新区、长春新区是推进“一带一路”建设的战略需要。8 个新区是沿海开发开放的战略需要，8 个新区是发展内陆开放型经济的战略需要。总体而言，国家在战略层面寻求形成“西部提速、东南率先、东北振兴、中部崛起、整体协调”的区域发展新格局。(图 7.1)

由此可见，不同新区在服务区域、服务产业、服务社会、服务战略等方面的功能定位各不相同（具体功能见表 7.2），既是时代赋予的产物，也是地区经济发展的引擎。

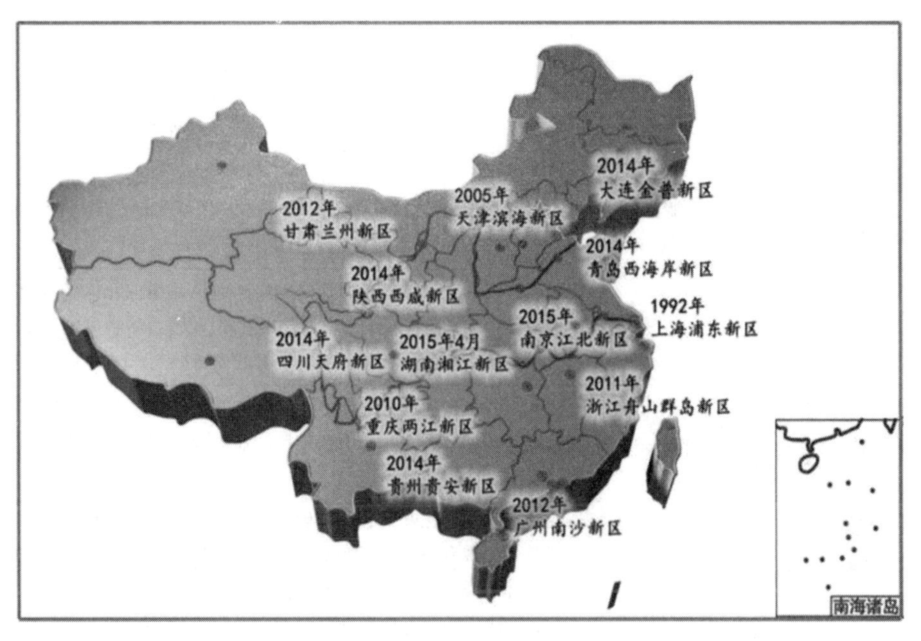

图7.1 国家级新区分布

表7.2 我国国家级新区及其功能定位

名称	服务区域	功能定位
上海浦东新区	立足全国，面向世界	科学发展的先行区、“四个中心”（国际经济中心、国际金融中心、国际贸易中心、国际航运中心）的核心区、综合改革的试验区、开放和谐的生态区
天津滨海新区	依托京津冀、服务环渤海、辐射“三北”、面向东北亚	我国北方对外开放的门户、高水平的现代制造业和研发转化基地、北方国际航运中心和国际物流中心，逐步成为经济繁荣、社会和谐、环境优美的宜居生态型新城区
重庆两江新区	依托重庆及周边省份，服务西南，辐射中西部	西部内陆地区对外开放的重要门户、长江上游地区金融和创新中心、先进现代制造业和现代服务业基地、科学发展的示范窗口
舟山群岛新区	东海地区重要的海上开放门户	浙江海洋经济发展的先导区、长江三角洲地区经济发展的重要增长极、海洋综合开发试验区
甘肃兰州新区	立足甘肃，辐射西北地区	西北地区重要的经济增长极、国家重要的产业基地、向西开放的重要战略平台、承接产业转移示范区
广州南沙新区	立足广州、依托“珠三角”、连接港澳、服务内地、面向世界	粤港澳优质生活圈、新型城市化典范、以生产性服务业为主导的现代产业新高地、具有世界先进水平的综合服务枢纽、社会管理服务创新试验区，打造粤港澳全面合作示范区
陕西西咸新区	我国向西开发开放的深入口	创新城市发展方式试验区、丝绸之路经济带重要支点、科技创新示范区、历史文化传承保护示范区、西北地区能源金融中心和物流中心

续表 7.2

名称	服务区域	功能定位
贵州贵安新区	立足贵州，辐射西南部欠发达地区	内陆开放型经济新高地、创新发展试验区、高端服务业集聚区、国际休闲度假旅游区、生态文明建设引领区
青岛西海岸新区	立足山东，服务全国海洋经济	海洋科技自主创新领航区、深远海开发保障基地、军民融合创新示范区、海洋经济国际合作先导区、陆海统筹发展试验区
大连金普新区	立足辽宁沿海经济，带动东北地区	我国面向东北亚区域开放合作的战略高地，引领东北地区全面振兴的重要增长极，老工业基地转变发展方式的先导区，体制机制创新与自主创新的示范区，新型城镇化和城乡统筹的先行区
四川天府新区	立足四川，服务西部	构建西部科学发展的先导区、西部内陆开放的重要门户、城乡一体化发展示范区、具有国际竞争力的现代产业高地、国家科技创新和产业化基地以及国际化现代新城区
湖南湘江新区	向南辐射湘中、湘南地区，向北带动洞庭湖生态经济区，引领带动长株潭城市群发展	高端制造研发转化基地和创新创意产业集聚区、窗体顶端； 产城融合、城乡一体的新型城镇化示范区窗体顶端； 产城融合、城乡一体的新型城镇化示范区、窗体顶端； 高端制造研发转化基地和创新创意产业集聚区，产城融合、城乡一体的新型城镇化示范区，全国“两型”社会建设引领区，长江经济带内陆开放高地
南京江北新区	长江经济带与东部沿海经济带的重要交汇节点，立足苏南，辐射长江经济带和“一带一路”	自主创新先导区、“长三角”地区现代产业集聚区、长江经济带对外开放合作重要平台，积极参与长江经济带和“一带一路”建设
福州新区	立足福建，影响“一带一路”	两岸交流合作重要承载区、扩大对外开放重要门户、东南沿海重要现代产业基地、改革创新示范区和生态文明先行区
云南滇中新区	立足云南，参与“一带一路”、长江经济带	打造我国面向南亚东南亚辐射中心的重要支点、云南桥头堡建设重要经济增长极、西部地区新型城镇化综合试验区和改革创新先行区
哈尔滨新区	推进“一带一路”建设、加快新一轮东北地区等老工业基地振兴	成为中俄全面合作重要承载区、东北地区新的经济增长极、老工业基地转型发展示范区和特色国际文化旅游聚集区
长春新区	推进“一带一路”建设、加快新一轮东北地区等老工业基地振兴	建设成为创新经济发展示范区、新一轮东北振兴的重要引擎、图们江区域合作开发的重要平台、体制机制改革先行区
江西赣江新区	立足江西，辐射长江三角洲、环长株潭城市群和皖江城市带	建设成为长江中游新型城镇化示范区、中部地区先进制造业基地、内陆地区重要开放高地、美丽中国“江西样板”先行区

注：以上信息来自于国家发改委批复的各新区总体方案或发展规划。

7.1.3 科技优势

7.1.3.1 上海浦东新区

上海浦东新区之所以成为我国首个国家级新区，而且范围一再扩大，主要在于其强大科技驱动力量。一是大力推进科技发展，为科技型企业保驾护航。加大政府科技投入力度，仅2009年，浦东新区科学技术支出21.76亿元，占本级财政支出比重达到4.6%，引导产学研各主体通过共建试验室、研究中心、产业联盟等形式，推动形成多种模式的产学研结合方式。努力为科技型企业创造发展环境。2006年，设立了浦东新区创业风险投资引导基金，引导和集聚各类资本；2008年，设立了上海浦东科技金融服务公司，通过贷款与投资等业务联动，服务于科技型中小企业；2003年以来，浦东科技发展基金就资助项目900个，已累计资助金额达20多亿元。推动设立浦东新区知识产权保护中心、知识产权保护协会，试点设立人民调解委员会、开通“96805”保护热线，有效提高知识产权纠纷的行政调解能力。二是落实财税政策，降低企业负担，不断加大企业技术开发费用150%税收抵扣政策的实施力度，2009年，企业技术开发费用加计抵扣税基达到25亿元，引导全社会研发投入120多亿元，占GDP比重达到3%。三是科技产出显著，助推高新技术产业发展。2012年专利申请量达到21 972件，其中发明专利12 902件；专利授权量11 226件，其中发明专利2 789件；技术合同项目2 722项，技术合同成交金额1 578 060万元。除政府推动科技创新外，企业自身加大了科技投入，2012年科技企业投入科研开发费155.77亿元，比2000年的4.18亿元，高出37倍，科技活动人员6.39万人。2012年大中型工业企业新产品产值1 944.10亿元新产品销售收入2 670.5亿元。

在科技创新的推动下，上海浦东新区取得了飞速发展，上海建设国际金融中心、国际航运中心的道路越走越宽。浦东新区地区生产总值也由2001年1 087.53亿元，到2012年的5 929.91亿元，增长了近6倍，三次产业结构的比重也由2001年的0.6∶51.5∶47.9，调整为2012年的0.6∶39.1∶60.3，产业结构得到很大调整。高新技术产业突飞猛进，2012年高技术工业企业达426家，高新技术产业产值达2 913.52亿元。

7.1.3.2 天津滨海新区

天津滨海新区具有较强的科技发展水平。2012年，滨海新区研发经费（R&D经费）达到169.5亿元，是2010年的1.5倍，年均增速22.7%，高于同期GDP增长速度3.0个百分点；全社会R&D经费与GDP的比值达到2.35%，创滨海新区历史最高水平；财政科技支出23.3亿元，占财政一般预算支出的比重为4.71%；财政科普经费达到1 407万元，人均科普经费达到5.3元。2012年滨海新区千名R&D人员获市级科技成果奖励为7.0项当量；发明专利申请量占专利申请量的比重达34.8%，有效发明专利达到3 061件，同比增长91.2%；孵化器在孵企业毕业率为11.3%；技术市场成交金额达到52.0亿元，占全市的38.3%；每百万人技术市场成交金额达到19.7亿元。企业在科技创新中发挥着重要作用。滨海新区拥有市级科技百强工业企业52家，其企业R&D人员、R&D经费分别占全市科技百强工业企业的67.1%和58.5%；2012年实现新产品销售收入1 779.43亿元，实现利润总额828.95亿元。

科技引领天津滨海新区的发展。2012 年滨海新区高技术产业产值 2 732.5 亿元，战略性新兴产业产值为 359.1 亿元，科技服务业增加值为 220.2 亿元，分别占全市的 77.9%、75.5%和 60.9%。滨海新区已经形成了优势比较突出的电子信息、石油开采及加工、海洋化工、现代冶金、汽车及装备制造、食品加工和生物制药 7 大主导产业，具备了比较雄厚的产业基础，形成了高新技术产业群，这些产业科技含量高，产业链长，辐射功能强。

7.1.3.3 重庆两江新区

经过多年的发展，两江新区科技发展已初见成效，成为西部科技的“引擎”。一是加快科技发展。根据其“十二五”规划，到 2015 年，R&D 经费支出占地区生产总值比重达到 3%以上，每百万人发明专利授权数达 300 件。新区现有工程中心 34 个，占重庆市的 32.4%，其中国家级工程技术中心 2 个；拥有企业工程中心 33 个；市级重点实验室 9 个，其中企业重点实验室 5 个。二是集聚了一大批科研机构。目前已集聚了中科院绿色智能技术研究院、中国汽车工程研究院等、重庆市轨道交通设计研究院等 6 家科技研发机构，建设了汽车整车及零部件公共研发平台和研发基地。拥有新能源汽车和功能材料两大国家高新技术产业化基地。三是制定了系列科技政策。实施了“十百千万”揽才计划、《重庆北部新区管委会关于加快推进科技创新工作的意见》、《渝北区专利资助和奖励办法（试行）》等多项支持科技创新的政策。打造中小企业孵化公共平台，健全包括孵化器基金、天使基金、成长基金、扩张基金等在内的全过程科技金融服务。四是创新创业载体初具规模。两江新区现有高新技术企业 140 家，占重庆市的 32.5%，其中高新技术改造传统产业 59 家、电子信息产业 35 家、高技术服务产业 8 家。

科技推动两江新区发展。2010 年实现地区生产总值 1 055 亿元，汽车、电子信息、轨道交通、仪器仪表、生物医药等制造业具备一定实力，金融、商贸、物流、信息等服务业快速发展，有“重庆陆家嘴”之称的江北嘴金融中心，已吸纳了一大批银行和保险机构、基金公司。建有中国内陆唯一的保税港区，两路寸滩保税港区，加工配套区，是我国唯一的“水港+空港”双功能保税港区。

7.1.3.4 浙江舟山群岛新区

舟山群岛新区作为我国首个以发展海洋经济为主题的国家级新区，发展态势平稳，海洋产业产值逐步提升，这些成绩与区内科技发展有着千丝万缕的联系，新区科技发展优势主要体现在：一是科技投入不断加大。2012 年新区本级财政科技拨款 1.44 亿元，本级财政科技拨款占本级财政支出的 4.11%；地区 R&D 经费内部支出 11.57 亿元，R&D（研究与试验发展）经费支出占 GDP 的 1.36%。二是科技创新载体不断增强。区内拥有浙江大学海洋学院、浙江海洋学院、浙江国际海院职业技术学院、舟山群岛新区旅游与健康职业技术学院以及浙江海洋水产研究所、浙江省海洋开发研究院，中科院舟山研究中心、北京大学舟山海洋研究院、中国海洋大学舟山研究中心等科研机构 20 余家。三是科技产出水平不断提升。2013 年新区共申请专利 2 483 件，授权专利 1 656 件，其中申请发明专利 604 件，授权发明专利 211 件。其中浙江海洋学院 2014 年共申请专利 1 665 件，授权专利 856 件，其中发明专利 131 件，实用新型 725 件，在 2014 年全国高校专利授权量排行榜的实用新型类中位居第 4 名，浙江海洋水产研究所以 139 件授权量，位居全国科研机构排行榜首位。

科技发展推动新区产业发展。2013 年实现生产总值 930.85 亿元，比 2010 年的 633.45 亿元增长了 46.9%；规模以上工业总产值 1 350.77 亿元，比 2010 年的 989.14 亿元增长了 36.6%；2011 年高新技术总产值 311.42 亿元；2012 年高技术产业工业总产值 16.65 亿元，比 2010 年的 12.46 亿元增长了 33.6%；海洋经济总产出 2 195 亿元，海洋经济增加值 644 亿元，海洋经济增加值占全市 GDP 的比重为 69.1%；海洋产业体系较为完善，海洋渔业发达，水产品加工技术先进；海洋工程装备制造业扎实起步，是全国重要的修造基地；港航物流发展迅速，辐射带动能力不断增强。宁波-舟山港域目前已建成各类生产性泊位 317 个，2013 年实际完成货物吞吐量 3.14 亿吨。

7.1.3.5　甘肃兰州新区

兰州新区地处兰州市的核心地带和发展潜力带，享受着兰州新区的科技发展力量，主要体现在以下两个方面：一是享受科技投入产出的影响。兰州市 R&D 年均投入近 14 亿元，年均产出科技成果近 500 项；拥有高校 18 所，从事电力设施、炼油、生物制药以及新材料等为主导的国家实验室 9 个，省部级实验室 23 个，工程中心和中试基地 50 个，企业科研机构 36 个。这些科研资金和机构能够为新区发展提供保障。二是享受兰州科技政策的影响。《兰州市“十二五”科技发展规划》对新区科技发展作出政策性指导；出台的《兰州市深化科技体制改革加快创新型城市建设的实施意见》对新区给予了政策性支持。《兰州高新区招商引资优惠政策》、《加强研政产合作，促进多元支柱产业发展的指导意见》和《兰州市发展培育多元支柱产业专项资金管理办法》等给予兰州新区企业自主创新的政策优惠。《兰州新区开发建设专项资金管理办法（试行）》对科技创新资金作出了规定。

在兰州市的科技大环境、大政策和大区域的影响下，兰州新区取得显著成绩，2014 年实现地区生产总值 95 亿元，完成公共财政收入 6 亿多元。税收额飞速增长，2014 年完成税收 1.5 亿元，比 2013 年的 8 500 万元增长 76.5%。新区利用陆地丝绸之路的必经之路的优势以及丰富的资源、低成本的要素、潜力大市场，大力发展电网，将建成 24 座 110 千伏，4 座 330 千伏的变电站；天然气价格便宜，且气源较近；热能较多，供应充足；有色金属众多，成色优良。这样的组合优势，兰州完全可以积极承接国内外产业转移。炼油产业、生物制药、装备制造业、有色冶金深加工、风光电能产业发展良好，作为重要的交通战略通道，物流业也是其重要产业。

7.1.3.6　广州南沙新区

广州南沙之所以被选择为国家级新区，一方面是其拥有得天独厚的地理优势。新区处于珠江流域通向海洋的通道，与香港、澳门隔海相望，与深圳前海、珠海横琴构成了“金三角”；另一方面是其积累了强大的科技力量，主要体现在 4 个方面。一是科技投入逐年增加。2013 年，新区投入科技 3 项，经费 4 815.02 万元，与 2010 年的 8 986 万元相比下降明显，然而获得上级支持的金额上升力度加大，2010 年获得省市支持科技项目 11 个，到 2013 年获得国家支持科技项目 4 个，获得省市支持科技项目 35 个，共获得上级科技部门支持经费 4 178 万元。二是科技产出逐步增强。2010 年末，全区共有高新技术企业数 11

家，2013 年增长到 44 家。专利量增加明显，2010 年全区专利申请量达 314 件，其中发明专利 87 件，到 2013 年达 1 433 件，其中发明专利 564 件；2010 年全区专利授权量达 217 件，其中发明专利授权 28 件，到 2013 年授权专利 544 件，其中发明专利授权 57 件。三是科技政策逐步完善。新区相继制定了《关于支持广州南沙新区深化粤港澳合作和探索金融改革创新的意见》、《新区科技型企业考核办法》以及《新区重大科研公共平台服务办法》等，有方向性地制定了扶持电子信息、新材料、高端装备、物联网和软件等产业的优惠政策。四是加强科技合作。加强与国内外高校和科研机构的合作，成立了中科院工业技术研究院、软件应用研究院、计算机分中心以及中山大学、华南理工大学、香港大学 3D 打印研究院等，集聚了一批应用型研发机构。

南沙新区在系列科技的引导下，充分利用自贸区的优惠政策，积极发展战略性新兴产业，新区成立 13 年来，特别是国家级新区批复 2 年来，经济社会发展取得了显著成效，2013 年全区实现地区生产总值 908 亿元，比 2010 年的 488. 25 亿元增长 86%；规模以上工业企业实现产值 2 405. 55 亿元，比 2010 年的 1 403. 39 亿元增长 71. 4%；实现高新技术产品产值 1 217. 1 亿元，比 2010 年的 588. 55 亿元增长 107%。目前，新区正大力发展电子信息、新材料、高端装备、物联网和软件等战略性产业。

7. 1. 3. 7　陕西西咸新区

陕西西咸新区是陆上丝绸之路的起点，西安和咸阳都是我国的历史文化名城，具有浓厚的历史文化积淀。除此之外，西咸新区也是高等教育的集聚地，拥有丰富的人才资源，新区内外拥有一大批重点高等院校，普通高等院校 37 所，民办及其他高等教育机构 36 所（全国第一），博士点 334 个，硕士点 826 个，国家级重点学科 60 个，省部级重点学科 385 个，另外有 8 所军事院校、29 所成人高校，近百所民办高校，在校大学生 100 多万人。这些高校资源、人才资源和科研机构资源是新区发展的基础力量，也是新区的一项重要科技优势。同时，新区创新创业载体集中，区内科技型企业集中在电子信息、装备制造、生物医药、商贸物流等产业。为建设成为全国一流的高新技术研发基地、科技成果转化基地、创新型产业基地，自批复成立以来，新区明确了区域内的功能，沣东新城挂牌成立陕西省统筹科技资源改革示范基地、秦汉新城建立产学研相结合的科技创新网络，成立沣西信息产业园和泾河新城高科农业科技产业示范区，并出台了一系列的优惠政策。

2008 年西咸新区生产总值 130 亿元，地方财政收入 7. 5 亿元，规模以上工业企业总产值 394 亿元。2014 年上半年，西咸新区实现地区生产总值 170. 37 亿元，工业增加值 93. 84 亿元，服务业增加值 45. 20 亿元，科技对地区经济的拉动作用明显。

7. 1. 3. 8　贵州贵安新区

贵安新区的发展与其科技发展密不可分，主要体现在以下两个方面：一是发挥科技资源优势。花溪大学城聚集了贵州民族大学、贵州师范大学、贵州财经大学、贵阳医学院等高校，科技人才资源优势明显。大学和职业学校的专业设置符合新区发展高端服务业、高端制造业、信息技术、生态环境的要求，科研院所与企业共建创新研发平台，建设一批工程研发中心和重点实验室，形成产、学、研一体化的知识型经济聚集区，加速科技成果产业化。二是发挥科技创新政策优势。鼓励和支持国家大型科研单位、重点高校开展科学研究和成果转化工作，在航空航天、电子信息、生物医药等产业领域高水平建设一批产业共性技术创新平台和企业研发机构。实施科技成果转化的股权激励政策。设立科技型中小企业创新基金。鼓励高端人才和特殊人才创办企业，在贷款担保等方面给予支持。建立专业技术职称评定绿色通道，同等条件下优先评审在新区创业的高层次人才。积极研究为外国人在贵州入境提供便利的政策。在科技政策的推动下，贵安新区 2015 年 GDP 达到 170 亿元，增长 20%；完成 2 000 万元规模以上工业总产值 220 亿元；工业增加值 56 亿元，同比增长 12.1%。

7.1.3.9　青岛西海岸新区

青岛西海岸新区的发展具有较好的海洋科技优势、港口航运优势、政策环境优势，推动了海洋科技发展。一是海洋科技优势。青岛是全国著名的海洋科学城，拥有中国海洋大学、中国科学院海洋研究所等 7 个国家级海洋科教机构和国家深海基地、国家海洋科考船、海洋科学与技术国家实验室等一批国字号海洋基础科研平台。青岛涉海专业驻青两院院士 19 人，占全国的 69%，高级海洋专业人才约占全国同类人才的 30%，承担了“十五”以来国家“863”、“973”计划中海洋科研项目的 55%和 91%，这些都将为新区发展提供有力支撑。二是港口航运优势。拥有面向国际主航道的深水大港和广阔腹地，总吞吐能力将超过 7 亿吨的前湾港和董家口港两个深水大港都集聚在西海岸，建有国家原油战略储备基地，全国重要的铁矿石、原油、橡胶、棉花等战略物资中转基地，中国北方最大石油液化天然气接收基地。依托晋中南铁路、青银和青兰高速，引领中西部发展。三是政策环境优势。新区集聚了青岛经济技术开发区、青岛前湾保税港区、青岛西海岸出口加工区、青岛新技术产业开发试验区、中德生态园 5 个国家级园区和一批省级园区，园区集聚、政策叠加的创新开放优势突出。军民融合特色鲜明，新区是我国黄海要塞和海军重要驻地，集聚了北船重工、武船重工等百余家船舶制造与海洋工程企业，以及中船重工 711 所、725 所、702 所等科研院所，形成以船舶修造和海洋工程为龙头的完整产业链。

2014 年，西海岸新区完成生产总值约 2470 亿元，增长 9%；公共财政预算收入 175.3 亿元，增长 15.1%；蓝色经济实现蓬勃发展，集中签约引进 133 个海洋产业项目及涉海科研机构，新创建 3 个市级海洋特色产业园，28 家企业纳入全市百家蓝色经济重点培育企业，海洋产业增加值增长 17%，占地区生产总值的比重达到 23.5%。青岛西海岸新区成为我国重要的先进制造业基地和海洋新兴产业集聚区，培育形成了港口航运、石油化工、家电电子、船舶海工、汽车及零部件、机械 6 大产业集群。

7.1.3.10　大连金普新区

大连金普新区是由原金州新区和普兰店市组成的国家级新区，两个地区在科技发展上已集聚了较强的力量。一是科技力量逐年增强。2012 年，新区立项科技项目 500 余项，投入研发资金 9 634.8 万元。新区有技术研究开发机构 300 余家，企业技术中心 40 余家，研究开发机构有科技人员 2 万余人。新区发明专利申请 1 932 件（其中金州区 1 697 件，普兰店 235 件），发明专利授权 180 件（金州区 164 件，普兰店 16 件）。二是创新主体培育成效显著。2012 年，金州区高新技术企业总数达 102 家，占全市高新技术企业总数的 25%，其中 37 家被认定为国家级高新技术企业，各类科技创新平台达 64 个，国家级产业基地7个。三是科技政策逐步完善。金州区相继制定了《金州新区技术研究开发机构认定与管理办法（试行）》（大金科发〔2011〕9号）、《金州新区科技企业孵化器认定与管理办法（试行）》（大金科发〔2011〕10号）2个文件中关于工程（技术）中心、重点实验室、工程实验室和孵化器的相关规定。四是新兴产业扶持力度加大。2012年，金州新区科学技术局根据全区产业发展特点，设立新兴产业发展基金，出台《金州新区新兴产业发展促进基金项目管理办法（试行）》（大金管发〔2012〕7号）。全年扶持新兴产业项目52项，扶持新兴产业企业32家，扶持金额4.38亿元。新区科教技术人才优势明显，是东北地区重要的技术创新中心和科研成果转化基地①。

金普新区是大连市新兴产业核心集聚区，集群化发展态势明显，初步形成了高端装备制造业集群、整车及核心零部件产业集群、电子信息产业集群和港航物流产业集群，具备了在相关领域参与国际竞争的能力。2012年，新区实现规模以上工业企业产值3 617.78亿元，实现规模以上工业增加值1 273亿元，占大连市的39.2%；完成高新技术产品增加值3 438.44亿元②。新区拥有国家级经济技术开发区、保税区、出口加工区、旅游度假区等重要开放功能区，已有66家世界500强企业投资建设了91个重大产业项目，已成为东北地区对外开放与合作的重要平台。

7.1.3.11 四川天府新区

四川天府新区作为新成立的国家级新区，科技发展已蓄势待发，采取一系列措施：一是科技资源集聚加速。四川师范大学成都学院落户新区，西安交通大学成立天府新区研究院，成都、眉山、资阳3市的高校也为新区输送了科研人才；成都工业职业技术学院、四川科技职业学院等高职院校为新区输送技术人才。二是科技优惠政策喜人。四川省财政给予天府新区科技专项支持，对区内的创新及产业扶持也给予了相应的优惠政策，对科技成果转化收益更多惠及研发者。同时出台了高技术人才和高层次人才有关优惠政策。

2014年天府新区成都片区实现生产总值1 400亿元，1—9月实现地方财政收入111.4亿元，高新技术产业发展态势明显，其中电子信息、汽车产业产值已突破千亿元。按照《新区总体规划》要求，天府新区将大力发展战略新兴产业、高技术产业和高端制造业，聚集发展高端服务业，积极发展休闲度假旅游和现代都市农业。

7.1.3.12 湖南湘江新区

湘江新区现有两院院士40余名、大中专院校30多所、在校大学生30余万名，“千年学府”岳麓书院坐落于此，拥有国家超级计算长沙中心等120余个国家级技术创新平台、40多家部（省）属科研机构，是国家重要的海外高层次人才创新创业基地和中南地区科技创新中心。

2014年湖南湘江新区实现地区生产总值970亿元，财政总收入167亿元，工业增加值2 110亿元。区内3个国家级园区长沙高新技术产业开发区、宁乡经济技术开发区和望城经济技术开发区发展态势良好。按照《新区总体规划》要求，湖南湘江新区以工程机械、

---

① 《大连金普新区总体方案》。

② 大连金普新区2012年数据来源于金州区和普兰店市2013年年鉴，对两地数据进行相加。

电子信息、航空航天、食品加工、再制造等产业为重点，围绕产业链关键环节，大力吸引科技含量高和配套关联性强的项目入驻，推动制造业向高端化、集成化发展。

7.1.3.13　南京江北新区

南京是国家科技体制综合改革试点城市，拥有高等院校53所、省级以上科研机构600多个、在校大学生70多万人、两院院士79位、国家“千人计划”特聘专家185名、每万人口发明专利拥有量25件，每万人中大学生数量超过980人。新区现有各类科技创新平台和工程技术中心50多个，集聚国内外知名的高科技企业及研发机构数百家，为创新发展打下了坚实的科教资源基础。

江北新区拥有国家级、省级园区5个，2014年工业总产值超过3 800亿元。新一代信息技术、生物医药、高端装备制造等战略性新兴产业发展迅速，卫星应用、轨道交通等高端装备制造业近3年产值年均增幅超过20%；化工、钢铁等传统产业加速转型升级，产业结构不断优化。航运物流、研发设计、文化创意等现代服务业加快发展，近3年产值年均增幅达到20%以上。

7.1.3.14　福州新区

福州新区拥有国家级企业技术中心3家，省级企业技术中心62家，还建立台湾青年创业创新创客基地。新区工业较为发达，基本形成了以机械装备、冶金、食品、纺织、塑胶、医药、石化等为主体的产业体系，规模以上工业总产值占福州市的1/3以上。新区拥有保税物流园区、临空经济区、闽台（福州）蓝色经济产业园等多个特色园区。目前，新区内各主要园区均有一批重大项目正在开发建设，将为新区未来发展提供较强的动力。

7.1.3.15　云南滇中新区

滇中新区及周边拥有43所高等院校、8个国家重点实验室和工程中心以及中国科学院昆明分院等一批高水平科研院所，具备较好的科技创新环境和区域创新体系，为新区引进与培养人才、提高创新能力、集聚发展高新技术产业奠定了良好基础。

滇中新区是滇中产业聚集区的核心区域，拥有嵩明杨林经济技术开发区、昆明空港经济区等多个国家级、省级重点园区和安宁国家级重点石油化工基地，形成了装备制造、汽车、石油化工、电子信息、保税物流等一批优势产业，产业支撑和带动作用明显。

7.1.3.16　哈尔滨新区

哈尔滨新区拥有国际、国内各类研发创新机构200多家，其中国家级研发机构占比近50%；拥有30余所高等院校，是东北地区重要的技术创新中心和科研成果转化基地。

哈尔滨新区是黑龙江省最大的现代产业集聚区，已入驻世界500强企业50多家，拥有哈尔滨高新技术开发区、哈尔滨经济技术开发区、利民经济技术开发区3个国家级开发区，建设了国家民用航空高技术产业基地、新型工业化食品产业示范基地、新型工业化装备制造业示范基地、服务外包基地城市核心区、生物产业基地等现代产业基地。

7.1.3.17　长春新区

长春是国家级创新人才培养示范基地，拥有高等院校20余所、科研机构近200家，高端创新人才3万多人。由长春高新技术产业开发区、长东北科技创新中心，组建了光电子、新材料等专业技术平台、公共服务平台，引进了国家级科研机构30余家，建设了一批创新平台和载体，为新区创新发展打下了较为坚实的基础。

长春新区拥有国家级高新技术产业开发区以及中俄、中白俄罗斯等国际合作园区，2014年工业总产值3 100亿元。形成了先进装备制造、生物医药、光电信息、新材料、新能源、现代服务业等产业集群，拥有国家级汽车电子产业基地、国家专利导航产业发展实验区、国家级文化和科技融合基地。战略性新兴产业和高新技术产业近3年产值增幅保持在20%以上。

7.1.3.18 江西赣江新区

赣江新区及周边集聚了江西3/5的科研机构、2/3的大中专院校和70%以上的科研工作人员，拥有18个国家级和220个省级重点实验室、工程（技术）研究中心、企业技术中心，2015年高新技术产业增加值约占工业增加值的28%，是中部地区科技、人才和教育资源的密集区。

赣江新区拥有国家级南昌经济技术开发区和多个省级产业园区，形成了高端装备制造、汽车及零部件、生物医药、电子信息、新材料和现代物流等在国内外具有较强竞争力的优势产业集群，是中部地区重要的先进制造业和战略性新兴产业集聚区。

7.2 海洋科技比较

目前，我国12个国家级新区中有6个新区涉及海洋经济发展主题，这些新区有着各自海洋科技发展的特色和优势，对其进行比较有助于清晰了解舟山群岛新区的不足，同时也可以借鉴其他新区在海洋科技发展的经验。本研究着重分析涉海新区在海洋科技发展水平、海洋科技服务平台、海洋产业发展基础和海洋科技政策等方面的比较优势。

7.2.1 海洋科技水平

7.2.1.1 上海浦东新区

近年来，上海高度重视海洋科技发展，不断加大海洋科技投入。从2012年海洋科研机构经费收入的情况看，上海以9 706 492万元位居沿海11个省市区的首位；2012年上海海洋生产总值构成中，海洋科研教育管理服务业的产值达到1 302.2亿元，位居沿海11个省市区的第3位。近几年上海海洋科技的地位日益提升，参与了不少国内外重点项目，发表了许多涉海论文和著作。2012年，上海发表涉海论文1 223篇，其中国外发表228篇，出版著作14部；涉海专利申请受理数为842项，专利授权数为435项；发明专利申请总数为687项，发明专利申授权295项，拥有发明专利总数1 472项，在沿海11个省市区中位居第一。

上海浦东新区依托上海高校、科研院所、国家重点实验室和工程中心众多的资源，在海洋科技人才上优势明显。目前，上海浦东新区拥有涉海类高校3所、科研院所10余个，拥有一大批涉海人才资源。据不完全统计，截至 2013 年底，上海浦东新区涉海高校拥有在校生 4 万余人，其中研究生近 5 000 人；拥有两院院士 5 名，教职工 2 500 余名，其中教授级职称专家 300 余人。新区海洋科技人才占全市海洋科技人才的绝大多数。

7. 2. 1. 2　天津滨海新区

天津作为沿海省市，但海洋科技发展并不强。从 2012 年海洋科研机构经费收入的情况看，天津为 1 636 931 万元，仅是上海市的 1/6，虽然绝对量位居沿海 11 个省市区的第 5 位，但是相对量则较小；2012 年天津海洋生产总值构成中，海洋科研教育管理服务业的产值达到 194 亿元，处于 11 个沿海省市区倒数第 4 位。2012 年，天津涉海课题数 668 项，科技服务 196 项，成果应用 82 项；发表涉海论文 851 篇，其中国外发表 113 篇，出版著作 15 部；涉海专利申请受理数为 130 项，专利授权数为 79 项；拥有发明专利总数为 145 项，在沿海 11 个省市区中处于低水平。

天津滨海新区拥有国家级和省部级海洋科研院所近 20 家，天津大学、天津科技大学、天津海运职业技术学院等十几所高校在天津滨海新区设有涉海学科，海洋类专业人才集聚优势突出，拥有海洋专业人才超过 1 万人，其中两院院士 7 人。近年来天津滨海新区充分发挥人才特区优势，利用京津两市丰富的科教资源，采取有力的引智政策，提供实验条件、科研经费等支持，引进“千人计划”专家、“长江学者”、国家杰出青年基金资助人选等海洋领军型人才，打造环渤海海洋高端人才聚集区。

7. 2. 1. 3　青岛西海岸新区

青岛海洋科技研发水平名列前茅。从投入总量看，2011—2013 年期间青岛市海洋领域的研发经费投入保持在 6 亿元左右；从投入结构看，青岛市海洋科技投入经费几乎全部来自于政府资金，经费大多数分布于科研机构和高校（其中国家级驻青院所占 30. 23%，省市级占 34. 85%），为海洋科技创新提供的资金基础。同时，企业占 34. 92%，这些经费为海洋科技企业技术研发提供了资金支持。从产出水平看，2012 年青岛西海岸新区专利申请量 4 804 件，增长 208%，其中海洋专利 12 件；专利授权量 2 112 件，增长 115%。全年获得国家级科技进步奖 3 项，36 各项目获得山东省科技进步奖、13 个项目获得青岛市科技进步奖。

青岛是我国海洋科技人才的集聚区，拥有中国海洋大学、中国石油大学等一大批省部级高校。驻在青岛西海岸的涉海类高校 9 所，其中青岛滨海学院、青岛黄海学院主要建在西海岸，在校生 12. 7 万人。青岛在海洋科技人才领域具有明显的领先优势，青岛有高级海洋专业人才 1 700 多人，占全国的 30%，两院院士 19 人，占全国的 69%，其中 9 人在青岛西海岸。全国海洋科技人才的 1/3 在青岛，海洋科研机构也占到全国的 1/3 以上。青岛西海岸能够充分利用这些海洋人才资源为新区海洋经济发展提供科技支撑、人才支撑。同时，青岛西海岸力求打造国际海洋人才港。

7. 2. 1. 4　广州南沙新区

广州南沙新区由于起步晚、人口少等原因，目前还没有一所高等院校，科研机构较少。作为一个新成立的国家级新区，广州南沙新区已经吸引了众多高校和科研院所入驻广州南沙。目前已有广州中国科学院软件应用技术研究所、广州中国科学院沈阳自动化所分所、广州中国科学院先进技术研究所、中国科学院南海海洋研究所等落户南沙新区，教育部广州现代产业技术研究院、中山大学科技产业基地、香港科技大学霍英东研究院以及博士后科研工作站、各类企业研发中心等众多科研机构进驻，拥有一大批海洋科技人才。同时，距新区北上20多千米即为广州大学城，现已有11所大学进园。此外，广州市内还有中山大学、暨南大学、华南师范大学等高校设有海洋科技有关的专业或研究机构，还有6所涉海科研院所，广州市海洋科技人才约占全国的1/4，可为广州以及南沙的海洋事业发展提供充足的人才支持。

7.2.1.5 大连金普新区

大连拥有涉海类高校3所，分别是大连理工大学、大连海事大学、大连海洋大学，拥有涉海专业高校10余所，涉海专业60余个，32个二级学科博士点，在校生3万余人，院士（含双聘院士）11人，教职工近3 000人，其中教授近500人，海洋科技人才占全国的20%。大连金普新区利用大连海洋科技的优势实现新区内海洋产业发展特别是国际航运和物流的发展。然而，由于新区内高校较少海洋科技发展相对落后，与其他新区相比海洋科技实力明显不足。

7.2.1.6 舟山群岛新区

舟山群岛新区拥有涉海类高校3所，分别是浙江大学（舟山校区）、浙江海洋学院和浙江国际海运职业技术学院。现有海洋涉海人才资源1.5万余人，海洋科技高级人才432人。新区近3年累计培育高新技术企业32家、省级科技型企业68家、省级高新技术研发中心15家；专利申请量和授权量分别累计达到1 689件和1 127件；“产学研”合作取得明显成效，催生了以企业为创新主体，联合攻关、成果引进消化、共建创新载体等多元化产学研联合模式，成立了全国首个海洋类产业技术创新联盟——中国海洋产品制造产业技术创新战略联盟。

7.2.1.7 比较分析结论

通过比较6个沿海新区的海洋科技发展情况，青岛西海岸依靠青岛市雄厚的海洋科技实力，在海洋科技投入和产出上优势明显。上海浦东新区依靠区域内3所涉海高校和2个省部级高校优势涉海学科以及众多海洋科研院所拥有一大批海洋科技人才，海洋科技投入和产出效益名列前茅，尤其是海洋科研机构经费收入更是居全国首位。舟山群岛新区作为群岛城市，海洋科技水平也较强。天津滨海新区依靠区域内涉海高校的分校以及新区本身重视海洋科技投入，海洋科技水平相对较低。而广州南沙新区、大连金普新区作为两个新成立的新区，区域内海洋科技发展水平相对落后。

7.2.2 科技服务平台

7.2.2.1 上海浦东新区

上海浦东新区依托上海在海洋技术、人才的汇聚，为新区海洋经济与海洋科技的发展奠定了坚实基础。同时，上海浦东新区本身也孕育了一大批海洋科技平台，新区拥有涉海类高校 3 所，同济大学和上海交通大学 2 所省部级高校的海洋专业，10 余个科研院所；拥有涉海类学科 100 余个，其中国家级重点学科 15 个，二级学科博士点 50 余个；拥有 2 个涉海的国家重点实验室，分别是上海交通大学海洋工程国家重点实验室、同济大学海洋地质国家重点实验室。此外，上海浦东新区还拥有涉海类国家工程技术中心 2 个，省部共建实验室 10 余个，省级上海工程技术研究中心 10 余个，建有一批国际海洋科技合作平台。上海海洋国家大学科技园，成为大学生科技创新的重要平台。

7.2.2.2　天津滨海新区

天津拥有国家级和省部级海洋科研院所 27 家，国家级和省部级重点实验室 54 个，国家级工程（技术）研究中心 33 个，科技产业化基地 24 个，国家级和市级企业技术开发中心 449 个，博士后流动站、工作站 229 个。近年来，天津取得了一批具有国内外先进水平的海洋科技成果，海洋工程、海水淡化、海洋环境监测、海洋油气开采、海上平台等技术在全国处于领先地位，2012 年海洋科技对海洋经济的贡献率达到 65%。天津滨海新区作为天津的核心区和高校、科研院所的集聚区，众多海洋科技平台落户新区内。在新区建有天津海洋科技商务园、塘沽海洋科技和塘沽海洋高新区，其中塘沽海洋高新区是全国首个以发展海洋经济为主的国家级高新区，2012 年海洋高新区完成销售收入 1 100 亿元，完成增加值 161 亿元，实现税收 39.6 亿元，完成固定资产投资 52 亿元，实现内联引资 14.5 亿元。

7.2.2.3　青岛西海岸新区

青岛是全国著名的海洋科学城，拥有中国海洋大学、中国科学院海洋研究所、国家海洋局第一海洋研究所、中国水产科学研究院黄海水产研究所、国土资源部青岛海洋地质研究所等 7 个国家级海洋科教机构和国家海洋科研中心、国家深海基地、海洋科考船等一批国家级海洋基础科研平台和项目。建有青岛海洋科学与技术国家实验、海洋涂料国家重点实验室 2 个国家级实验室，海洋环境与生态教育部重点实验、国家海洋局海洋生物活性物质重点实验室等 40 余个部级重点实验室，山东省海水养殖病害防治重点实验等 30 个省级重点实验室。建有青岛高新技术产业开发区创业服务中心等 17 个国家级科技企业孵化平台。这些海洋科研服务平台为青岛西海岸新区海洋科技创新提供了支撑。青岛西海岸依托青岛蓝色硅谷凝聚全国相关海洋科学研究力量，支持海洋科技基础设施、海洋科研实验基地、海洋科技平台建设，打造深海科学城。

7.2.2.4　广州南沙新区

由于广州南沙新区成立不久，海洋科技服务平台较为缺乏，已有的海洋科技服务平台仅有中国科学院南海海洋研究所。广州作为广东省海洋科技研究中心，拥有中山大学、暨南大学、华南师范大学等设有海洋科技有关专业的高校或研究机构，中国科学院南海研究所、中国科学院广州地球化学研究所、中国水产科学研究院南海水产研究所、珠江水产研究所、国家海洋局南海分局、广东省海洋资源研究发展中心和广州市海洋和水产科学研究所等涉海科研机构，这些科研平台为南沙新区海洋科技发展注入了活力。《广州南沙新区发展规划》提出，“建设科技创新中心”的重大举措，以中国科学院南海海洋研究所为中心，建设一批重点实验室和重大科技基础设施，实施海洋科技重点攻关，建设具有国际先进水平的我国南方海洋科技创新中心。

7.2.2.5 大连金普新区

大连拥有高校30余所，其中涉海类高校3所，涉海专业60余个，国家重点学科3个，二级学科博士点近40个，国家重点实验室（海岸和近海工程国家重点实验室）1个，国家工程研究中心1个，国家级科技合作基地1个，省级工程技术研究中心13个，建有大连市海洋科技服务信息平台、海洋科技园等一批海洋科技服务平台。大连金普新区依托大连市雄厚的海洋科技实力和多样化的海洋科技服务平台，正在大力推进大连东北亚国际航运中心、国际物流中心软硬件建设，增强港航物流服务功能。建设区域性科技创新服务中心，搭建重大科技创新平台，共同组建科技创新联盟。加快建设服务东北地区的产业经济和科技信息交换中心。支持总部经济发展，鼓励企业在新区设立全国或区域性总部。同时大连海洋大学新校区等一大批海洋科技服务平台落户新区。

7.2.2.6 舟山群岛新区

舟山群岛新区现有高校4所，涉海高校3所，分别是浙江大学海洋学院、浙江海洋学院、浙江国际海运职业技术学院，涉海类博士点3个。拥有国家海洋科技国际创新园、中国海洋科技创新引智园区、中国（舟山）海洋科学城、中国海洋科技创新园、舟山省级高新技术产业园、浙江海洋开发研究院、浙江省海洋水产研究所等科技园区和创新基地。拥有国家级海洋工程中心1个，国家级海洋科研中心7个。目前，舟山群岛新区正积极拓宽国内外大院名校与舟山市科技合作的拓展渠道和方式，积极共建创新载体，抓好北京大学舟山海洋研究院、中国科学院舟山海洋研究中心、中国海洋大学舟山海洋研发中心、大连海事大学舟山航运研究院等载体的落地建设。

7.2.2.7 比较分析结论

从对6个沿海国家级新区海洋科技服务平台建设情况的分析，青岛市作为全国海洋科技、人才的集聚区，海洋高校、海洋科研院所的汇集区，以及青岛市本身重视海洋科技服务平台建设，目前青岛已经成为国内海洋科技服务平台的建设最完整、最强大的地区，青岛西海岸依托这一优势，建设了一大批海洋科技平台，在国家级新区中首屈一指。上海浦东新区依托上海海事大学、上海海洋大学和上海海关学院3所新区内涉海高校，海洋科技服务平台实力较强。舟山群岛新区作为海岛型城市，海洋科技实力也较强，但缺少国家级科技平台。大连金普新区和天津滨海新区、广州南沙新区相对实力较差，但依托所在城市强大的海洋科技实力，提升新区海洋科技服务能力。

7.2.3 产业发展基础

7.2.3.1 上海浦东新区

上海作为海洋经济大市，在全国11个沿海省市中海洋经济指标一直位居前列。

2007—2015 年，上海海洋生产总值位居全国第 3 位。2015 年上海海洋生产总值达到 6 513 亿元，仅次于广东省的 1.52 万亿元和山东省的 1.1 万亿元；海洋经济发展目标是到 2020 年，全市海洋生产总值占地区生产总值的 30%左右。上海浦东新区依托洋山和外高桥两大港区，发展航运物流服务业，形成国际航运中心口岸服务集聚区；依托临港产业区和全国首家“国家科技兴海产业示范基地”建设，形成航空装备产业、新能源装备、大型工程机械制造、船用关键件、海洋工程 6 大产业基地和上海临港海洋高新技术产业化基地；建设服务国际海员和国内游客的海洋休闲旅游区；举办大型海洋文化节庆活动，大力发展海洋文化产业。

7.2.3.2　天津滨海新区

“十二五”以来，天津海洋经济年均增速超过 20%，高于同期地区经济增速。2014 年，实现海洋生产总值 5 027 亿元，比上年增长 11.23%，海洋生产总值占全市 GDP 比例达到 31.97%，海洋经济成为拉动经济发展的新增长点和重要引擎。海洋产业结构不断优化，优势产业迅速发展，新兴产业初具规模，现代服务业逐步增强，全市海水淡化日产能力达到 22 万吨，占全国日产能力的 36.6%。海洋循环经济发展初见成效，北疆电厂“发电　海水淡化　浓海水制盐”等综合利用项目被确定为国家工业循环经济重大示范工程。天津南港工业基地、临港经济集聚区域、天津港主体区域、塘沽海洋高新技术产业基地、滨海旅游区域、中心渔港 6 大海洋产业集聚区域初步建成，产业集聚效应进一步显现。

7.2.3.3　青岛西海岸新区

2015 年青岛实现海洋生产总值 2 093.4 亿元，占 GDP 比重达到 22.5%。2016 年上半年，西海岸新区蓝色经济保持良好发展势头，海洋生产总值完成 368.3 亿元，占生产总值比重的 28.07%，比 2015 年同期提升 2.51 个百分点。按照规划，10 年以后，GDP 达到 8 000 亿元的时候，海洋经济占到 30%以上，海洋经济也是新区一个特殊产业，占的优势比较大。青岛西海岸新区是我国重要的先进制造业基地和海洋新兴产业集聚区，培育形成了港口航运、石油化工、家电电子、船舶海工、汽车及零部件、机械 6 大产业集群。

7.2.3.4　广州南沙新区

2014 年广州市主要海洋产业增加值超 2 259 亿元，连续多年位居全省前列，海洋经济整体发展迅猛，已成为广州市国民经济新的增长点。海洋产业结构不断优化调整，海洋经济第一、第二、第三产业比重由 2000 年的 1∶47∶52 调整为 2010 年的 1∶38∶61，呈现高级化的结构特征。目前已形成了海洋渔业、海洋交通运输业、海洋船舶工业、滨海旅游业和海洋生物医药业等海洋产业群，海洋产业在全市、全省都占有重要地位，部分产业在全国各大城市中处于领先地位。广州南沙新区发挥南沙保税港区优势，将建设成为泛“珠三角”区域的国际物流基地。重视能源战略储备，加快广州小虎岛成品油储备基地建设，构建省级成品油战略储备安全体系。重点发展船舶制造、船舶修理、船用设备和配套产品、船舶技术研发及售后服务产业，建设世界级大型修造船基地。发展港口、深水航道重型机械装备和海洋工程装备，建设辐射东南亚的现代化海洋工程装备制造基地和海洋开发综合服务与保障基地。

7.2.3.5 大连金普新区

大连是一个海洋产业大市。2015 年，大连市实现海洋经济总产值 2 661.5 亿元，增长 5.6%；海洋经济增加值 1 131.3 亿元，增长 6.8%。大连金普新区充分利用现有产业基础和研发能力，发挥临港靠海区位优势，推进制造业与服务业、工业化与信息化深度融合，加快传统产业升级改造，大力发展战略性新兴产业，延伸产业链条，打造区位特色突出、国际竞争力强的产业集群。推进大连东北亚国际航运中心、国际物流中心软硬件建设，增强港航物流服务功能。完善辐射东北地区的集疏运体系，与东北地区主要物流节点城市合作新建一批内陆无水港，扩大海铁、海路联运能力。推动大连港与辽宁沿海港口群资源整合，促进港口之间的分工和协同发展，共同打造东北地区国际出海大通道。

7.2.3.6 舟山群岛新区

近年来，舟山市的海洋经济发展迅猛，并呈现以下特点：一是海洋产业规模不断壮大。2012 年，舟山市海洋战略性新兴产业产值达到 463.6 亿元，实现工业增加值 93 亿元，分别比上年增长 8.9%和 13.5%，海洋战略性新兴产业产值已占全市工业的 38.1%。二是 2015 年海洋经济总产出 2 653 亿元，比上年增长 10.0%；海洋经济增加值 766 亿元，海洋经济增加值占全市 GDP 的比重为 70.0%。三是现代海洋产业体系逐步确立。已经形成了港口物流、临港工业、海洋旅游、现代渔业等优势产业。

7.2.3.7 比较分析结论

青岛西海岸在海洋产业发展上显示出较强的实力，上海浦东新区、天津滨海新区和舟山群岛新区海洋产业相对比较发展，具有的发展潜力较大，大连金普新区和广州南沙新区海洋产业发展相对落后。

7.2.4 科技政策创新

7.2.4.1 上海浦东新区

上海浦东新区在充分利用好国家和上海市的海洋科技和涉海企业发展的优惠政策基础上，先后制定了一系列配套扶持政策和发展政策，大力吸引并集聚海洋高新技术要素。一是科技投入政策。政府加大对海洋科技企业的支持力度，每年安排专项经费支持涉海企业科技研发，注重并加大海洋战略性新兴产业的引导支持。二是税费政策。对新区急需又具有重大创新的海洋科技企业给予税费减免。三是航运金融政策。支持航运金融业的发展，出台了《建设国际航运中心的实施意见》和《建设国际航运金融中心建设条例》，加快发展航运保险业务，优化航运金融环境，积极发展多种形式航运融资方式。四是海洋科技人才政策。为支持上海海洋大学和上海海事大学引进人才，加速海洋科技发展，新区对涉海类高校引进人才给予一定的支持。为支持新区航运事业的发展，出台了《上海浦东新区加快航运人才引进的办法》。

7.2.4.2 天津滨海新区

天津市制定了《促进天津市海洋经济发展的科技行动方案》，指导天津海洋科技工作；

在全国率先完成近海海洋大调查，为滨海新区开发开放提供基础数据；深入开展海洋科技研发，为海洋经济提供技术支撑；建立海洋技术研发基地，提高天津市海洋自主创新能力；筹建天津海洋科技人才群众团体，不断提高海洋人才素质。

7.2.4.3　青岛西海岸新区

青岛西海岸新区加强“创新型新区”建设，推动科技创新，服务产业发展，为驱动经济社会发展和实现“三个再造”提供科技支撑。主要采取了以下几个措施：一是设立科学技术专项资金，召开全区科技大会，打造科技创新软硬环境。全区每年拿出本级财政公共预算支出的 1.3%以上设立科学技术专项资金。区政府下发了《青岛市黄岛区科学技术专项资金管理办法》、《青岛市黄岛区激励创新创业加快科技企业孵化器建设与发展的若干政策》等 5 个文件，扶持企业技术创新。二是加快创新载体建设，培育企业创新发展。每年从科技专项资金中安排 1 000 万元扶持孵化器建设和运营。三是加强产学研政资介合作，促进高科技成果和高层次创新创业人才落地。推进“智岛计划”，积极引进“千人计划”及留学归国人员等高层次创新创业人才。积极帮助企业联系专家提供技术支持。四是设立科技金融信贷专项资金，扶持科技型中小企业发展。设立“青岛市黄岛区科技金融信贷专项资金”作为引导资金。

7.2.4.4　广州南沙新区

《广州南沙新区发展规划》提出，深化科技体制改革，大力发展新型研发组织，构建产学研紧密结合的有效组织模式，发展完善科技中介服务体系。深化粤港澳科技联合创新，支持港澳科研组织在南沙设立分支机构，参与国家和地方科技计划。深入推进科技和金融结合试点工作，探索科技与金融结合新模式，不断完善创新创业投融资服务体系，推动开放条件下的金融、科技和产业融合创新，在优势互补、互利共赢的原则下积极吸引港澳金融资本进入科技创新领域和高科技产业领域；支持设立创业投资引导基金、天使基金、科技保险、融资租赁、知识产权质押等创新金融业务，加大对科技型企业发展的融资支持，完善融资性担保体系，规范发展创业投资和私募股权投资。按照国家有关规定，推动建设功能丰富、规范高效的区域技术产权交易市场，不断优化南沙新区投资发展环境。严格实施海域使用管理法，推进海域资源市场化配置进程，完善海域使用权招拍挂制度，探索建立海域使用二级市场。

7.2.4.5　大连金普新区

大连金普新区作为我国东北地区先行先试城市，在海洋科技政策上大胆创新，引领辽宁沿海经济带发展。主要海洋科技政策体现在：一是充分利用现有产业基础和研发能力，发挥临港靠海区位优势，推进制造业与服务业、工业化与信息化深度融合，加快传统产业升级改造，大力发展战略性新兴产业；二是围绕重点产业集群建设，按照市场化方式设立产业投资基金和创业投资基金。支持科技保险创新、海洋保险创新；三是探索知识产权入股、期权激励等有利于激发自主创新的新模式，制定和实施区域知识产权战略；四是大力引进大专院校和海洋科技人才，增强海洋科技的研发能力。

7.2.4.6　舟山群岛新区

一是出台了一系列海洋科技政策。舟山本级财政科技投入达 4 亿多元，设立了三位一体的市科学技术奖，先后出台了《浙江省海洋科技人才发展规划》、《关于科技支撑引领海洋经济示范区和浙江舟山群岛新区建设的若干意见》、《浙江省“十二五”海洋开发技术专项实施方案》、《中国（舟山）海洋科学城建设方案》和《浙江舟山群岛新区海洋科技发展规划》等一系列科技创新政策。二是对海洋科技成果转化给予补助。对于在舟山落地实施产业化的重大海洋科技成果转化项目，以分期补助的形式，省、区（市）共同给予项目研发经费20%～30%的补助支持。对舟山重点引进的国内外大院名校共建创新载体，经双方共同协商后采取一事一议的方式共同给予支持。支持舟山设立科技成果转化引导资金。三是完善海洋科技创新体系。中国（舟山）海洋科学城建设力度不断加大，尤其是中国海洋科技创新园建设及招商引资（智）工作的全面启动；建设了舟山省级高新技术园区；创新服务机构建设得到不断加强，已建成7家省级区域创新服务中心和2家省级科技企业孵化器。

7.2.4.7 比较分析结论

上海浦东新区、广州南沙新区充分利用金融政策发展海洋科技；青岛西海岸、天津滨海新区、舟山群岛新区利用人才政策、产学研政策发展海洋科技。

7.3 舟山定位

18个国家级新区，12个内陆地区，6个沿海地区。根据国务院的批复，每个新区承担着不同的国家战略，功能定位各有差异。但所有新区规划共同之处都提出要走科技创新引领经济发展之路。舟山群岛新区科技发展定位应该是“一基地三区”，即国家级海洋科教基地、海洋科技成果转化示范区、海洋科技人才集聚区、海洋科技体制机制改革试验区。

国家级海洋科教基地。舟山群岛新区是以海洋经济为主题的国家级新区，海洋经济是科技密集型，人才密集型经济，必然要求海洋科技支撑引领，建设国家级海洋科教基地是新区功能定位的内在要求。中国（舟山）海洋科学城是基地建设的核心区域，中国海洋科技创新引智园、国家海洋科技国际创新园是主要载体和平台。高水平发展海洋高等教育，积极引入国内外知名院校，是基地建设的基本路径。

海洋科技成果转化示范区。全面提升海洋科技攻关、成果转化和服务水平。扶持建设一批海洋科研基地和孵化器，培育海洋领域重点实验室（工程中心），加快国内外重大海洋科研成果转化落地，构筑我国新兴海洋科技研发转化基地。完善海洋科技信息、技术转让等服务网络，加快海洋科技大市场建设，促进创新成果转化。

海洋科技人才集聚区。优化升级“5313”行动计划，进一步创新扶持方式，加大扶持力度，建设我国海洋科技人才聚集地和人力资源富集区。建立海洋人才梯度培养机制，实施企业经营管理人才素质提升工程、海洋新兴产业人才储备工程、国际海员培养基地推进计划和海洋技能人才培育工程，探索建立“海洋创新人才特区”。

海洋科技体制机制改革试验区。通过体制机制改革，促进海洋科技创新与海洋经济社会发展的深度融合，切实激发创新第一驱动力的巨大潜能。围绕管理体制试验、运行机制试验、创新模式试验、成果转化实验、资源配置试验5个主题，加强科技供给侧结构性改革，探索科技智能管理新机制，优化科技考核管理体制，培育同频共振、高效协调的科技体制机制改革试验环境。

7.4　深圳标杆

深圳，作为全国改革开放的排头兵，经过 30 多年的高速发展，一跃成为 GDP 居全国第 4 的城市，仅次于上海、北京和广州。这可以说是广东省和深圳市的骄傲，而更让全国称赞和深圳人感到自豪的是，在国家提倡转变经济增长方式强调自主创新方面，深圳已成为全国自主创新和高新技的标杆。而同作为副省级城市和国家级新区的上海浦东、天津滨海新区在自主创新方面相对落后于深圳。本研究通过比较深圳特区与其他 2 个国家级新区在科技创新方面的成果，为舟山群岛新区科技创新提供发展启示。

7.4.1　比较优势

7.4.1.1　企业研发投入比较

1）企业研发人员数量比较

深圳市企业研发人员数总量及整体递增速度高于上海浦东新区和天津滨海新区。从表 7.3 可知，2009 年深圳企业研发人员数是浦东新区的 2.7 倍、滨海新区的 3.2 倍，2014 年分别为 2.25 倍、2.97 倍。2009—2014 年深圳市增速出现波动，而其他新区则增速减缓。对地区企业研发人员总量的纵向比较来看，深圳市 2014 年比 2009 年增加了 43 835 人，同期相比上海浦东新区仅增加 28 277 人，天津滨海新区增加 17 024 人，深圳企业研发人员数量几乎是浦东新区、滨海新区二个地区增加人员的总和。

表 7.3　深圳特区与其他国家级新区域规模以上工业企业研发人员数比较

年份	企业从事研发活动人员数（人）			企业研发人员年均增长率（%）		
	深圳特区	浦东新区	滨海新区	深圳特区	浦东新区	滨海新区
2009	113 732	41 795	36 092	-0.41	18.64	32.35
2010	151 426	44 447	42 975	33.14	6.35	19.07
2011	145 105	52 105	45 735	-4.17	17.23	6.42
2012	182 729	52 519	42 907	25.93	0.79	-6.18
2013	172 522	64 234	44 572	-5.92	22.31	3.88
2014	157 567	70 072	53 116	-9.49	9.09	19.17

资料来源：《深圳统计年鉴》、《上海浦东新区统计年鉴》以及《天津滨海新区统计年鉴》（2010—2015 年）。

2）企业 R&D 经费投入比较

深圳企业 R&D 经费内部支出与上海浦东新区、天津滨海新区相比处于领先状态。通过表 7.4 分析可以看出，在企业 R&D 经费内部支出上，2009 年深圳分别是浦东、滨海的 1.8 倍、1.79 倍，到 2014 年分别是 2.36 倍、3.42 倍。从企业 R&D 支出占 GDP 的比重来看，2014 年深圳分别比浦东和滨海多 0.17%、1.61%。

表 7.4　深圳特区、浦东新区、滨海新区企业 R&D 投入情况比较

地区	指标	2009 年	2010 年	2011 年	2012 年	2013 年	2014 年
深圳特区	企业 R&D 经费内部支出（万元）	2 402 938	3 014 888	3 725 656	4 389 801	5 058 158	5 521 261
	企业 R&D 支出占 GDP 的比重（%）	2.93	3.15	3.24	3.39	3.49	3.45
浦东新区	企业 R&D 经费内部支出（万元）	1 332 102	1 423 478	1 723 855	1 762 605	1 635 062	2 335 079
	企业 R&D 支出占 GDP 的比重（%）	3.33	3.02	3.14	2.97	2.53	3.28
滨海新区	企业 R&D 经费内部支出（万元）	1 340 310	1 551 933	1 446 513	1 317 449	1 441 508	1 614 933
	企业 R&D 支出占 GDP 的比重（%）	3.52	3.09	2.33	1.83	1.80	1.84

资料来源：《深圳统计年鉴》、《上海浦东新区统计年鉴》以及《天津滨海新区统计年鉴》（2010—2015 年）。

7.4.1.2　知识产权比较

1）专利量比较

深圳特区专利申请量与浦东新区、滨海新区等国家级新区相比，始终保持领先地位且递增明显。通过图 7.2 和表 7.5 分析可知，上海浦东新区的专利申请量从 2007 年的 8 435 件到 2014 年的 10 896 件；天津滨海新区的专利申请量从 2007 年的 1 835 件到 2014 年的 20 297 件。而深圳市 2007 年就达到了 35 808 件，2014 年达到了 82 254 件。2014 年深圳市专利申请量是上海浦东新区的 7.55 倍，是天津滨海新区的 4.05 倍。发明专利申请量上，深圳市依旧保持领先地位，2014 年发明专利申请量是上海浦东新区的 3.21 倍，是天津滨海新区的 4.16 倍。

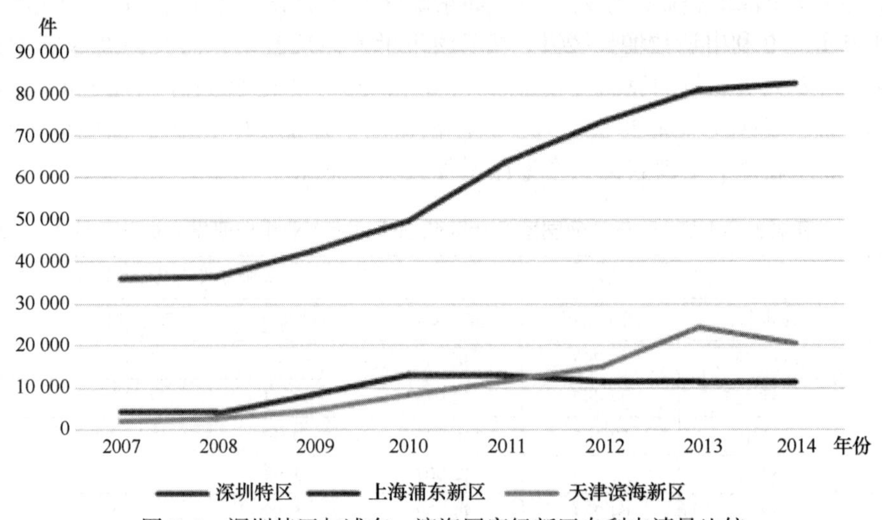

图 7.2　深圳特区与浦东、滨海国家级新区专利申请量比较

表 7.5　深圳特区与浦东、滨海国家级新区发明专利比较

地区	专利申请量（件）		发明专利申请量（件）		专利授权量（件）		发明专利授权量（件）	
	2011 年	2014 年	2011 年	2014 年	2011 年	2014 年	2011 年	2014 年
深圳特区	63 522	82 254	28 823	31 077	39 364	53 687	11 826	12 040
上海浦东新区	18 819	19 002	9 218	9 687	12 685	10 896	2 149	3 139
天津滨海新区	11 855	20 297	4 235	7 462	5 649	8 440	739	968

资料来源：《深圳统计年鉴》、《上海浦东新区统计年鉴》以及《天津滨海新区统计年鉴》（2012—2015 年）。

专利授权量上，深圳市保持在全国的领先地位。2007—2014 年深圳市专利授权量绝对量保持领先且增长趋势明显。由于深圳市基础好，起步绝对量大，在增长比率上低于其他 2 个国家级新区，但是深圳市的年均增长量依旧保持领先，2007—2014 年深圳市年均增长 4 766 件，上海浦东新区年均增长 851 件，天津滨海新区年均增长 784 件；发明专利授权量上，深圳市 2014 年比 2011 年增长 2 254 件，上海浦东新区 2014 年比 2011 年增长 469 件，天津滨海新区 2014 年比 2011 年增长 3 227 件。

但深圳在发明专利占专利量的比重上，申请量比重与授权量比重双双下降，申请量占比由 2011 年的 45.37%下降到 2014 年的 37.78%，授权量占比由 30.04%下降到 22.43%，而其他地区都上升，但是深圳市占比较大，发明专利在深圳的 3 大分类（发明、实用新型、外观设计）中占突出位置，为深圳科技创新发挥重要作用。深圳发明专利申请量占专利申请量的比重仅低于上海浦东新区（2011 年 48.98%，2014 年 50.98%），高于天津滨海新区；发明专利授权量占专利授权量的比重均高于浦东、滨海新区，且优势明显。

2）专利申请主体比较

企业是深圳专利申请的主体。从表 7.6 可知，深圳企业专利申请量绝对数大，2009 年深圳市专利申请量 22 391 件，2012 年达 24 858 件，而同期上海浦东新区 2009 年仅为 3 698 件，为深圳的 16.5%，2012 年 6 419 件，为深圳的 25.8%；天津滨海新区 2009 年为 832 件，2012 年为 5 208 件；舟山群岛新区 2009 年为 115 件，2012 年为 709 件。由于基数大，深圳市企业专利申请数增长缓慢，增长速度低于其他新区。

表 7.6　深圳特区与浦东、滨海新区规模以上企业专利申请数比较

年份	深圳		上海浦东新区		天津滨海新区	
	企业专利申请数（件）	同比增长（%）	企业专利申请数（件）	同比增长（%）	企业专利申请数（件）	同比增长（%）
2009	22 391	1.43	3 698	107	832	16.85
2010	22 728	1.51	4 239	14.61	3 690	343
2011	22 893	0.72	4 498	6.11	4 639	25.72
2012	24 858	8.58	6 419	42.71	5 208	12.27

资料来源：《深圳统计年鉴》、《上海浦东新区统计年鉴》以及《天津滨海新区统计年鉴》（2010—2013 年）。

3）按大中型企业统计

深圳市大部分专利集中在大中型企业上。对 2012 年深圳市前 30 家重点企业的专利数据统计表明，2012 年前 30 家重点企业共申请专利 24 858 件，占全市申请总量的 33.99%；其中发明专利申请共 21 517 件，占全市发明专利申请总量的 69.24%。对 2012 年国内发明专利申请量、发明专利授权量居前 10 位的国内企业数据统计表明，发明专利申请量前 10 位国内企业，深圳拥有 6 家，共计 14 408 件，占前 10 位总数的 66.9%，占当年总数的 4.5%；发明专利授权量前 10 位国内企业，深圳拥有 4 家，共计 6318 件，占前 10 位总数的 63.8%，占当年总数的 8.03%。

表 7.7　2015 年国内发明专利申请量、发明专利授权量居前 10 位的国内企业

序号	发明专利申请量前 10 位国内企业（不含港澳台）			发明专利授权量前 10 位国内企业（不含港澳台）		
	企业名称	注册地	数量（件）	企业名称	注册地	数量（件）
1	国家电网公司	北京	6 111	中国石油化工股份有限公司	北京	2 844
2	中国石油化工股份有限公司	北京	4 372	中兴通讯股份有限公司	深圳	2 673
3	中兴通讯股份有限公司	深圳	3 516	华为技术有限公司	深圳	2 413
4	广东欧珀移动通信有限公司	东莞	3 338	国家电网公司	北京	2 081
5	华为技术有限公司	深圳	3 216	京东方科技集团股份有限公司	北京	1 115
6	小米科技有限责任公司	深圳	3 183	深圳市华星光电技术有限公司	深圳	728
7	北京奇虎科技有限公司	北京	2 777	中国石油天然气股份有限公司	北京	641
8	京东方科技集团股份有限公司	北京	2 761	中联重科股份有限公司	长沙	596
9	珠海格力电器股份有限公司	珠海	1 981	腾讯科技（深圳）有限公司	深圳	581
10	联想（北京）有限公司	北京	1 826	比亚迪股份有限公司	深圳	509

资料来源：《2015 年中国发明专利申请受理和授权年度报告》。

4）国际专利量（PCT）比较

深圳 PCT 申请在全国处于绝对领先地位。由图 7.3 和表 7.8 分析得出，2012 年我国 PCT 总量 19 926 件，深圳 PCT 申请量达到 8 024 件，占广东省的 87.1%，占全国总数的 40.3%；与其他 2 个新区所在的省市相比，2012 年深圳比天津高出 38.8 个百分点，比上海高出 35.2 个百分点。从图 7.3 和表 7.8 中也可知，2012 年与 2011 年相比虽然占全国总数的比重有所下降，但是深圳在 PCT 国际专利申请总数的绝对量依旧保持一定的增长，同比增长 1.14%，绝对量连续 9 年稳居全国第 1 位。

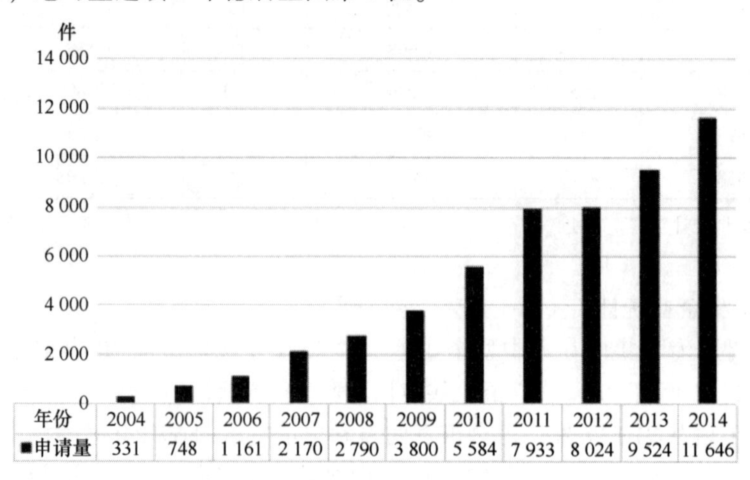

图 7.3　深圳市历年 PCT 国际专利申请量

表 7.8　深圳与国家级新区所在省（市）的国际专利比较

区域	2011 年 PCT 申请		2012 年 PCT 申请	
	数量（件）	占全国总数的比重	数量（件）	占全国总数的比重
广东	8 941	51.2	9 211	46.2
深圳	7 933	45.4	8 024	40.3
天津	—	—	304	1.5
上海	847	4.8	1 024	5.1

资料来源：国家知识产权局、深圳知识产权网。

在深圳，企业是 PCT 申请的主体。世界知识产权组织 WIPO 公布了 2011 年 PCT 国际专利申请数据显示，深圳市的中兴通讯股份有限公司以 2 826 件的申请量超越日本松下电器，高居全球第 1，华为技术有限公司以 1 831 件位于全球第 3；2014 年，华为以 PCT 申请总量 3 442 件蝉联 PCT 申请全球冠军，领先第 2 位的高通（2 409 件）1 000 多件，中兴通讯以 2 179 件列第 3 位①。这充分体现了以中兴通讯、华为为代表的新一代中国创新型企业正在以全球的视野，不断实施“走出去”战略，积极参与国际竞争，努力占领国际市场所取得的成绩。

表 7.9　2014 年国内企业 PCT 申请量排名

排名	国内企业名称	申请量（件）
1	华为技术有限公司	3 901
2	中兴通讯股份有限公司	2 801
3	京东方科技集团股份有限公司	1 145
4	深圳市华星光电技术有限公司	957
5	腾讯科技（深圳）有限公司	864
6	华为终端有限公司	402
7	北京奇虎科技有限公司	172
8	小米科技有限责任公司	167
9	国家电网公司	158
10	惠州市吉瑞科技有限公司	130

资料来源：国家知识产权局。

从国内企业 PCT 前 10 名情况来看，深圳企业占了 6 家，共 9 092 件，占前 10 名总申请量的 84.99%，华为、中兴稳居前列，分别为 3 901 件和 2 801 件。

5）商标注册量比较

深圳市用了 30 年的时间，实现从仅有 1 件注册商标到拥有 237 790 件注册商标的飞跃，表明深圳市市场主体的自主品牌意识逐渐增强。2013 年深圳市商标注册量比 2011 年增加了 99 239 件，年均增加 24 810 件，深圳市商标注册量在全国排名前列，2013 年位居第 4 位，占全国总数的 7.3%，仅次于北京、上海和广州；中国驰名商标增长了近 1 倍，

① 《深圳市 2012 年度知识产权统计分析报告》。

达到 118 件，广东省著名商标 2013 年比 2011 年增长 56.64%，年均增长 40 件。

与天津滨海新区相比，绝对量上，2013 年深圳市累计商标注册分别为天津滨海新区的 10.8 倍，中国驰名商标量是天津滨海新区的 4.9 倍，省（市）著名商标量是天津滨海新区的 1.3 倍。增长速度上，深圳市累计商标注册量 2013 年比 2011 年增长 71.6%，天津滨海新区增长 62.7%。

表 7.10　深圳市与天津滨海新区商标注册及认定情况　　单位：件

地区	累计商标注册量		累计中国驰名商标量		累计省（市）著名商标量	
	2010 年	2013 年	2010 年	2013 年	2010 年	2013 年
深圳	138 551	237 790	61	118	286	448
天津滨海新区	13 428	21 854	12	24	165	288

注：1. 资料来源：2010 年和 2013 年《深圳市知识产权统计报告》、《天津滨海新区知识产权报告》。
2. 深圳市 2013 年省著名商标的数据是在 2012 年数据基础上按照 2012 年增长率计算得到。

在深圳，企业也是商标注册的主体，市场主体具有较强的品牌意识和创新意识。至 2012 年底，深圳市累计有效注册商标总数为 19.986 3 万件，登记注册的市场主体共计 951 986 户（含个体工商户），平均 4.76 个市场主体拥有 1 件注册商标，高于 2011 年平均 5.03 个市场主体拥有 1 件注册商标的水平。2012 年，拥有 300 件以上注册商标的企业 43 家，其中腾讯科技（深圳）有限公司累计注册商标已达 1 613 家，其次是新百丽鞋业 993 件，华为技术有限公司 675 件①。

表 7.11　深圳市商标累计核准注册量前 10 名的企业统计

排名	企业名称	2011 年	2012 年	同比增长
1	腾讯科技（深圳）有限公司	1 186	1 613	36.0%
2	新百丽鞋业（深圳）有限公司	965	993	2.9%
3	华为技术有限公司	569	675	18.6%
4	华侨城集团公司	652	656	0.6%
5	招商银行股份有限公司	544	587	7.9%
6	佳兆业地产（深圳）有限公司	313	545	74.1%
7	深圳海王集团股份有限公司	522	526	0.8%
8	中兴通讯股份有限公司	400	507	26.8%
9	比亚迪股份有限公司	477	492	3.1%
10	龙浩天地股份有限公司	406	469	15.5%

资料来源：《深圳市 2012 年度知识产权统计分析报告》。

7.4.1.3　高新技术产业比较

1）高新技术产业产值比较

从高新技术产业产值来看，深圳市高新技术产业产值比上海、天津高出较多。深圳市高

① 《深圳市 2014 年度知识产权统计分析报告》。

新技术产业产值由 2009 年的 8 507. 81 亿元增长到 2014 年的 15 560. 07 亿元，增长 82. 89%；而上海市由 2009 年的 5 560. 65 亿元增长到 2014 年的 6 648. 34. 99 亿元，增长了 19. 57%，天津市由 2009 年的 3 920. 63 亿元增长到 2014 年的 8 503. 36 亿元，增长了 116. 91%。深圳成为国内高新技术产业总产值过万亿元的城市。在高新技术产业总产值增长速度方面，受金融危机的影响，2009 年深圳、上海出现负增长现象。但总体来看，深圳市增长较为平稳。在增长速度上高于上海，低于天津市的增长率，但从绝对量来看天津无法与深圳相比。

表 7. 12　2009—2014 年深圳与上海、天津高新技术产业发展情况比较

年份	深圳		上海		天津	
	高新技术产业产值（亿元）	同比增长（%）	高新技术产业产值（亿元）	同比增长（%）	高新技术产业产值（亿元）	同比增长（%）
2009	8 507. 81	-2. 38	5 560. 65	-7. 97	3 920. 63	13. 83
2010	10 176. 19	19. 61	6 958. 01	25. 13	5 100. 80	21. 84
2011	11 683. 43	14. 81	7 060. 47	1. 47	6 487. 93	27. 19
2012	12 931. 82	10. 68	6 824. 99	-3. 33	6 951. 65	14. 30
2013	14 133. 00	9. 30	6 780. 06	-0. 64	8 136. 02	16. 50
2014	15 560. 07	10. 09	6 648. 34	-1. 95	8 503. 36	4. 50

资料来源：《深圳统计年鉴》、《上海统计年鉴》以及《天津统计年鉴》（2010—2015 年）。

2）高新技术产业贡献率比较

从高新技术产业产值对工业总产值的贡献率来看，深圳市高新技术产业由 2009 年的 8 507. 81 亿元到 2014 年的 15 560. 07 亿元，同期工业总产值也由 2009 年的 15 828. 63 亿元到 2014 年的 25 809. 94 亿元，贡献率保持持续增长，由 2009 年 53. 75%到 2014 年的 60. 29%；上海浦东新区高新技术产业贡献率由 2009 年的 26. 04%到 2014 年的 30. 14%；天津滨海新区高新技术产业贡献率由 2009 年 47%到 2014 年的 41. 70%。对贡献率横向比较，表 7. 13 可知，深圳市高新技术产业产值对工业总产值的贡献率的基数较大，同时保持持续增长，而同期上海浦东新区、天津滨海新区贡献率均小于深圳，同时出现波动现象。

表 7. 13　深圳市与浦东、滨海新区高新技术产业产值对工业的贡献率比较　　单位：%

年份	深圳	上海浦东新区	天津滨海新区
2009	53. 75	26. 04	47. 00
2010	53. 90	24. 80	48. 80
2011	54. 92	26. 29	44. 10
2012	57. 97	28. 31	43. 30
2013	58. 78	29. 40	40. 61
2014	60. 29	30. 14	41. 70

资料来源：1.《深圳统计年鉴》、《上海浦东新区统计年鉴》以及《天津滨海新区统计年鉴》（2010—2015 年）。

2. 高新技术产业产值对工业的贡献率=高新技术产业产值/工业总产值。

7.4.1.4 科技政策比较

1）科技制度比较

（1）深圳科技制度：深圳市重点加强对知识产权保护的立法建设和制度配套，规范政府相关部门行政事业性收费。深圳市高度重视创新法规政策的完善，成立了科技创新委员会，推进自主创新、保护知识产权、社会信用建设等领域的法规和规章的制定，构建了完善的法规体系，把国家创新型城市建设纳入法制化轨道。其中，把加强知识产权保护作为创建良好的法律制度环境，进而保障发展的战略性资源和提高国际竞争力的核心要素，以保护为重点，增强全社会的知识产权意识，营造保护创新、支持创造的良好环境。加快培养产业急需、实务能力强、熟悉国际运行规则的复合型知识产权人才。探索建立知识产权人才专业资格制度，积极开展知识产权人才专业技术资格评审试点。深化知识产权行政体制改革，探索知识产权管理体制，强化知识产权行政执法。加强知识产权管理基础设施建设，完善有关信息检索查询系统①。

（2）上海浦东新区科技制度：上海浦东新区重点围绕核心资源形成机制、企业动力激活机制、市场价值实现机制以及科技统筹管理体制的建立和完善，采取两个方面的相关措施：其一，推动地方的科技创新立法，逐步形成科技创新法规体系。推动有关科技进步、促进科技成果转化、科技中介服务、政府资助科技服务、科技资源共享、人才市场、促进中小企业发展、企业信用担保、科学普及等法规的优先制定和修订。其二，制定相关科技及产业政策。研究科技创新相关政策，重点包括促进产学研结合、重大产业攻关项目管理、信息系统安全的测评、公共财政资助项目的知识产权管理、知识产权中介服务机构的管理。

（3）天津滨海新区科技制度：天津滨海新区采取政府引导、企业参与的科技政策，重视科技与金融的结合。具体而言：一是健全科技政策体系。出台加快科技型中小企业发展的实施意见及新 3 年行动计划、大数据行动方案、促进产业技术创新联盟发展的意见等政策，逐步建立起相对完善的科技政策体系。二是积极促进科技与金融结合，成立科技金融集团，启动科技贷款、科技租赁业务板块，引导基金公司业务稳步推进；加强科技企业与金融机构对接，推进建立“滨海新区科技金融服务中心”。

从科技制度上看，深圳市把加强知识产权保护作为创建良好的法律制度环境，进而保障发展的战略性资源，并重点强调对政府相关部分的服务进行规范。上海浦东新区把科技创新立法作为科技发展的根本，除了研究促进产学研结合、重大产业攻关项目管理等科技政策外，还制定节能技术、新能源技术、低碳技术、循环经济等产业政策。天津滨海新区注重科技与金融结合，强化科技服务体系建设。

2）人才政策比较

（1）深圳：近年来，深圳市努力构筑创新人才发展高地，形成人才比较优势。首先，制定了《深圳市人民政府关于加强高层次专业人才队伍建设的意见》及其配套文件（俗称“1+6”）、《关于加强自主创新促进高新技术产业发展的若干政策措施》等相关政策文

① 创新型城市建设路径的思考——上海和深圳的比较。

件，实施了“孔雀”计划和“鹏城学者计划”，以保障深圳市创新人才的引进和培养。其次，支持高层次创新团队和人才创办新型研究机构和高科技企业；积极探索创新成果、智力要素等参与创收分配的体制机制。再次，推动高等教育跨越式发展，弥补深圳人才资源的不足，破解创新驱动的人才瓶颈，加快南方科技大学和香港中文大学（深圳）等院校建设，以全球眼光吸引优质教学资源来深圳合作办学。提升深圳大学和北大、清华、哈工大深圳研究生院的人才培养能力；创办南方科技大学，培养创新型人才。

（2）上海浦东新区：坚持“以产聚才”与“引才聚产”并举，大力引进和培养重点产业领域急需紧缺人才，以人才的高集聚、国际化促进产业的高端化、国际化，为产业结构的转型升级、浦东经济走向世界，提供有力保障。启动实施“1116”计划，浦东“百人计划”，开创引进海外高层次人才新格局。积极鼓励社会各类商业担保机构，为人才实施高新技术项目产业化提供贷款担保。通过浦东新区政府创业投资引导基金，引导社会各类风险投资机构支持人才开展创业。按照《浦东新区科技发展基金研发投入补贴资金操作细则》的规定，提供相应的研发费用补贴。对自主创新活动中取得重大突破的高新技术企业，其领军人物及创新团队人员、重要研发人员，给予一定的人才补贴。

（3）天津滨海新区：新区在人才培养、人才引进、人才激励和专项人才上有新的举措。在人才培养上，天津滨海新区按照择优资助的原则，对优秀专业技术人才进行重点培养，对培训费用给予补助，建设了包括空客 A320 人才培养基地等在内的 8 大“技能型紧缺人才培养基地”。在人才引进上，对新区发展的支柱产业和高新技术企业引进人才在学历、职称上放宽政策。在人才激励上，对区域内从事研发和成果转化的各类人才给予个人和团队补助。在专项人才上，对创办高新技术企业可以申请风险投资基金，从事技术转让、技术开发与之相关的技术咨询、技术服务取得的收入，免征营业税。

从人才政策比较看，深圳市注重高层次人才和创新团队的培养，加强高新技术产业人才培养，为企业发展输送人才。上海浦东新区重视为人才科技研发提供风险担保，并对研发人才给予补助。天津滨海新区注重高校人才的培养，同时对关键性产业的人才进行专项培养。

3）投融资政策比较

（1）深圳：深圳市以市场为主导，政府引导性参与，为企业担保、设立投资资金；同时，运用税收政策进行间接支持。具体地讲，深圳市建立和完善多层次资本市场，改善融资环境。市政府与担保机构、银行共同设立再担保资金，为企业小额短期资金需求提供信用再担保，扩大企业创新资金的来源渠道。鼓励政策性银行、商业银行、担保机构开展知识产权权利质押业务试点。市政府设立 10 亿元重点民营企业大额中长期银行贷款风险补偿资金，为骨干企业增信。市政府分阶段投资 30 亿元设立创业引导资金，培育种子期和起步期的创业企业进行配投参股。对中小高新技术企业的创业投资给予所得税减免。深圳在风险投资上也表现出极大地活跃，是我国第一个风险投资试点城市，较早地出台了一系列扶持风险投资发展的政策措施。尤其是 2009 年，创业板在深交所推出上市，深圳风险投资的发展全面提速。

（2）上海浦东新区：上海浦东新区突出重点产业领域和科技园区，加大科技型中小企业信贷支持力度；创新管理模式，加快科技型中小企业信贷业务体系建设；完善政策措施，营造科技型中小企业信贷发展环境；健全担保体系，建立科技型中小企业信贷风险分担机制；建立专家库，为科技型中小企业信贷提供专业咨询服务；开展创新试点，提高科技型中小企业融资能力；支持直接融资，拓宽科技型中小企业融资渠道；建立工作机制，搭建金融服务和支持科技型中小企业发展平台。同时，风险资本投资采取“政府参与投资，分担风险，市场化运作”，且本地 VC（风险资金）投资本地项目的比例非常高，风险投资在政府强力推动下也比较活跃。

（3）天津滨海新区：建立天使投资、创业抚育、政策性融资到资本市场的科技投融资体系。每年安排促进经济发展专项资金，重点向使用股权投资基金的科技型中小企业倾斜。完善科技型中小企业上市培育机制，通过贷款贴息、资金垫付和专项补贴等方式，帮助企业解决改制上市前期费用问题，促进科技型中小企业上市融资或在其他资本市场实施股权转让；鼓励各类产业基金收购股权投资基金持有的科技型中小企业股权，在税费抵免、信用担保、财政贴息等方面予以优先扶持①。设立风险资金，为高新技术产业发展提供直接资金支持。以政府引导资金为主，吸收民营资本和外资来共同培育再担保市场并完善风险投资机制。加大科技小巨人培育与支持力度，设立滨海新区科技型中小企业利用股权投资基金融资引导资金，用于鼓励科技型中小企业利用私募股权基金（PE）和创业风险投资基金（VC）进行融资。

从投融资政策上比较，深圳市政府通过设立创业投资资金、为企业提供担保等方式直接支持企业的成长与发展。上海浦东新区和天津滨海新区重点加大对科技型中小企业的支持，注重对关键性的研发，为企业提供配套服务和保障。

7.4.2 标杆成因

7.4.2.1 经济与产业基础雄厚是深圳科技创新的强大动力

经过改革开放30余年的快速发展，深圳已形成了雄厚的经济与产业基础。2013年，深圳市 GDP 达 14 500.23 亿元，在副省级城市中名列第二，仅次于广州；人均 GDP 达 136 947 元/人。据最新的估算数据，2013年深圳市 GDP、人均 GDP 仍将分别保持副省级城市第二的地位，也高于全国沿海城市和东部国家级新区。在经济不断增长的同时，深圳市产业结构不断完善，电子信息等高技术产业已形成规模效应，生物、互联网、新能源等新兴战略产业迅速崛起，金融业、商贸物流业、创意文化等现代服务业迅速发展，服务业与制造业良性互动，推动深圳市产业结构不断优化。

雄厚的经济与产业基础将产生大量研发需求，从而以市场化方式推动科技研发与成果转化，为科技竞争力的巩固与提升提供强有力的需求支持。与此同时，各类科技驱动要素的提升也进一步优化产业结构，提升经济实力，从而使科技与经济形成良性互动。

① 资料来源：《滨海新区鼓励科技型中小企业利用股权投资基金融资若干政策措施》（津滨政发〔2010〕126号）。

7.4.2.2　财政投入力度大为深圳科技创新奠定了基础

科技发展需要大量的财力支持。深圳市巨额的财力投入为深圳科技创新发展奠定了财力基础。“十二五”初期，深圳市 R&D 投入已达 416.14 亿元，占当年 GDP 的 3.66%。这一比重，不仅远高于全国平均水平，而且高于世界平均水平和高收入国家水平。深圳的 R&D 投入持续增长，2012 年比 2011 年增加了 72.23 亿元，增长率高达 17.35%，占 GDP 的比重从 2011 年的 33.66%增长至 2012 年的 3.81%。与此同时，深圳市政府非常重视对科技发展的财政支持。从 2011 年至 2012 年，深圳政府预算内科学技术支出从 55.1 亿元增到 67.7 亿元，占地方财政一般预算支出的比重从 6.8%提高到 7.6%，无论绝对额还是相对比重，都名列前茅。强大的财政支持为深圳科技创新水平成为全国标杆奠定了基础。

7.4.2.3　企业成为科技创新的主体

与上海浦东和天津滨海 3 个新区相比，深圳企业在科技创新中的主体地位十分突出，无论是研发资金投入、研发人员还是研发产出等，企业的主体地位都十分明显。据《2013 年深圳统计年鉴》，2012 年，深圳大中型企业的工业科技项目数达 12 806 个，参加科技活动项目人员达 257 006 人；R&D 经费内部支出达 4 389 800.9 万元，占深圳市地区经济生产总值的 3.8%，远高于全国平均水平（1.97%），R&D 经费支出占主营业务收入的 2.39%；大中型企业的专利申请数达 24 858 件，占全市总量的 34%，这些比重远远高于全国平均水平，显示了深圳企业在科技发展中的强大实力和显著地位。

企业是生产经营活动的直接参与者，相比于大专院校与专业研究机构，更熟悉市场与消费者的需求。因此，以企业为主体的研发活动，更容易转化为现实生产力。与此同时，企业作为赢利性机构，可以依托自身的利润不断进行研发投入，使研发投入具有可持续性的财力保障。因此，深圳企业在创新活动中的突出主体地位，对深圳科技竞争力的可持续发展，特别是对保持与提升深圳科技的产业化能力，具有很强的支撑作用。

7.4.2.4　科技产业化水平高是深圳科技创新的主要优势

与上海浦东、天津滨海新区相比，深圳的科技研发力量特别是高校科研机构的研发力量并不强。但是，深圳的科技产出能力却很强。2012 年，深圳市专利申请与授权量分别为 73 130 件、48 662 件，其中发明专利的申请量与授权量分别为 31 075 件和 13 068 件；高新技术产值达 1.29 万亿元，其中具有自主知识产权的高新技术产品产值达 7 888.41 亿元，占高新技术产品产值的 61%；高新技术产品出口额达到 1 412.2 亿美元，占出口总额的 50%以上……上述这些指标均在其他国家级新区中遥遥领先。深圳市以较弱的研发力量，取得了突出的科技成果和产业化成果，体现了深圳强大的科技产业化与市场化能力，这也是深圳作为中国市场经济的探路者和先行者在科技竞争力领域所具有的独特竞争优势。这一优势有助于深圳科技与经济的互动发展，是深圳未来进一步巩固与提升科技竞争力的重要保障。

7.4.2.5　科技创新支撑体系比较完善是深圳科技创新的内在驱动力

2008 年以来，深圳市制定实施了国家创新型城市总体规划、33 条自主创新政策、“孔雀计划”、“六大战略性新兴产业规划”等政策措施，从科技投入、税收优惠、空间支持、金融服务、人才支持等方面制定了含金量较高的创新政策，不断优化自主创新政策环境。尤其是在科技与金融的结合上，深圳走在了全国前列。目前，深圳已形成了包括种子基金、天使投资、创业投资、担保资金和政府创投引导基金、政府产业基金等在内的覆盖创新链条的全过程的科技金融服务体系，从项目研发到成果产业化转化再到企业上市的全过程，都能得到金融的高效支持。2011 年以来，VC/PE 机构以每月超过 100 家的速度递增，累计超过 3 500 家。深交所 IPO 数连续 3 年全球首位，中小企业板和创业板已成为深圳乃至全国创新型中小企业上市融资首选之一，全市企业在中小板、创业板上市家数分别占全国的 1/10 和 1/8①。

7.4.3 发展启示

7.4.3.1 加大财政投入，为科技创新提供保障

从上述分析来看，深圳市在研发投入上处在全国领先地位，特别是企业的研发投入更是独树一帜。而舟山群岛新区在政府研发投入和企业研发投入上均低于深圳特区和上海浦东新区、天津滨海新区。为此，舟山群岛新区应加大财政的科技研发投入，不断优化 R&D 投入的资金来源。强化政府对企业技术创新引领工程，尤其是要引导优势企业加大研发投入力度，培养舟山群岛新区海洋特色企业的基础研究和应用研究能力，尽快提升企业自主创新能力；同时，政府也要加大软、硬环境建设，提高政策扶持和招商力度，围绕舟山群岛新区产业需求和海洋战略性新兴产业的目标导向，引进一大批国内外高新技术企业，并且在引进过程中加强原始创新、集成创新和引进消化吸收再创新，注重高新技术产业化过程；进一步完善和加大科技型中小企业技术创新专项资金投入，促进科技型企业发展，着力培养一批创新能力强、品牌效应明显、带动作用大的科技型大企业并支持其上市发展。

7.4.3.2 发挥企业主体作用，构建产学研合作的科技创新体系

企业是技术创新的主体，企业科技创新能力的强弱对新区的科技创新能力起着举足轻重的作用。深圳市的标杆启示告诉我们，企业是创新活力的源泉，是科技产业化的重要力量，是提升地区创新能力的支柱力量。深圳以 90%以上的创新型企业是本土企业、90%以上的研发人员在企业、90%以上的科研投入来自企业、90%的专利生产于企业、90%以上的研发机构建在企业、90%以上的重大科技项目发明专利来自龙头企业，使其在国内企业科技创新中独占鳌头。同时，深圳企业注重将研发做在生产线上，将科技与企业需求有效结合，克服了科技与经济分离、科研与企业需求相脱节的问题，促进科研机构、大学与产业的结合。

因此，舟山群岛新区科技创新体系的建设要充分发挥企业作为投入主体、研发主体、收益主体和风险承担主体的重要作用，提高科技资源配置的合理性与高效率，为经济增长

---

① 张骁儒．深圳经济发展报告（2013）[M]．北京：社会科学文献出版社，2013：172.

方式的切实转变提供持续动力。一是要促进大中型企业或企业集团同国内外高校、科研院所和跨国公司全方位的合作，高标准建设技术研发中心和博士后工作站，提高企业持续创新能力。二要鼓励发展科技型中小企业和民营科技企业，成为科技创新的中坚力量。三要建立面向全区企业服务的生产服务中心和咨询中心，依托科技中介服务体系和科技信息网，实现科技中介服务的组织网络化、功能社会化和服务产业化。四要强化政府对构建技术创新体系的宏观引导和组织协调的责任，积极为科技体制改革和机制转化排忧解难，形成合力推进技术创新体系的建立。

7.4.3.3　实现科技与产业对接，提升科技对经济的贡献率

实现科技与经济耦合，科技与产业联动，是世界经济发展得出的科学结论。实现产业化，必须要有载体，实际上就是真正市场容量大、科技含量高、市场效益好的产品，否则难以实现产业化。从对高新技术产业对工业总产值的贡献率来看，当前舟山群岛新区的贡献率相对较低，仅为深圳市的40%。由此可见，舟山群岛新区科技与产业的对接还没有完全形成。下一步，舟山群岛新区应立足于市场，立足于产业发展，使科技与产业实现完美耦合。一方面，政府要对企业的科技研发进行有效支持，对舟山群岛新区产业发展急需、产业优势明显的项目要直接给予财政支持，鼓励其创新科技；另一方面要围绕高新技术产业，大力推进科技成果转化。通过品牌园区的建设，在园内聚集一批具有自主开发的主导产品、具有持续创新能力并能形成相当规模的高新技术企业，形成产业聚集效应，促进高新技术成果产业化，提升科技对产业的贡献率。

7.4.3.4　完善政策环境，加强创新服务体系建设

良好的法制政策、市场环境和服务能力是提高科技创新能力的有效保障。好的政策环境能够为科技研发和科技产业化孕育出创新的思维，激发创新活力。从深圳市的科技创新路径来看，无不是构建了一整套包括公共服务研发平台、投融资平台和孵化平台的服务体系。

为此，舟山群岛新区要坚持将创新体系与特色产业发展相结合，以市场为导向，以服务为宗旨，全面打造舟山群岛新区技术创新服务体系，有重点、有目的地引导创新资源向新区集聚，成为浙江乃至国内海洋科技发展的前沿阵地。

一是加强科技创新服务平台建设。完善科技创新服务平台建设包括：完善科技信息服务网，加强与企业信息沟通的及时性与准确性，建立为企业快速有效服务的平台；完善科技创业孵化服务平台，为中小企业提供综合信息服务，加强中介支撑服务体系的建设，提高孵化服务水平；加强转移中心开发平台建设，筹建大学科技园和大学生创业园区，促进资源共享，提高中小企业的技术创新能力。

二是加强中介服务体系建设。进一步完善投融资平台的建设，发挥各类创新基金的作用，加强对著名风险投资机构的引进与合作，引入市场和风险意识，建立企业、项目与风险投资对接的运作体制和各类风险投资的退出机制。试点设立中国海洋科技金融公司，实现科技与金融的有机结合。建立健全技术市场交易平台，完善产权、技术交易所运作，促进科技成果和企业股权的良性互动，实现资源的优化组合。

三是加强知识产权管理机构建设。建立知识产权管理系统，建立知识产权联合执法队

伍，增强知识产权的管理和监督；加大知识产权宣传，提高企业的知识产权保护意识；继续加大知识产权保护执法力度，有效保护知识产权权利人及消费者的合法权益，努力形成良好的知识产权法制环境；落实好有关政策，鼓励企业申请实施专利，以点带面，推动全局，促进专利申请量的提高。

第8章　路　线

随着新区建设发展的加快，新区经济已进入转型升级的攻坚期，必须走科技引领经济发展的道路。坚持“自主创新”和“引进转化”并举，积极开发具有自主知识产权的、对经济增长有重大牵引作用的核心技术，主动引进国内外海洋科技成果在新区落地转化。

8.1　总体思路

8.1.1　指导思想

深入贯彻党的十八大和十八大历届全会精神，全面落实习近平总书记系列讲话精神，以“五大发展理念”为总纲，以“树标杆、补短板、求突破、走前列”为总要求，以支撑引领新区跨越发展为主线，以科技创新驱动供给侧和需求侧双向转型升级为新使命，以海洋科技为特色，以实施重大科技专项和成果转化工程为抓手，以深化科技体制改革为动力，倾力打造省级创新型试点城市和国家级海洋科教基地，努力把舟山建设成为具有“绿色、创新、开放、共享、智造、众创”特征的国家级新区。

8.1.1.1　调整技术路径

适应经济发展新常态和转变海洋发展方式的新要求，把创新目标从提高海洋产出率为主导，转向提高海洋产出率、劳动生产率和资源利用率并重，把技术创新方向从以生物技术为主体，转向生物技术与机械化技术相结合，提高我国海洋产业发展水平。

8.1.1.2　完善服务方式

适应海洋生产主体新变化和经营方式新要求，把服务环节由产中为主拓展到生产经营的全过程，把服务内容由单一技术服务为主延伸到海洋综合服务，不断增强海洋公共服务能力，提高专业化、社会化服务水平，促进现代海洋产业集约化、规模化发展。

8.1.1.3　创新组织管理

适应海洋产业发展的客观要求，遵循海洋科技发展的客观规律，把科技力量配置由重复分散转向科学分工与联合协作相结合，把科技投入由过度竞争转向稳定支持与适度竞争相结合，推进以产业发展为导向的科技要素优化组合，打造大众创业万众创业新引擎，加快形成经济社会发展的新动能，全面提升海洋科技创新效率。

8.1.2 基本原则

8.1.2.1 坚持创新发展，突出大众创业，万众创新

把发展基点放在创新上，在海洋创新领域组建一批国家级和省部级科研平台。注重体制机制创新，以改革思维打造大众创业万众创新的新引擎，形成海洋高新技术、现代产业、新兴业态蓬勃发展格局。

8.1.2.2 坚持协调发展，突出产学研结合

正确处理科研院校和企业发展中的重大关系，坚持错位发展，增强发展协调性。实施高校、科研院所和企业融合发展战略，形成全要素、多领域、高效益的高校、科研院所和企业深度融合发展格局。

8.1.2.3 坚持绿色发展，突出海洋生态高技术研发

加快舟山群岛新区绿色科技发展进程，坚持资源节约和环境保护，实施海洋工艺装备更新改造工程，推动清洁高效海洋新能源技术研发，打造高效生态经济区科技创新支撑平台，建设绿色、低碳、循环发展产业体系。

8.1.2.4 坚持开放发展，突出科技合作互利共赢

充分发挥舟山在“一带一路”建设中的独特地位与作用，丰富对外开放内涵，积极拓展发展空间，加快打造扩大开放的平台和载体，加大大院名校和创新团队引进力度，培养国际化海洋人才。

8.1.2.5 坚持共享发展，突出科技资源互惠互益

广泛联系周边区域，加强交流、增加沟通、增强互信，共建舟山国家海洋科教基地，打造长三角海洋科教公共创新平台，构建东海海洋科技协同创新联盟，促进区域内海洋科教资源的强强联合、互惠互益和相互支撑。

8.1.3 战略定位

8.1.3.1 面向环太平洋海洋科技创新的桥头堡

围绕舟山群岛新区发展战略，集聚和整合创新资源，聚焦科技创新需求突出的高端产业、蓝色经济、智能服务、生态环保、安全健康等领域，加快形成新区海洋科技发展的新动能，充分发挥科技创新的引领支撑作用，努力把新区打造成为以“创新、高端、绿色、智能、安全”为显著特征的众创型蓝色智慧城市，面向环太平洋海洋科技创新的桥头堡，为“一带一路”建设提供科技支撑。

8.1.3.2 中国（舟山）海洋科学城

紧紧围绕新区发展大局，强化互联互通新理念、依法行政新理念和绩效导向新理念，集聚海洋科技创新资源，培养涉海科研技术人才，打造新区海洋科技创新中心、海洋高技

术产业功能区、产业集聚区的孵化及产业化转化平台。全力服务“一中心、四基地”建设。充分发挥舟山群岛新区科技创新的服务和支撑作用，着力打造船舶与海洋工程科技服务产业园、北斗海洋通信产业园、海洋大数据和移动互联网产业园、海洋电子商务产业园、海洋文化创意产业园 5 大主题产业园和科技企业孵化器——创客码头，为新区转型升级发展提供科技驱动力，为全国海洋经济发展提供战略示范。

8.1.3.3　我国重要的海洋科教文化基地

加快建设科技创新载体，支持涉海企业会同科研院校，在船舶与海洋工程装备、海水综合利用、海洋生物医药、海洋勘探开发、海洋能等领域，联合组建创新战略联盟。建立健全人才培养、引进、激励机制，建设我国海洋高端人才聚集地和人力资源富集区。坚持招才引智与招商引资并重，完善人才创新创业服务体系和激励机制，带动资金、技术以及人脉集聚。打造“三岛、四校、六院”等科技创新载体，推进文化与产业、资本、科技深度融合。

8.1.3.4　“长三角”蓝色创新创业示范区

加强规划布局、制度设计和改革先行先试工作，坚持创新创业示范区与舟山群岛新区融合发展、统筹推进，进一步彰显海洋、海事、物联网产业特色；鼓励其在企业技术创新体系、技术市场体系、创新政策体系、创业服务体系、行政管理体系等方面先行先试，努力打造“大众创业、万众创新”示范区和“蓝色硅谷”，为海洋科技体制改革和创新驱动发展提供示范、树立样板，为“长三角”经济区和浙江海洋强省建设提供重要科技支撑。

8.2　远景目标

8.2.1　总体目标

适应新常态下舟山群岛新区经济、社会与科技协同发展的战略需求，舟山群岛海洋科技发展的总体目标是：以构建完善的区域海洋科技创新系统为基础，以生态化为方向，以提高自主创新能力为指导思想，建立一批海洋科技集群创新平台，汇聚一批创新人才，取得具有自主知识产权有影响的海洋科技成果，使新区的海洋科技总体水平达到国内先进水平，竞争力实现实质性增强，对海洋经济的贡献率达到 65%，并推动区域社会经济发展通过动态的、适当的平稳过程找到连接人口、资源、产业、经济 4 个子系统的最佳水平，能够支撑区域国民经济系统持续、健康地发展。

这一总体目标来自于 4 个子目标的需求，即：建立合理的海洋产业结构、实现海洋经济的持续稳定增长、促进舟山群岛新区社会全面进步与生态环境的不断改善。海洋经济的持续稳定增长是基础，海洋产业结构合理目标是实现上述基础的途径。但在不同区域，由于具体情况不同，在上述 4 个目标间，既有相辅相成、相互促进的一面，又有相互矛盾、相互冲突的一面。如经济增长有可能提高环境整治能力，改善生态环境，也有可能破坏生态环境，降低区域环境质量。但如果 4 个子系统都是以科技进步与创新为基础的，就可能打破目标之间的冲突。经济增长、社会稳定发展要建立在依靠科技进步与创新、有效控制人口增长、合理利用资源、保证良性循环的基础上，才能促进区域社会、经济、产业与科技的协同与均衡。

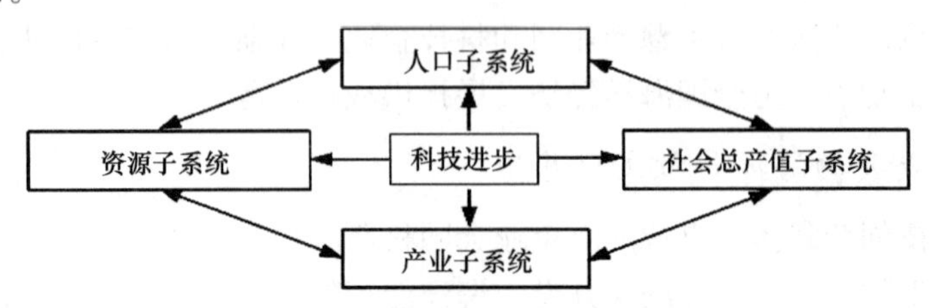

图 8.1　区域社会经济发展系统结构

8.2.2　发展目标

在新常态下，传统经济与传统产业都呈现出严峻的下滑趋势。但是，海洋资源的开发与利用、海洋高新产业仍然充满了勃勃生机，以其高速成长性成为令人瞩目的经济增长点。作为国家级海洋综合开发试验区，舟山群岛新区亟须大力发展海洋科技，通过转化更多的创新成果来引领现代海洋产业从增长点向主导产业迈进，并加快海洋生态文明建设，为促进中国海洋经济、社会与生态协同发展做出新的贡献。

8.2.2.1　短期目标

全力推进省级创新型试点城市和国家级海洋科教基地建设，到 2020 年，舟山群岛新区形成科技集聚资源能力强、体制机制优、环境氛围好的区域科技创新体系，城市科技创新能力明显提升，科技支撑产业转型升级效果显著。

1）创新能力显著提升

到 2020 年，专业技术人员达到 10 万人左右，其中高层次专业技术人才达到 1.2 万人，比“十二五”末翻一番，全社会 R&D 人员全时当量达到 7 800 人/年。公民具备基本科学素质的比例达到 13%以上。专利授权量达到 5 500 件，其中发明专利授权量达到 800 件；企业基本建立起稳定高效的创新管理机制；科技进步贡献率达到 60%以上。

2）高新技术产业加快发展

到 2020 年，高新技术企业和科技型中小企业新增数量分别达到 140 家和 720 家，均较 2015 年翻一番。高新技术产业增加值增速高于规模以上工业增加值增速 2 个百分点以上，规模以上工业企业技术开发费支出占主营业务收入比重达到 1.8%以上，全市新产品年均增速在 14%以上。

3）科技创新体系逐步完善

到 2020 年，建成一批高水平的科技创新载体，规模以上企业建立研发机构的比例达到 20%，省级及以上企业研究院（研发中心）总数达 110 家，省级及以上重点实验室（工程技术研究中心）达到 10 家，国家级科技孵化平台和国家级高新区力争实现零的突破；建成功能完备的公共研发、科技信息、检测检验、孵育孵化 4 大平台体系，建立 2~3 家国家级检验监测（检测）中心；科技服务业迅速发展，各类科技创新创业服务机构达到

30 家，创客空间数量达到 20 个以上。

4）科技投入明显增长

到 2020 年，全社会 R&D 经费支出占 GDP 比重提高到 1.8%，力争达到 2%，高新技术产业投资年均增幅 12%以上。科技投入占 GDP 比重达到 3.0%以上，科普经费达到人均 4 元以上，科技金融服务水平有较大提高。

2020 年，舟山群岛新区科技综合竞争力在浙江排名第 5 位，在沿海城市排名第 8 位；科技管理技术与机制逐步改善，科技效率得到改善；科技进步贡献率达到 60%；科技与经济发展达到中度协同，创新型城市建设取得一定进展。

表 8.1　舟山群岛新区“十三五”科技创新规划主要指标

指标名称	2015 年	2020 年	年均增长
研发投入占生产总值比重（%）	1.41	2	0.078 个百分点
科技进步贡献率（%）	57	65	1.6 个百分点
高新技术产业增加值（亿元）	159	218	7.4%
高新技术产业投资（亿元）	50	101.4	15%
规模以上工业企业技术开发费支出占主营业务收入比重（%）	—	1.8	—
研发人员数（人/年）	4 054	5 430	6%
公民具备基本科学素质的比例（%）	—	>13	—
发明专利授权量（件）	406	1 115	22.4%
技术交易额（亿元）	2.68	6.4	16.57%
规模以上工业企业实现新产品产值（亿元）	255.87	471	13%
新增高新技术企业数（家）	61	180	36
新增科技型中小微企业数（家）	302	720	144

8.2.2.2　中期目标

预期到 2030 年，舟山群岛新区科技综合竞争力在浙江排名第 3 位，在沿海城市排名第 6 位；科技管理技术与机制完善，科技效率显著改善；科技进步贡献率达到 63%；科技与经济达到高度协同，创新型城市建设取得显著进展。

努力实现以下关键指标：

（1）科技物质投入大幅提高。全社会研发经费与国内生产总值的比例提高至 3%。企业研发投入强度占据主导，科技金融服务水平明显提高。

（2）科技人才投入稳步增强。R&D 人员全时当量达到 15 000 人/年。

（3）科技直接产出大幅提高。海洋产业技术取得 4~5 项重大突破；专利申请量达到 8 400 件，专利授权量达到 4 100 件，发明专利授权量达到 450 件。

（4）科技对经济促进作用增强。产业技术创新明显加强，经济增长的科技含量明显提高。技术市场合同交易总额达到 2.1 亿元，高新技术产业增加值达到 194 亿元。

（5）创新平台建设上新台阶。建设 3~5 个具有国内领先水平的研究机构，形成完善的海洋科技公共服务体系。

（6）科技创新体制不断完善。科技管理机制改革取得较大进展，形成良好的科技成果产业化促进机制，社会创新氛围浓厚。

表 8.2　舟山群岛新区科技中期发展关键指标

指标	2030 年	年均增长速度
研发经费与国内生产总值的比例（%）	3	13%
研发人力投入（人/年）	15 000	9%
专利申请量（件）	8 400	8%
专利授权量（件）	4 100	7.5%
发明专利授权量（件）	450	7.6%
技术市场合同交易总额（亿元）	2.1	10%
高新技术产业增加值（亿元）	194	11%

8.2.2.3　长期目标

经过 2015—2050 年持续较高的研发资金与人力资本的投入，海洋高科技与海洋新兴产业的增长得以避免受传统边际收益递减规律的影响，实现了新增长模式下的规模收益递增，舟山群岛新区的海洋科技得以实现跨越式发展。

预计到 2050 年，舟山群岛新区科技综合竞争力在浙江排名居前 3 位，在沿海城市排名居前 6 位，研发经费与国内生产总值的比例提高至 3.3%；主导海洋产业关键技术在全国处于先进水平，科技对经济贡献率达到 65%；科技与经济处于高度协同状态。

8.2.3　发展愿景

8.2.3.1　“绿色舟山”建设

坚持绿色发展理念，坚定走科技创新促进产业低碳、经济循环、城市绿色之路，全面实现自然、产业、城市的生态均衡发展，努力把舟山打造成为资源节约、环境优美、生态安全、人海和谐的绿色新区。

8.2.3.2　“创新舟山”建设

坚持创新发展理念，倾力打造高水平的企业、科研院所、政府供给三位一体的联动式创新平台，同步形成高素质的企业创新主体、高水平的创新创业团队、高效能的海洋产业联盟，努力把舟山打造成为创新体制完善、创新氛围浓厚、创新思维活跃、创新人才荟萃、创新成果突出的创新新区。

8.2.3.3　“开放舟山”建设

坚持开放发展理念，深度对接舟山重大战略性新兴产业集群，集聚国际分工体系中国际贸易、金融、航运、科技等方面的人才和资源，探索建立“海洋创新人才特区”。坚持招才引智与招商引资并重，完善人才创新创业服务体系和激励机制，形成陆海内外联动、沿海沿江沿线人才双向交流全面开放的新格局，努力把舟山打造成为创业资源集聚、创新氛围浓厚、管理兼容并包的开放新区。

8.2.3.4　“共享舟山”建设

坚持共享发展理念，实施区域海洋科技共建工程，推动长江三角洲地区海洋科技协同发展，以供给侧改革优化科技资源配置为抓手，提升政府科技服务供给效率，实现科技资源产业链企业全覆盖，努力把舟山打造成为海洋科技资源优化、人力资源丰富、信息资源畅达的共享新区。

8.2.3.5　“智造舟山”建设

坚持智造发展理念，通过科技体制改革，精准把握海洋科技新脉动，实现大数据、互联网与海洋产业深度融合，构建政、产、学、研、金、介、用七位一体的协同发展模式，培育新兴产业和新的经济增长点，实现“弯道超车”，努力把舟山打造成为“互联网+技术创新+绿色制造”的智造新区。

8.2.3.6　“众创舟山”建设

坚持众创发展理念，培育多形式的众创空间，汇聚众创资源，着力打造大众创业、万众创新新引擎，帮助创客真正践行“互联网+大众创业”，形成促进经济发展的新动能，努力把舟山打造成为创新氛围活跃、创业生态良好、创客活力释放的众创新区。

8.3　路线图

8.3.1　科技创新发展路线图

舟山群岛新区海洋科技的发展必须统筹考虑经济、社会与资源环境的协调与可持续发展，紧密围绕舟山群岛新区的经济、社会与资源环境的需求发展，贯彻“培育自主创新、重点战略突破、支撑经济发展、引领未来产业”的指导思想，针对不同发展阶段的需要，突破传统的制度限制，分阶段建设与实现科技发展的目标。

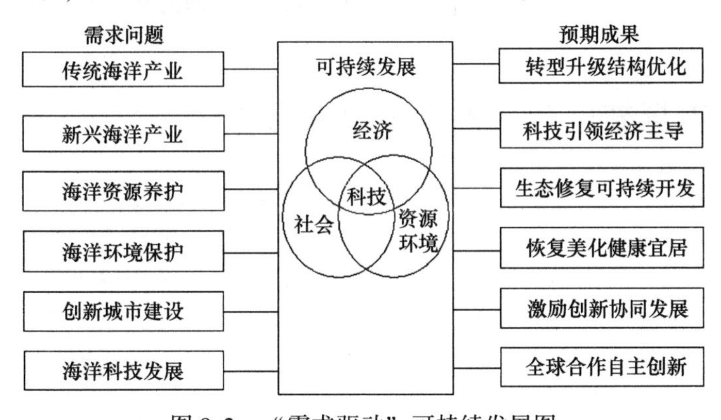

图 8.2　“需求驱动”可持续发展图

要解决舟山群岛新区发展过程中已经出现的问题和即将面对的问题，都对海洋科技的发展提出了巨大而迫切的需求。针对不同发展阶段的需求，围绕舟山群岛新区当前与今后不同阶段的问题，坚持科技、经济、社会与环境资源的可持续发展，区域科技能力建设、科技发展前瞻布局与可行性相结合的原则，本研究对未来 35 年舟山群岛新区海洋科技的发展进行了展望与预期，如图 8.3 所示，规划了 2020 年、2030 年与 2050 年舟山群岛新区海洋科技发展路线，力争实现科技发展新跨越，应对新常态下发展格局深度调整的新形势，确立区域核心竞争优势，实现创新驱动、内生增长。

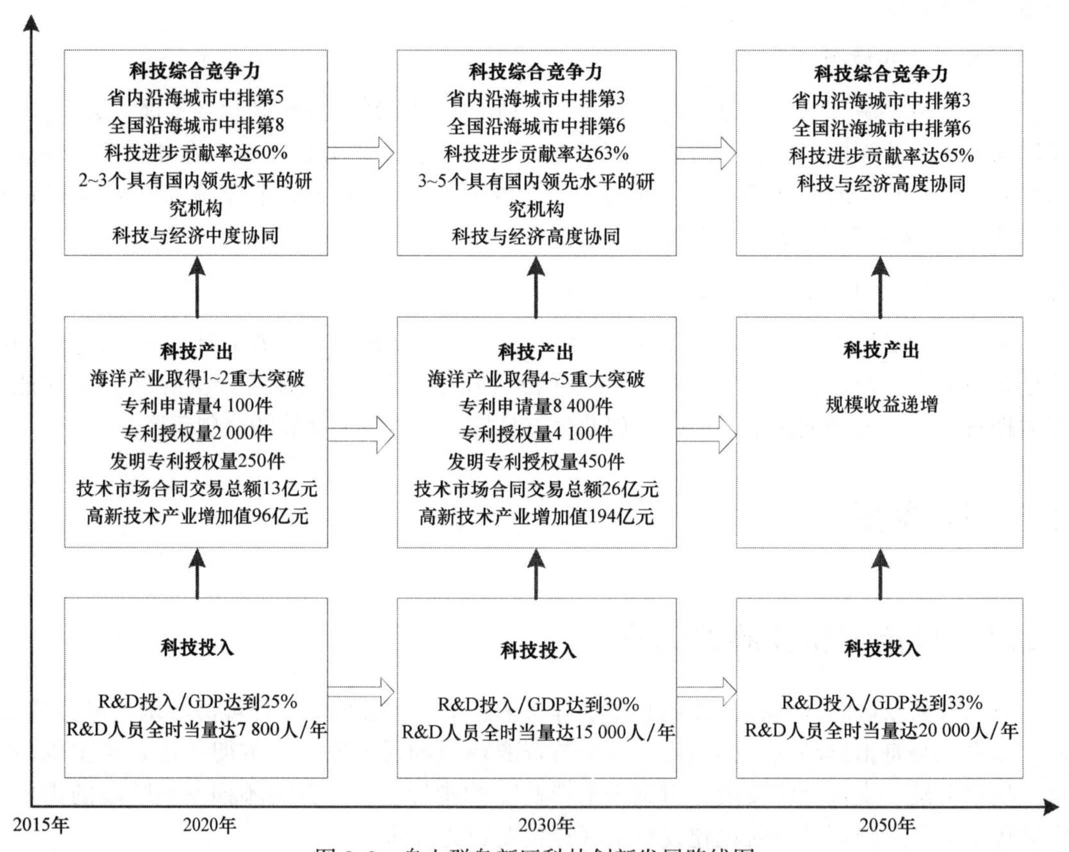

图 8.3　舟山群岛新区科技创新发展路线图

8.3.2　舟山群岛新区优选产业发展路线图

区域战略产业的产生是区域产业系统众多产业之间相互竞争和协同作用的结果。因为区域战略产业是在产业系统演化过程中，从无到有、从小到大产生、发展起来的，是区域内各产业之间竞争、协同作用的结果。区域战略产业的产生源于区域经济系统内自组织的条件和机制，绝非是人为的或外界因素强加于系统的结果。区域内一个产业能否成长为战略产业，受产业系统内各个产业关联关系的制约，受来自于系统内技术的、要素资源的等多种因素变量的作用。

战略性新兴产业的发展规划主要要解决两个问题，即发展什么产业以及如何发展。从整体的高度制定产业发展规划，就必须将战略性新兴产业看作一个完整的系统，并将整个系统作为考虑整合问题的出发点和归宿，追求整体“效用最大化”，追求整体与部分的和谐统一，追求内外部环境的相互协调，追求现在和未来的可持续发展。

在制定发展规划的时候，要坚持把战略性新兴产业的发展放在全球视角下来审视，从全球角度选择领域谋划项目和配置要素，提高战略性新兴产业的国际竞争优势；要注重借助“外脑”，提高规划的科学性、前瞻性和战略性；要充分评估产业发展趋势、市场容量及产品生命周期，统筹规划产业布局，发展规模和建设时序，加强市场准入监管，避免出现产能过剩。

区域战略产业的发展依赖于科技的发展，科技发展的高度决定了产业发展的高度。不同技术领域的专利增长速度不同，发展的技术机会也不同。在区域技术布局中，如果选择在那些发展最快的技术领域中增强技术能力，则在未来的发展中可能会拥有更多的机会。战略产业的选择应遵循以下三条原则：一要有利于加强区域海洋资源开发与养护；二要有利于促进区域海洋新兴产业的培育与成长；三要有利于加速区域海洋传统产业的改造与升级。

力争到 2030 年，在海洋高技术装备产业、海洋生物育种及健康养殖业、海洋药物及生物制品产业等优势领域取得重要突破，海洋高新技术产业体系初步形成，舟山群岛新区建设海洋经济强市取得重要进展。到 2050 年，舟山群岛新区基本建成体系健全、功能完备、竞争力强的海洋科技体系，并以此为基础完善海洋高新技术产业体系。

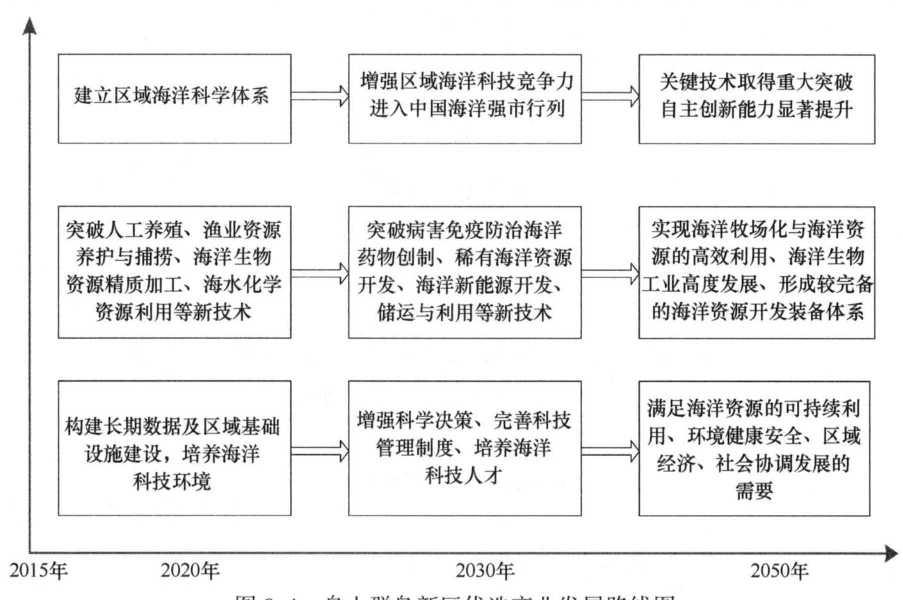

图 8.4　舟山群岛新区优选产业发展路线图

8.3.3　舟山群岛新区优选产业技术路线图

海洋产业的快速发展及其科技水平的不断提高，对科技支撑发展提出了明确的需求。科技进步与创新成为推动海洋产业发展的根本动力。以应用性、系统性、集成性为主要特征的支撑技术成为海洋科技发展的主要方向，以信息技术为主的高新技术成为产业发展的主要支撑，数字化、信息化成为海洋产业提高能力与发展水平的共同选择。

8.3.3.1 第一产业

1）技术壁垒分析

重点实施舟山沿岸渔业资源修复技术和现代渔业振兴技术研发，开展生态、高效、节能、省力海洋捕捞装备技术研发和产业化，高产、优质、生态、安全的水产养殖、深水设施养殖、工厂化水产养殖装备技术研发与推广应用。开展远洋渔业资源调查、捕捞、综合应用技术的研发和推广应用。实现多种海洋资源的综合利用开发、高值化利用。具体见表8.3。

表8.3 舟山群岛新区第一产业发展关键技术难点

序号	技术领域	编号	技术难点	排序
1	养殖	1.1	活体饲料连续培养系统研发与示范	近期
		1.2	人工海藻场建设技术研究	中期
		1.3	舟山岛礁性土著名优鱼类的筛选与繁育	中期
		1.4	生物絮凝技术在养殖污水处理中的应用开发	中期
		1.5	休闲渔业及观赏鱼养殖技术开发	中期
		1.6	零排放名特鱼类工厂化循环水养殖技术开发	中期
		1.8	海水养殖鱼类遗传改良和规模制种技术研究	长期
		1.9	杂食性海水鱼类的筛选及繁育技术开发	中期
		1.10	黄姑鱼等海水鱼类营养代谢调控及专用配合饲料研发	近期
		1.11	高品质大黄鱼“瘦身”养殖技术开发及应用	近期
		1.12	海水鱼类岛陆联动养殖技术开发及示范	中期
		1.13	海水鱼类淡化与淡水鱼类咸化养殖技术开发	近期
		1.14	海水生物饵料筛选及规模化培养技术研究	近期
		1.15	舟山海域多营养层次生态养殖技术开发	中期
2	捕捞	2.1	嵊泗贻贝养殖采摘捕捞装备技术研发	中期
		2.2	多功能节能型网渔具扩张装置技术及渔获分离技术研发与产业化	中期
		2.3	节能高效远洋渔具装备集成技术开发与产业化	中期
		2.4	舟山市远洋渔业捕捞装备技术开发研究	中期
		2.5	基于活体捕捞的网囊脱落提取关键技术研究	近期
3	资源与环境	3.1	远洋（深海）渔业资源开发与探捕	中期
		3.2	种质资源保护、增殖放流容量、风险评估技术	长期
		3.3	典型性岛礁海域海洋生态修复和生物资源利用技术集成与示范	中期
		3.4	绿色生态养殖模式的生态修复效果研究	长期
		3.5	典型海洋生物资源养护、修复与评价研究	长期
		3.6	近海生态系统碳收支及其在气候变化中的作用	中期
		3.7	海域牧场建设及实时在线监测技术研究	中期
		3.8	海洋渔业智能化数字化（物联网）装备技术	中期
		3.9	舟山群岛新区典型海洋工程建设对海洋渔业资源影响评估	中期

2）研发需求分析

针对上述产业发展技术壁垒分析，充分结合区内大学、科研院所、研发公司、生产企业等相关单位的科研基础与技术特色，未来研发需求及研发项目分析如表 8.4 所示。

表 8.4　舟山群岛新区第一产业研发项目需求

序号	技术领域	编号	技术难点	研发方向及项目（研究内容）
1	养殖	1.1	活体饲料连续培养系统研发与示范	利用活体饵料生物学特性，开展生物饵料（轮虫、桡足类等）室内高密度培养研究，建立其高密度持续培养工艺及系统
		1.2	人工海藻场建设技术研究	在东极和嵊泗海域进行生物本底调查并开展人工鱼礁投放及恋礁性种类放流
		1.3	舟山岛礁性土著名优鱼类的筛选与繁育	进行舟山恋礁性土著鱼类黄姑鱼、条石鲷、赤点石斑鱼等亲鱼驯养及规模化人工育苗并进行推广养殖和增殖放流
		1.4	生物絮凝技术在养殖污水处理中的应用开发	对舟山目前的南美白对虾大棚养殖污水通过生物絮凝技术处理后进行排放，减少对生态环境的影响
		1.5	休闲渔业及观赏鱼养殖技术开发	进行海淡水观赏鱼人工繁育及养殖技术研究，形成其繁育及养殖技术规范
		1.6	零排放名特鱼类工厂化循环水养殖技术开发	筛选舟山地区适养高品质鱼类，并利用微生物生物技术和化学工艺进行养殖尾水处理，达到循环使用的目的
		1.7	海水养殖鱼类遗传改良和规模制种技术研究	利用分子辅助育种技术和家系选育，对主要海水养殖鱼类进行种质改良研究，培养出生长快、抗病强的新品系
		1.8	杂食性海水鱼类的筛选及繁育技术开发	筛选出 1~2 种适合舟山养殖的杂食性鱼类，并开展其规模化人工繁育
		1.9	黄姑鱼等海水鱼类营养代谢调控及专用配合饲料研发	通过营养代谢研究，开发出黄姑鱼等鱼类的全价人工配合饲料
		1.10	高品质大黄鱼“瘦身”养殖技术开发及应用	通过饥饿胁迫手段和养殖水环境改善的措施，建立高品质大黄鱼养殖技术工艺
		1.11	海水鱼类岛陆联动养殖技术开发及示范	利用小岛和大陆各自的有利条件，联合开展海水鱼类养殖，建立岛陆联动的养殖新模式
		1.12	海水鱼类淡化与淡水鱼类咸化养殖技术开发	利用广盐性鱼类鲈鱼等和淡水鱼类，进行淡化和耐盐机制研究，建立海水鱼类淡化与淡水鱼类咸化养殖新模式，达到提高养殖品种品质的目的
		1.13	海水生物饵料筛选及规模化培养技术研究	利用活体饵料生物学特性，开展生物饵料（轮虫、桡足类和糠虾等）土塘规模化培养，为舟山地区提供充足的生物饵料
		1.14	舟山海域多营养层次生态养殖技术开发	利用生态学和能量学特性，进行环境友好型养殖模式开发

续表 8.4

序号	技术领域	编号	技术难点	研发方向及项目（研究内容）
2	捕捞	2.1	嵊泗贻贝养殖采摘捕捞装备技术研发	利用贻贝生物学特性，结合机械学，设计其捕捞设备开发
		2.2	多功能节能型网渔具扩张装置技术及渔获分离技术研发与产业化	结合捕捞学和机械学，设计一种全新的扩张装置及渔获分解设备
		2.3	节能高效远洋渔具装备集成技术开发与产业化	进行LED集鱼灯、低温冷藏设备、国产自动鱿钓机、远红外电子监控等先进设施装备设计及安装
		2.4	舟山市远洋渔业捕捞装备技术开发研究	开展高效生态捕捞，进行船上加工利用等技术与装备研发，有突破影响我国远洋渔业的技术瓶颈，增强远洋渔业的科技创新能力和国际竞争力
		2.5	基于活体捕捞的网囊脱落提取关键技术研究	对捕捞网具进行改进，解决活体捕捞网囊脱落的问题
3	资源与环境	3.1	远洋（深海）渔业资源开发与探捕	开发具有潜力的公海渔业资源，掌握目标海域的渔业资源状况、开发潜力、渔场形成机制等，寻求可规模开发的后备渔场，为远洋渔业持续发展奠定基础
		3.2	种质资源保护、增殖放流容量、风险评估技术	对现有的海洋渔业种质资源进行保护，并进行相关的增殖放流效果评价研究，为浙江省增殖放流提供理论支撑
		3.3	典型性岛礁海域海洋生态修复和生物资源利用技术集成与示范	开展典型岛礁海域生态系统调查、保护与修复，建设海洋生物基因库，开展岛礁物种登记开展资源环境承载力评价、监测预警和岛礁地质安全评估
		3.4	绿色生态养殖模式的生态修复效果研究	利用无污染的水域如湖泊、水库、江河及天然饵料，或者运用生态技术措施，改善养殖水质和生态环境，按照特定的养殖模式进行增殖、养殖，投放无公害饲料，生产出无公害绿色食品
		3.5	典型海洋生物资源养护、修复与评价研究	对典型的海洋生物进行资源调查、开展增殖放流及效果评价，为渔业主管部门提供技术参考
		3.6	近海生态系统碳收支及其在气候变化中的作用	构建近海碳储量和碳收支动态监测体系，开展生态型同耦合循环及其在气候变化中的影响研究
		3.7	海域牧场建设及实时在线监测技术研究	在近岸较深水域投放以增殖底栖和近底层鱼类为主的人工鱼礁，在适合网箱养鱼的近岸或内湾水域投放人工藻礁，构建实时在线监测体系
		3.8	海洋渔业智能化数字化（物联网）装备技术	从原料捕捞、海上加工运输、陆上加工、仓储、运输、销售产业链全过程的动态监控与管理系统的建立与实施
		3.9	舟山群岛新区典型海洋工程建设对海洋渔业资源影响评估	评估工程造成的渔业资源损失价值，提出工程渔业资源损失量的评估方法和减少工程施工对渔业资源影响的措施

3）第一产业技术路线图

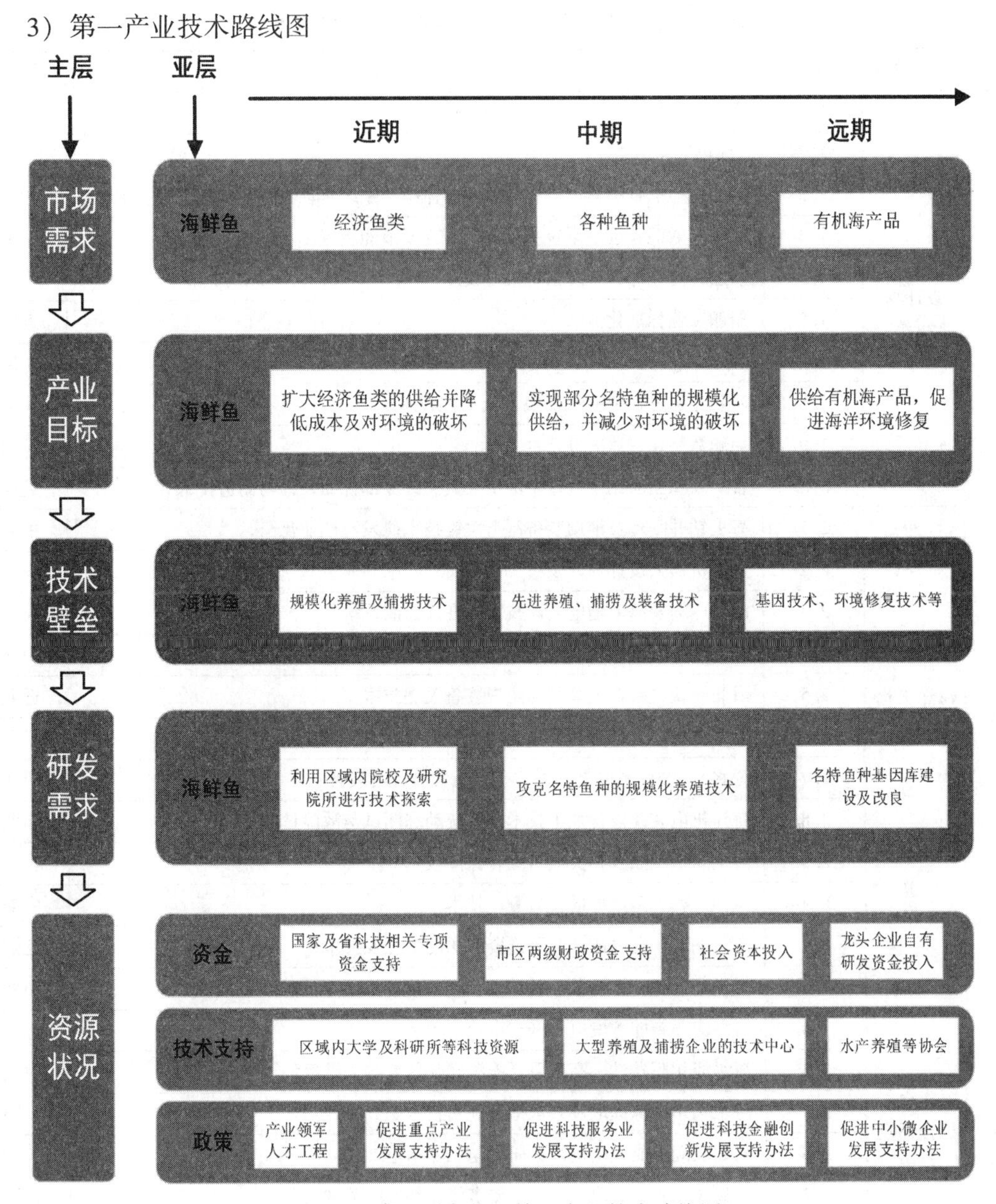

图 8.5　舟山群岛新区第一产业技术路线图

8.3.3.2　第二产业

1）技术壁垒分析

海洋第二产业所含细分领域较多，每个细分领域所涉及的关键技术与瓶颈技术错综复杂，互有交叉。结合目前国内外海洋第二产业发展趋势，以及舟山群岛新区海洋第二产业 5 大细分领域的现状，按近、中、远期时间节点对舟山群岛新区第二产业发展关键技术难点分析如表 8.5 所示。

表 8.5　舟山群岛新区第二产业发展关键技术难点

序号	技术领域	编号	技术难点	排序
1	船舶设计与建造	1.1	高技术、特种船舶精度设计与制造技术	近期
		1.2	“绿色造船”技术	长期
		1.3	高性能船舶推进器、节能导管及船体组合系统水动力性能优化匹配技术	中期
		1.4	船舶高效混合推进系统关键技术研究及节能装置	中期
		1.5	船舶智能化综合管理系统关键技术	中期
		1.6	船舶工业标准化体系	近期
		1.7	船用导航及自动化装置等关键装备技术	中期
		1.8	船舶建造过程中“机器换人”关键技术	长期
		1.9	船舶数字化建造关键技术	长期
		1.10	智能环保型船用中低速柴油机及其关键零部件的设计与制造技术	近期
2	海洋工程与装备	2.1	海上钻井平台及辅助装备制造关键技术研发与产业化	中期
		2.2	水下机器人设计与研发	长期
		2.3	海底电缆及海上输电关键技术与在线监测系统	长期
		2.4	大型海洋工程结构腐蚀控制与修复关键技术	中期
		2.5	海底管线时空在线监测与防损装备关键技术	近期
		2.6	海上大型浮式结构物设计与建造关键技术	近期
		2.7	深水（3 000 米以上）海洋工程装置设计与装备	中期
		2.8	海洋机电装备设计加工技术及系统动态测试与故障诊断	近期
		2.9	海上航道疏浚及相关航行综合保障技术	长期
		2.10	海洋工程大型浮体的实海测试技术	中期
3	海洋资源综合开发利用	3.1	海洋油气、海底矿产等海洋资源的勘探开发技术	近期
		3.2	海洋新能源（潮流能、波浪能、潮汐能、海上风能等）利用技术	中期
		3.3	海岛海洋新能源发电并网与微网技术	近期
		3.4	海水淡化膜器件、高压泵、能源回收装置等关键部件	中期
		3.5	海水化学资源提取及海水综合利用技术	长期
		3.6	兆瓦级潮流能发电机组的研制与工程示范	长期
		3.7	海岛风、光、波浪、潮流、储多能互补发电关键技术	长期
		3.8	海上大型风电场的建设及工程装备制造技术	近期
		3.9	大洋勘探及相关开发技术	中期
		3.10	液化天然气（LNG）接收技术及冷能综合利用	长期
4	绿色石化与海洋油气资源开发	4.1	绿色石化基地建设、运行安全和节能等保障技术	长期
		4.2	海岛型绿色石化基地“三废”集中回收与再利用技术	中期
		4.3	基于海洋油气田开发的环保型功能助剂	中期
		4.4	基于对二甲苯（px）产业下游的高附加值精细化产品	长期
		4.5	芳烃联合装置生产工艺深度对接及装置防腐工程	近期

续表 8.5

序号	技术领域	编号	技术难点	排序
4	绿色石化与海洋油气资源开发	4.6	大型储罐原油状态监测技术	中期
		4.7	大型浮顶油罐安全运行监测技术与灭火系统	长期
		4.8	海岛 LNG 冷能利用关键技术	长期
		4.9	海底输油管道运行安全监测系统关键技术	近期
		4.10	海洋油气田提高采收率开发技术	中期
5	海洋生物医药	5.1	海洋抗肿瘤、抗氧化、溶血栓创新药物	长期
		5.2	东海区海洋微生物功能分子的制备、功效评价及其生物合成	长期
		5.3	海洋中药、多糖、胶原蛋白和多肽类功能产品	中期
		5.4	海产品加工副产物功能营养制品开发关键技术	近期
		5.5	水产（虾蟹贝类）加工废弃物无害化处理及其高值化利用关键技术	中期
		5.6	新型海洋中成药及海洋生物药物新剂型、新辅料的开发和生产	长期
		5.7	海洋生物蛋白金属修饰肽的结构、作用机制及产品开发	近期
		5.8	基于重大疾病治疗需求的海洋特征寡糖的制备及应用	中期
		5.9	水产加工副产物中蛋白类活性物质的高效浓缩关键技术及产业化	中期
		5.10	高纯度 EPA 的制备技术及其产业化	长期

2）研发需求分析

针对上述产业发展技术壁垒分析，充分结合区内大学、科研院所、研发公司、生产企业等相关单位的科研基础与技术特色，未来舟山群岛新区海洋第二产业 5 大细分领域研发需求及研发项目分析如表 8.6 所示。

表 8.6　舟山群岛新区第二产业研发项目需求

序号	技术领域	编号	技术难点	研发方向及项目（解决措施）
1	船舶设计与建造	1.1	高技术、特种船舶精度设计与制造技术	利用区内院校科技资源攻克关键性技术难题
		1.2	“绿色造船”技术	造船关键技术管理与环境保护技术整合研究
		1.3	高性能船舶推进器、节能导管及船体组合系统水动力性能优化匹配技术	攻克关键船舶高性能推动力难题，利用系统论配比协调各部分相互融合
		1.4	船舶高效混合推进系统关键技术研究及节能装置	利用区内院校建立船舶高效混合推进系统关键技术研究平台
		1.5	船舶智能化综合管理系统关键技术	借鉴国外研究经验，利用区内平台攻克船舶智能化综合管理系统关键技术
		1.6	船舶工业标准化体系	借鉴和吸收国外先进经验，建立适合我新区实际情况的船舶工业标准化体系

续表 8.6

序号	技术领域	编号	技术难点	研发方向及项目（解决措施）
1	船舶设计与建造	1.7	船用导航及自动化装置等关键装备技术	借鉴国外研究经验，利用区内和国内船用导航研究平台攻克船用导航及自动化装置等关键装备技术
		1.8	船舶建造过程中“机器换人”关键技术	借鉴仿生学研究成果，将人的操作分解以适合机械操作
		1.9	船舶数字化建造关键技术	将数字化技术改造以适应船舶工业的发展要求
		1.10	智能环保型船用中低速柴油机及其关键零部件的设计与制造技术	借鉴国外先进经验，促进智能环保功能的提升
2	海洋工程与装备	2.1	海上钻井平台及辅助装备制造关键技术研发与产业化	结合国外引进与自主研发，使该技术适合国内外市场的需求
		2.2	水下机器人设计与研发	利用区内院校科技资源攻克水下机器人关键性技术难题
		2.3	海底电缆及海上输电关键技术与在线监测系统	海底电缆关键技术管理与海上运输关键技术整合研究
		2.4	大型海洋工程结构腐蚀控制与修复关键技术	利用和借鉴国内外先进经验，攻克关键海洋工程结构抗腐蚀难题
		2.5	海底管线时空在线监测与防损装备关键技术	利用区内院校建立海底管线时空在线监测与防损装备关键技术研究平台
		2.6	海上大型浮式结构物设计与建造关键技术	借鉴国外研究经验，利用区内平台攻克海上大型浮式结构物设计与建造关键技术
		2.7	深水（3 000 米以上）海洋工程装置设计与装备	借鉴和吸收国外先进经验，建立适合深水环境下的海洋工程装置设计与装备
		2.8	海洋机电装备设计加工技术及系统动态测试与故障诊断	借鉴国外研究经验，利用区内和国内海洋机电装备设计研究平台加强对系统动态测试与故障诊断的研究
		2.9	海上航道疏浚及相关航行综合保障技术	结合现实实践情况，总结经验和教训，积极吸收其他地区的优秀成果
		2.10	海洋工程大型浮体的实海测试技术	将实海测试技术改造以适应海洋工程大型浮体的要求
3	海洋资源综合开发利用	3.1	海洋油气、海底矿产等海洋资源的勘探开发技术	借鉴国外先进经验，促进海洋油气、海底矿产等海洋资源的勘探开发技术的提升
		3.2	海洋新能源（潮流能、波浪能、潮汐能、海上风能等）利用技术	利用区内院校建立海洋新能源利用技术研究平台
		3.3	海岛海洋新能源发电并网与微网技术	借鉴国外研究经验，利用区内平台攻克海岛海洋新能源发电并网与微网关键技术
		3.4	海水淡化膜器件、高压泵、能源回收装置等关键部件	加大智力和资金支持，促进海水淡化膜器件、高压泵、能源回收装置等关键部件的研发和应用

续表 8.6

序号	技术领域	编号	技术难点	研发方向及项目（解决措施）
3	海洋资源综合开发利用	3.5	海水化学资源提取及海水综合利用技术	借鉴国外研究经验，利用区内和国内船用导航研究平台攻克海水化学资源提取及海水综合利用关键技术
		3.6	兆瓦级潮流能发电机组的研制与工程示范	借鉴国外先进经验，促进兆瓦级潮流能发电机组的研发和应用
		3.7	海岛风、光、波浪、潮流、储多能互补发电关键技术	利用系统论配比协调各部分相互融合，攻克海岛风、光、波浪、潮流、储多能互补发电关键技术
		3.8	海上大型风电场的建设及工程装备制造技术	结合现实实践情况，总结经验和教训，积极吸收其他地区的优秀成果，攻克海上大型风电场的建设及工程装备制造技术
		3.9	大洋勘探及相关开发技术	结合国外引进与自主研发，力图攻克大洋勘探及相关开发中的关键技术
		3.10	液化天然气（LNG）接收技术及冷能综合利用	利用区内院校科技资源攻克液化天然气（LNG）接收技术及冷能综合利用难题
4	绿色石化与海洋油气资源开发	4.1	绿色石化基地建设、运行安全和节能等保障技术	结合国外引进与自主研发，使石化基地建设适合环境和生态的要求
		4.2	海岛型绿色石化基地“三废”集中回收与再利用技术	利用区内院校科技资源攻克海岛型绿色石化基地“三废”集中回收与再利用技术
		4.3	基于海洋油气田开发的环保型功能助剂	海洋油气田开发技术管理与环保型功能助剂技术的整合研究
		4.4	基于对位二甲苯（PX）产业下游的高附加值精细化产品	在产业化对二甲苯实现高盈利的同时要适合当地的生态环境
		4.5	芳烃联合装置生产工艺深度对接及装置防腐工程	利用区内院校建立芳烃联合装置生产工艺深度对接及装置防腐工程研究平台
		4.6	大型储罐原油状态监测技术	借鉴国外研究经验，利用区内平台攻克大型储罐原油状态监测关键技术
		4.7	大型浮顶油罐安全运行监测技术与灭火系统	借鉴和吸收国外先进经验，建立适合大型浮顶油罐的安全运行监测技术与灭火系统
		4.8	海岛 LNG 冷能利用关键技术	借鉴国外研究经验，利用区内和国内研究力量研发适合海岛的冷能利用关键技术
		4.9	海底输油管道运行安全监测系统关键技术	结合现实实践情况，总结经验和教训，积极吸收其他地区的优秀成果，攻克海底输油管道运行安全监测系统关键技术
		4.10	海洋油气田提高采收率开发技术	加强资金支持和智力支持，利用区内和其他科研机构支持，突破海洋油气田提高采收率关键技术

续表 8.6

序号	技术领域	编号	技术难点	研发方向及项目（解决措施）
5	海洋生物医药	5.1	海洋抗肿瘤、抗氧化、溶血栓创新药物	结合国外引进与自主研发，推出海洋抗肿瘤、抗氧化、溶血栓创新药物
		5.2	东海区海洋微生物功能分子的制备、功效评价及其生物合成	利用区内院校科技资源，结合东海地区实际情况，攻克东海区海洋微生物功能分子的制备、功效评价及其生物合成关键性技术难题
		5.3	海洋中药、多糖、胶原蛋白和多肽类功能产品	利用系统论协调各营养元素活性，研发海洋中药、多糖、胶原蛋白和多肽类功能产品
		5.4	海产品加工副产物功能营养制品开发关键技术	利用和借鉴国内外先进经验，攻克海产品加工副产物功能营养制品开发关键技术难题
		5.5	水产（虾蟹贝类）加工废弃物无害化处理及其高值化利用关键技术	利用区内院校建立水产（虾蟹贝类）加工废弃物无害化处理及其高值化利用关键技术研究平台
		5.6	新型海洋中成药及海洋生物药物新剂型、新辅料的开发和生产	借鉴国外研究经验，利用区内平台攻克新型海洋中成药及海洋生物药物新剂型、新辅料的开发和生产关键技术
		5.7	海洋生物蛋白金属修饰肽的结构、作用机制及产品开发	海洋生物蛋白金属修饰肽的结构、作用机制及产品开发
		5.8	基于重大疾病治疗需求的海洋特征寡糖的制备及应用	结合重大疾病治疗管理经验，实现海洋特征寡糖的制备及应用推广
		5.9	水产加工副产物中蛋白类活性物质的高效浓缩关键技术及产业化	结合现实实践情况，总结经验和教训，积极吸收其他地区的优秀成果，实现水产加工副产物中蛋白类活性物质的高效浓缩关键技术及产业化
		5.10	高纯度 EPA 的制备技术及其产业化	借鉴国外研究经验，利用区内平台攻克高纯度 EPA 的制备关键技术

3）第二产业技术路线图

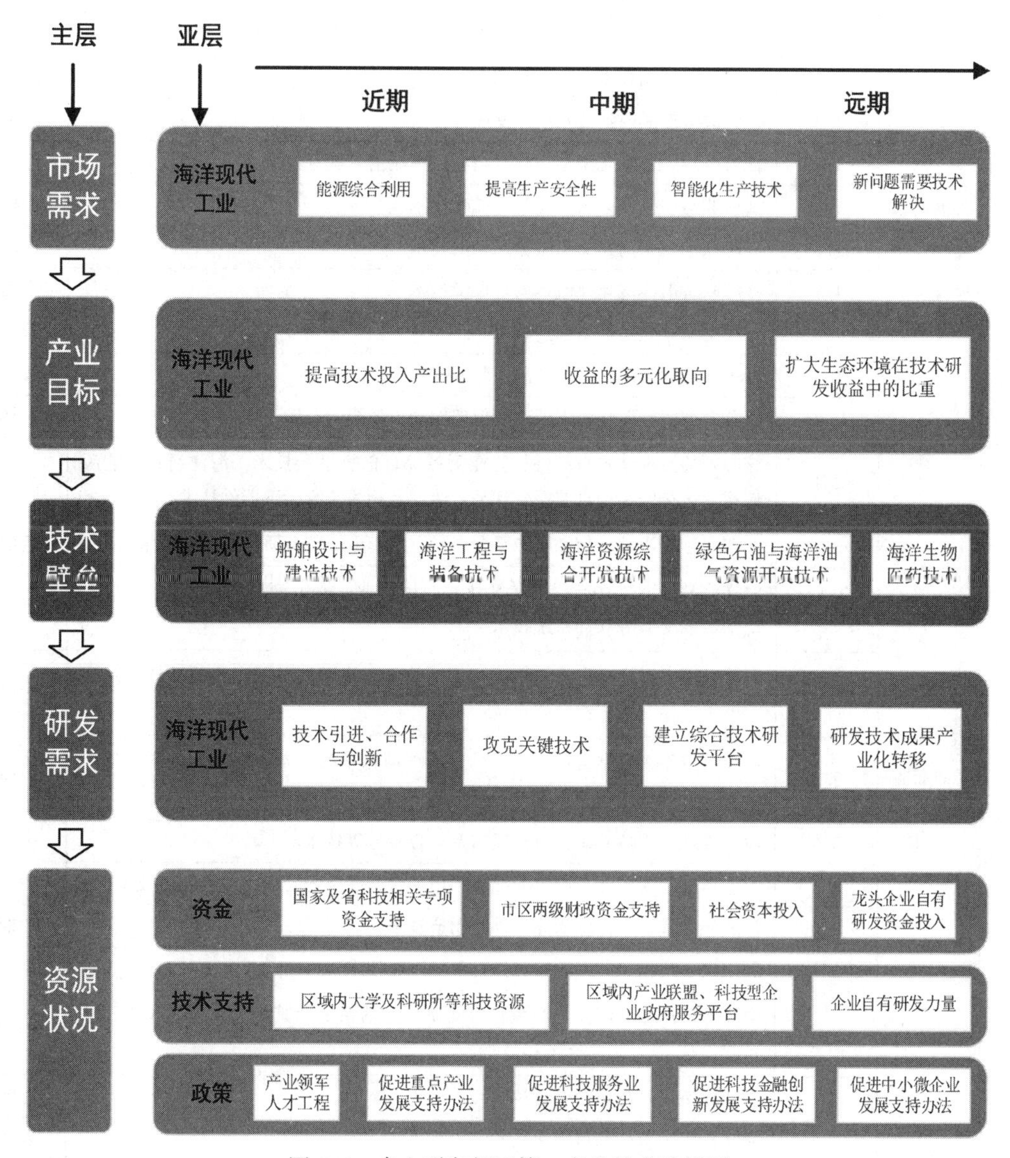

图 8.6　舟山群岛新区第二产业技术路线图

8.3.3.3　第三产业

1）技术壁垒分析

海洋现代服务业所含细分领域较多，每个细分领域所涉及的关键技术与瓶颈技术错综复杂，互有交叉。结合目前国内外海洋现代服务业的发展趋势，以及舟山群岛新区海洋现代服务业 3 大细分领域的现状，按近、中、远期时间节点对舟山群岛新区海洋现代服务业发展关键技术难点分析如表 8.7 所示。

表8.7　舟山群岛新区第三产业发展关键技术难点

序号	技术领域	编号	技术难点	排序
1	江海联运工程技术	1.1	江海港口与航道的规划设计、通行能力与船舶安全监管体系	近期
		1.2	江海联运船舶技术标准与数据交换模式	近期
		1.3	江海联运船舶内河浅水航道操纵性	近期
		1.4	江海联运绿色生态型港口建设与港口物流信息服务技术	近期
		1.5	江海联运服务体系现代化与一体化技术	中期
		1.6	江海联运大宗商品交易服务平台的技术	中期
		1.7	江海联运航线优化及航运安全保障技术	中期
		1.8	大型港口集疏运网络建造技术	长期
		1.9	绿色江海联运船舶的设计制造与示范	长期
		1.10	复杂多变的江海环境下低碳环保船舶动力系统的开发	长期
2	海洋电子信息技术	2.1	核心智能测控装置与部件、智能测控综合信息平台技术，海洋石化、能源储运等区域安全信息监控管理平台建设及相关监测传感器件技术	近期
		2.2	江海联运物流综合信息服务平台建设、配套电子装备研发与制造技术	近期
		2.3	海洋旅游、港口物流、海洋渔业、海运行业、海上交通安全监管与救助、电子数据交换等软件系统技术	近期
		2.4	海洋环境、海洋生态立体化监测传感技术、海洋物联网实施关键技术及配套电子产品、自主供电装置技术	中期
		2.5	海洋时空流大数据管理、三维海底地理信息系统引擎、海洋大数据挖掘与可视化等软件平台与系统开发技术	中期
		2.6	海上导航及定位系统，海洋通信及综合服务等技术	中期
		2.7	海洋风能、太阳能与潮流能综合利用平台开发及配套电子装备制造技术	中期
		2.8	海底光电缆、海洋电子元器件等制造技术	中期
		2.9	利用新一代信息技术改造和提升传统产业技术	中期
		2.10	海洋电子产品、海洋能源装备等测试、评估系统及其相关仪器、仪表、平台建设技术	中期
3	海洋旅游技术	3.1	海洋旅游规划与综合管理技术	近期
		3.2	海洋旅游大数据与可视化技术	近期
		3.3	海洋旅游文化资源开发与保护技术	近期
		3.4	海洋生态旅游可持续发展示范基地建设	近期
		3.5	海岛花园城市景观开发与管理技术	近期
		3.6	无居民海岛旅游开发与保护技术	中期
		3.7	国家海洋公园规划、建设与管理技术	中期
		3.8	“长三角”海洋旅游协同创新与合作	中期
		3.9	海洋旅游环境、旅游舒适度及安全保障技术	中期
		3.10	“一带一路”下海岛旅游城市互联互通旅游平台	长期

2）研发需求分析

针对上述产业发展技术壁垒分析，充分结合区内大学、科研院所、研发公司、生产企业等相关单位的科研基础与技术特色，未来舟山群岛新区海洋现代服务业 3 大细分领域研发需求及研发项目分析如表 8.8 所示。

表 8.8　舟山群岛新区第三产业研发项目需求

序号	技术领域	编号	技术难点	研发方向及项目（解决措施）
1	江海联运工程技术	1.1	江海港口与航道的规划设计、通行能力与船舶安全监管体系	建立与不断完善新型数字化港口开发与应用技术研究，高等级公路互通立交与隧道最短安全间距技术研究
		1.2	江海联运船舶技术标准与数据交换模式	完成江海直达船舶方案设计，船模验证，并取得交通运输部认可
		1.3	江海联运船舶内河浅水航道操纵性	基于声呐导航的智能交通系统研究与开发，跨海大桥深水桩基安全防护、主动避碰防撞关键技术研究
		1.4	江海联运绿色生态型港口建设与港口物流信息服务技术	基于物联网技术的水产品冷链物流与配送技术研究与开发
		1.5	江海联运服务体系现代化与一体化技术	涉海企业投资、涉海法律等涉海服务，海事审理、航运交易、航运咨询、码头服务、船舶代理等航运信息服务；创新发展航运融资、物流金融、海上保险、航运保险和再保险、航运资金汇兑与结算、离岸金融业务等航运金融服务技术的开发与研究
		1.6	江海联运大宗商品交易服务平台的技术	完善大宗商品交易服务平台，努力打造水产品加工集散平台与跨区域冷链物流配送平台
		1.7	江海联运航线优化及航运安全保障技术	构建完善的疏港公路、航空与铁路运输网，支持客货运综合交通的高精度、大系统的智能化仿真系统；加强多级航运联合优化调度研究
		1.8	大型港口集疏运网络建造技术	加强港口航道疏浚关键技术以及港航水域污染预警技术研发
		1.9	绿色江海联运船舶的设计制造技术	加强力量借助外脑解决江海联运各种船舶设计中的问题，诸如稳定性、载重量等问题，提高船舶精密制造技术
		1.10	复杂多变的江海环境下低碳环保船舶动力系统技术	推动燃料电池推进船舶，LNG 燃料船，风能推动船舶，太阳能利用等动力系统研发与应用

续表 8.8

序号	技术领域	编号	技术难点	研发方向及项目（解决措施）
2	海洋电子信息技术	2.1	核心智能测控装置与部件、智能测控综合信息平台技术，海洋石化、能源储运等区域安全信息监控管理平台建设及相关监测传感器件技术	重点发展涉海企业投资、涉海法律与公证、涉海市场调查、涉海知识产权、涉海广告等涉海服务技术研究与开发，构建海洋服务业公共平台，建立海洋信息资源综合数据库开发与研究
		2.2	江海联运物流综合信息服务平台建设、配套电子装备研发与制造技术	加强集装箱多式联运智能运输组织、业务过程协同控制、信息共享与集成等技术研发与应用，强化海产品电子拍卖、期货市场信息化技术开发与研究
		2.3	海洋旅游、港口物流、海洋渔业、海运行业、海上交通安全监管与救助、电子数据交换等软件系统技术	重点提供海上通信、海上定位服务、海洋数据及情报管理等海洋信息服务技术开发，完善海洋主管单位网络平台建设、海洋环境监测服务平台建设
		2.4	海洋环境、海洋生态立体化监测传感技术、海洋物联网实施关键技术及配套电子产品、自主供电装置技术	巩固海洋环境监测体系，加强相关监测和环保技术的研究与开发。加强海洋测绘地理信息公开和服务。提升海洋立体监测和预报服务能力，积极开展海洋产业安全生产、环境保障、气象预报等专题服务，强化面向港口作业、海洋油气生产、海上旅游、海洋渔业、海洋盐业等领域的服务
		2.5	海洋时空流大数据管理、三维海底地理信息系统引擎、海洋大数据挖掘与可视化等软件平台与系统开发技术	实施海底地形和海岸带测绘与制图工程，开展海底活动断层调查。整合海洋动力、海洋物理化学、海洋灾害分布等特征数据，提供信息发布和在线查询服务
		2.6	海上导航及定位系统，海洋通信及综合服务等技术	建设海洋遥感数据地面接收站；搭建无人机平台构建与数据处理系统、近海/水下信息传感系统、实时信息平台。配套发展海事保险、海事仲裁、海损理算、航运交易、航运咨询、公正公估、航运组织、航运专业结构、船舶管理等业务
		2.7	海洋风能、太阳能与潮流能综合利用平台开发及配套电子装备制造技术	重点开展发电装置产品化设计及制造，优先支持较成熟的海洋能发电技术开展设计定型；建立健全标准规范体系，制定海洋能资源勘查、评价、装备制造、检验评估、工程设计、施工、运行维护、接入电网等标准与规范，形成较为完备的海洋能技术标准规范体系
		2.8	海底光电缆、海洋电子元器件等制造技术	重点开发柔性直流输电技术、大容量、长距离海底电缆、深海金属铠装缆、动态海缆等技术
		2.9	利用新一代信息技术改造和提升传统产业技术	重点推进云计算、物联网、北斗导航及地理信息等技术在物流智能化管理方面的应用
		2.10	海洋电子产品、海洋能源装备等测试、评估系统及其相关仪器、仪表、平台建设技术	建成海洋仪器计量性能监测平台、海洋仪器环境试验平台、检测技术研发平台、海洋标准研发平台、全球海洋仪器质量监督保障平台、海洋标准计量质量技术支持平台、技术培训交流平台

续表 8.8

序号	技术领域	编号	技术难点	研发方向及项目（解决措施）
3	海洋旅游技术	3.1	海洋旅游规划与综合管理技术	深入挖掘和开发滨海旅游资源，积极发展海洋蓝色旅游，实施滨海旅游精品战略，打造滨海旅游产业集聚区
		3.2	海洋旅游大数据与可视化技术	重点推动海洋旅游大数据的清理和挖掘，通过开放数据，与优秀的大数据研究机构合作，获取它们对于数据挖掘与建模等技术方面的支持
		3.3	海洋旅游文化资源开发与保护技术	发展海洋知识科普、海洋科研、海洋文化交流等海洋文化旅游产业
		3.4	海洋生态旅游可持续发展示范基地建设	建设一批高品质的沿海都市休闲旅游基础设施，大力开发渔业观光、休闲度假、渔村美食、民俗体验、房车露营等多个产业项目
		3.5	海岛花园城市景观开发与管理技术	加强城市景观改善、艺术文化与遗产管理、环保最佳实践、公众参与及授权、健康生活方式、战略规划等方面开发
		3.6	无居民海岛旅游开发与保护技术	划定生态功能区，明确海岛开发主题，开发泛生态旅游产品，加强生态修复与景观建设，协调旅游开发与生态保护
		3.7	国家海洋公园规划、建设与管理技术	分利用海洋、民俗、渔业和非物质文化遗产资源，加强海洋文化遗产的考古、保护与挖掘，扶持海洋文化企业，建设一批特色鲜明的文化产业园区
		3.8	“长三角”海洋旅游协同创新与合作	加强旅游产业协作和空间协同以整合旅游发展的资源要素，积极构建“长三角”旅游大数据协同平台，旅游新业态培育与旅游创业协同平台，旅游目的地可持续发展协同平台，旅游服务质量提升协同平台，旅游人才培养基地
		3.9	海洋旅游环境、旅游舒适度及安全保障技术	构建智慧旅游系统，包括智慧旅游数据中心支撑平台、智慧旅游服务体系、智慧旅游管理体系智慧、旅游营销体系，以实现旅游信息的实时传递和交换
		3.10	“一带一路”下海岛旅游城市互联互通旅游平台	试验以旅游政策沟通、旅游客流连通、跨境旅游畅通、旅游投资融通、旅游交流互通为特征的互联互通旅游先通方式，加强区域协调机制、旅游签证、关税、边防边检、质检、口岸建设、旅游线路共建、旅游投资等方面政策沟通

3）第三产业技术路线图

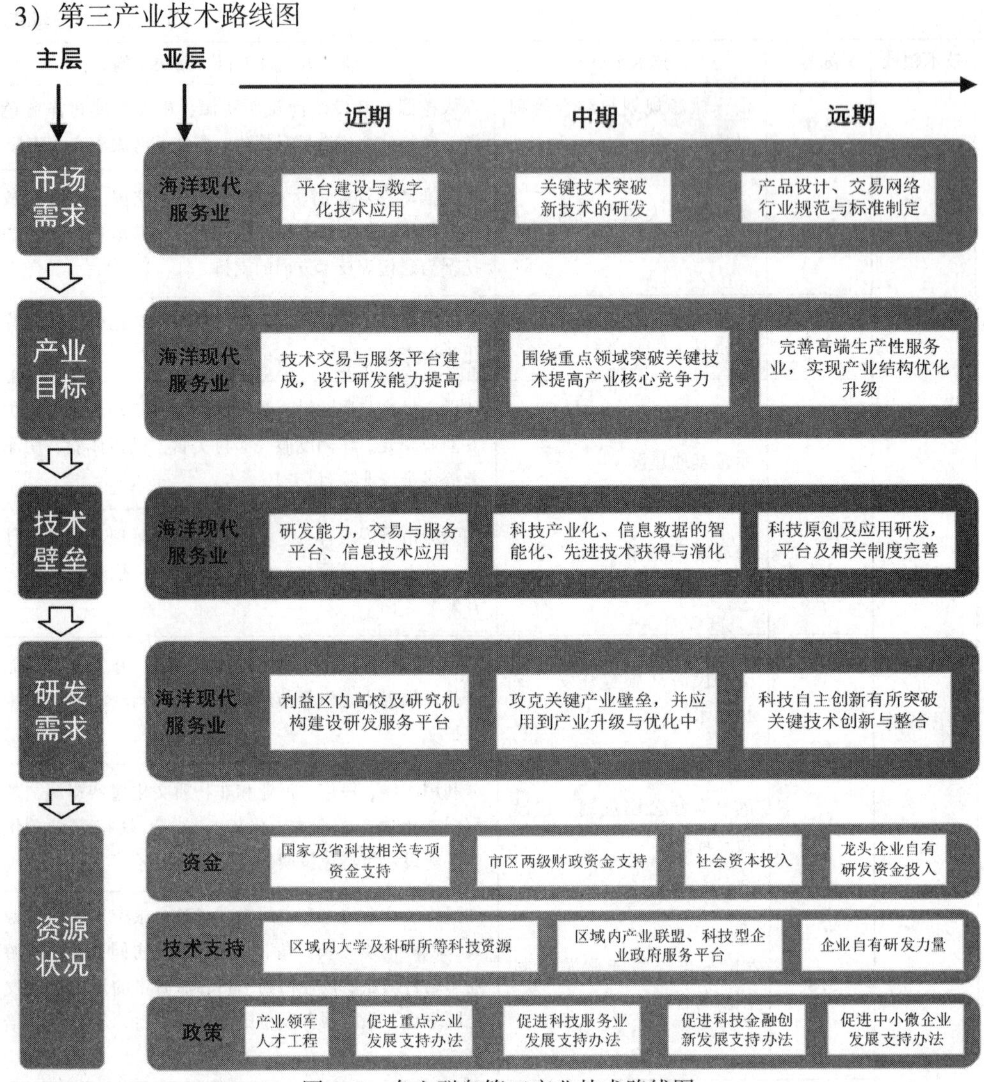

图 8.7　舟山群岛第三产业技术路线图

8.3.4　舟山群岛新区优选产业创新驱动的战略取向

围绕“3+3+4”现代产业支撑体系，着眼于延长产业链、完善产业链、做强产业链，以产业链布局创新链，以创新链提升产业竞争力，支撑产业结构调整，引领发展方式转变。根据舟山市重点产业的技术水平，研判处于提升、培育和赶超 3 个层次的产业领域，梯次部署科技创新规划，重点聚焦于绿色石化、海洋生物、海洋装备与船舶制造、远洋渔业、海洋旅游等产业。

8.3.4.1　赶超产业

1）港贸物流产业

发展重点：围绕江海联运服务中心建设，优化整合大型运输船队，积极发展港航物流、大宗商品交易和现代海事服务业等产业，着力打造国家江海联运枢纽、海事服务基地，到2020年，港贸物流产业总产出超过1 000亿元。

实施路径：重点实施绿色江海联运船舶的设计制造与示范，大力研发江海联运航运技术、物流贸易信息挖掘分析实时监测、辅助决策技术以及航运金融、航运全程量化监控与实时追踪技术和海事服务云计算技术等项目，为加快推进舟山江海联运服务中心建设提供技术支撑。

2）绿色石化业

发展重点：以大型炼化一体化项目为依托，采取统一规划、上下游产业紧密连接的基地化发展模式，使用国家最先进的工艺设备和技术，建设国际一流、产业集聚、绿色环保、民营控股的大型绿色石化产业基地。将绿色石化产业作为“十三五”期间拉动工业投资与工业经济发展的重要力量，力争至2020年，石化产业总产值突破1 500亿元。

3）现代航空产业

发展重点：以舟山航空产业园为发展载体，积极引进重大航空项目，培育发展舟山航空装备制造业，积极发展航空装备及零配件制造等相关延伸产业，推动产业集聚发展。抓住国家推进低空开放的契机，利用舟山普陀山机场设施及资源，开展通用航空运营服务业，发展水上飞机及轻型运动飞机的研发、制造及组装业。依托舟山良好的空域条件和广袤的海域资源，建立水上机场和水上飞机起降点，开展水上飞机通勤运输及旅游维护项目，进一步延伸航空装备产业链。力争2020年，航空装备制造业总产值突破100亿元。

8.3.4.2　培育产业

1）海洋电子信息产业

发展重点：以中国（舟山）海洋科学城、舟山综合保税区跨境电子商务园区为主平台，创建舟山海洋电子产业基地为目标，重点发展船舶电子、海洋探测、卫星导航应用、物联网等海洋电子特色产业，着力建设我国重要的智慧海洋应用示范基地和海洋电子信息产业基地，到2020年，海洋电子信息产业总产出超过200亿元。

实现路径：针对舟山群岛新区海洋电子信息科技创新实力不强、科技成果转化率低等，重点实施适用于USB3.1协议项下的高速数据传输线用高性能复合吸波带材的研制、LA-Ⅲ型10MeV在线式工业辐照加速器研发与产业化、核心智能测控装置与部件、江海联运物流综合信息服务平台建设等项目，突破制约舟山发展海洋电子信息产业的关键技术瓶颈，服务舟山海洋产业的快速发展和国家战略需要。

2）海洋生物医药产业

发展重点：以舟山海洋生物医药产业园为主平台，重点发展海洋生物保健品、功能性食品、生物功能材料、海洋生物酶制剂为代表的现代海洋生物产业。

实施路径：重点实施海洋微纳米贝壳果蔬净研发及产业化、东海区海洋微生物功能分子的制备与功效评价及其生物合成机制研究、以海洋生物加工副产物为原料的生物转化功能营养制品开发关键技术及其产业化、基于重大疾病治疗需求的海洋特征寡糖的制备及应用等项目，力争在海洋创新药物、功能产品开发和海洋资源高值化利用等领域的共性关键技术取得重大突破，为舟山群岛新区海洋生物医药产业跨越式发展提供技术支撑。

3）海洋新能源

发展重点：抓住国家大力发展新能源产业契机，重点发展风能、潮汐能、生物质能发电，引导新能源装备制造业发展，打造国内一流、具有较强国际竞争力的海洋新能源产业研发、制造和应用示范基地。到2020年，海洋新能源产业总产值达到100亿元。

实施路径：大力研发和应用海洋风能、潮流能、潮汐能、波浪能等海洋新能源利用技术，重点开展海岛新能源发电并网和微网技术研究，积极推广风、光、蓄互补供电技术和轻型直流输电技术在孤立海岛中供电应用，把握沿海和海岛地区风能、潮汐能等资源开发的机遇，积极推动海洋新能源成套装备和关键部件的研发，建设海洋新能源装备制造基地。

8.3.4.3 提升产业

1）船舶与海洋工程装备

发展重点：围绕“中国制造2025”，发展以大型集装箱船、大型液化石油气船、液化天然气船、豪华邮轮、游艇、远洋渔船、特种船舶以及海洋工程装备关键系统和配套设备等为代表的船舶与海洋工程装备产业。到2020年，规模以上船舶与海洋工程装备工业总产值达到1 200亿元。

实施路径：重点实施绿色节能船舶、高技术高附加值船舶和海洋工程装备的研发制造，完善修造船、高端船配、绿色拆解等主要产业链条，培育研发设计、融资租赁、信息化服务、配套供应链、人才培训等现代化生产性服务业，推动船舶与海洋工程装备向数字化、智能化方向发展。

2）水产品精深加工业

发展重点：加强产业链完善配套，推进融合化、集聚化、精深化、特色化、品牌化“五化”发展，将舟山打造成为国内一流、国际有影响力的水产品精深加工和贸易集散基地。到2020年，规模以上水产加工业总产值达到250亿元。

实施路径：加快定海远洋渔业基地建设，加强对普陀、岱山、嵊泗原水产品加工集聚区域的改造提升；围绕“海洋健康食品”方向，拓展水产品精深加工新领域，做大做强休闲食品、模拟食品、配置食品以及方便食品，推动水产品精深加工业向健康产业领域拓展。

3）海洋渔业

发展重点：以海洋捕捞与海水养殖为主的现代海洋渔业，深化养殖、捕捞技术，修复舟山渔场，振兴舟山渔场。加快建设国家远洋渔业基地，建设专业化远洋渔业母港、现代化远洋水产品交易中心、加工冷链物流区。到2020年，远洋渔业船队规模达500艘，远洋渔业产量达60万吨，实现远洋渔业基地经济总产出300亿元。

实施路径：实施舟山沿岸渔场综合治理与修复振兴技术研发，重点开展小黄鱼人工繁育技术扩繁技术、大型乌贼生殖调控和规模化扩繁技术、远洋渔船大功率节能LED诱鱼灯的开发推广，实现多种海洋资源的综合利用开发、高值化利用。

4）海洋旅游业

发展重点：以引进旅游新业态、新产品和新要素为导向，着力发展观音文化、山海景观、渔村风情、滨海度假等特色旅游，深入推进邮轮、游艇、海钓、康体、禅修等时尚旅游产业，形成以海岛休闲度假和佛教文化旅游为核心的产品体系，到 2020 年，全市旅游总收入超过 1 100 亿元，旅游业增加值占 GDP 比重达到 8%。

实施路径：重点实施海洋旅游大数据与可视化技术研究、海岛花园城市景观开发与管理技术研究、海洋观赏生物资源开发利用与保护研究以及海岛旅游城市互联互通旅游平台研究等项目，注重海洋旅游资源开发的多样性和多层次，加快培育发展海洋旅游新业态，优化海洋旅游开发管理平台技术，从而实现海洋旅游的可视化管理与可持续发展。

第9章 策 略

海洋是舟山群岛新区发展的主战场，海洋科技水平及其创新能力在新区未来的发展中将占据主导地位。面对新区经济发展新态势，通过搭平台、育主体、促转化、强合作、优环境，不断完善科技创新主体之间的互动性、创新链条内部的承接性、产业链与创新链之间的衔接性，提高科技服务新区国家战略和新区主导产业的能力，决战决胜“十三五”。

9.1 搭平台

9.1.1 提升创新平台

创新是“第一动力”，创新平台在科技创新中起到资源集聚、技术攻关、成果孵化的基础性作用。提升创新平台就是要利用现有的科技平台存量资源，做精“一城”、做强“二园”、做深“三岛”、做特“四校”、做优“多院（所、中心）”，激活创新平台、激发创新活力。

做精“一城”。进一步完善中国（舟山）海洋科学城的基础设施和硬件条件，优化中国（舟山）海洋科学城的管理体制和工作机制，建立健全中国（舟山）海洋科学城的政务服务体系、创业创新扶持政策，打造海洋科技创新资源集聚区、海洋新兴产业孵化区、海洋科教研发示范区、海洋科技综合改革试验区，力争成为“长三角”地区具有战略意义的海洋经济高新区和“海上浙江”核心区。

做强“二园”。进一步优化舟山高新园区发展规划，成功创建国家高新技术产业开发区。推动舟山省级高新技术产业园区大力发展海洋工程、高端船配制造、海洋生物和海洋新能源等战略性新兴产业，促进舟山省级高新技术产业园区向高端化、集群化、特色化转变。推动舟山船舶装备高新技术产业园区产业整合提升，加快发展海洋工程、高端船舶电子装备和港航物流服务等重点产业，促进船舶、海洋装备领域的科技人才、成果、机构和重大基础设施在舟山船舶装备高新技术产业园区集聚。

做深“三岛”。加快摘箬山海洋科技示范岛建设步伐，着力推进海岛水资源综合利用示范平台、海洋生物资源开发利用实验平台、海洋协同研究平台、水下机器人海上公共试验场等重大平台建设，全面提升摘箬山海洋科技示范岛的基础设施水平、科研和产业发展条件、生活配套服务功能，力争将摘箬山海洋科技示范岛建设成为具有世界影响的海洋科技岛、海洋创新岛、海洋文化岛。全面推进西轩渔业科技岛建设，加强全岛整体规划，打造优势突出、特色鲜明的现代海洋渔业示范区，构建国家级的海洋渔业科技创新服务平台。鼓励支持浙江海洋大学建设东极岛综合科研试验村。

做特“四校”。大力推进浙江大学海洋学院高端发展，重点围绕海洋电子信息、海洋新材料、机器人、涉海电能等领域，引进培养一批高端科技领军拔尖人才，开展涉海基础研究和海洋高新技术研发。大力支持浙江海洋大学建设省重点高校，重点围绕渔业捕捞技术、水产品精深加工等领域，开展海洋应用技术研发，培养一批高素质的海洋实用人才。大力提升浙江国际海运职业技术学院、舟山群岛新区旅游与健康学院的地方服务水平，重点围绕海洋运输、海洋休闲旅游等领域，加快培养一大批急需的高技能人才。

做优“多院（所、中心）”。推动浙江海洋开发研究院、浙江省海洋水产研究所、浙大舟山海洋研究中心提升发展，通过加大人才引进、经费扶持、国际合作力度等方式，力争把“一院一所一中心”建设成为区域龙头型科研院所，充分发挥其平台带动作用。推动舟山市水产研究所、舟山市农林科学研究院、浙江海洋大学创新应用研究院、国海舟山海洋科技研发基地等特色发展，重点围绕渔业技术、海岛特色农业、船舶工程、海底勘测等开展特色技术创新和产品研发。推动北京大学海洋研究院以成果转化为核心，以建设实体研究中心为突破口，稳步推进、有序发展；推动上海交通大学海洋科技园以水下机器人为突破口，以共建共管船舶装备高新区为抓手，逐步深化、实体运作。

9.1.2　拓展众创空间

众创空间是顺应创新2.0时代用户创新、开放创新、协同创新、大众创新趋势，通过市场化机制、专业化服务和资本化途径，实现创新与创业相结合、线上与线下相结合、孵化与投资相结合，为创业者提供良好的工作空间、网络空间、社交空间和资源共享空间。

打造一批新型的“众创空间”。舟山群岛新区要在创客空间、创新工厂等孵化模式的基础上，大力发展市场化、专业化、集成化、网络化的“众创空间”，实现创新与创业、线上与线下、孵化与投资相结合，为小微创新企业成长和个人创业提供低成本、便利化、全要素的开放式综合服务平台，营造良好的创新创业氛围，为科技创新与创业提供服务。鼓励和支持各县（区）、功能区块和高新区、开发区以“专业化、企业化、产业化”为发展方向，打造“互联网+”众创空间，重点在海洋科学城、定海区和普陀区打造“山海云间智库”、“创客码头”、“创客工厂”和“众创码头”等众创空间。整合科技、人社、经信和相关县区资源，依托相关高校和科研院所，着力打造一批科技创业基地、大学科技园、大学生创业园、小微企业创业园等创业孵化平台。进一步加大科技孵化器建设力度，提高科技孵化器规模和层次，提升科技孵化器对大众创业、万众创新的承载能力和服务水平。

着力优化创业创新服务。众创空间要着力优化和完善创业创新服务，以进一步降低创业边际成本，为更多创业者加入和集聚创造条件，为创业成功提供提供更大可能。舟山应发挥新区先行先试的优势，充分发挥社会力量，有效利用科学城、高新区、科技岛和高校、科研院所的有利条件，盘活利用政策工具、仪器设备、闲置厂房等资源，为创业者提供更多的发展空间；不断优化行政审批、政策与信息咨询、技术攻关、人才培训、风险投资、融资担保等各项专业服务；支持推动举办创业训练营、创业创新大赛和黑马大赛等活动，发展创客文化，培育集聚一批以高校大学生、海归人才、民间创业人才为主体的创客人才；积极打造创新创业交流平台，培育一支以企业家、天使投资人、高层次职业经理人为主体的“创客导师”人才队伍；形成低成本、便利化、开放式、全要素，集创客、科技、金融、产业一体化的综合服务体系。

加大政策扶持力度。大众创业、万众创新核心在于激发人的创造力，各级政府要针对各种类型的创新创业出台扶持政策，鼓励年轻人踊跃参与创新、创业。

一是设立众创空间激励政策。各级政府要对园区、企业、科研院所、社会组织等设立众创空间的给予税收减免、信贷优惠、土地使用等方面优惠政策。科技管理部门作为众创空间的管理职能部门，要认真履职、创新管理方法，开展众创空间星级评定和第三方评估，并据此进行不同数额的经费奖励，激发众创空间经营者积极性和创造性，引导众创空间转型升级。

二是设立企业创新的激励政策。在税收政策上实行创新型企业先缴后退，在土地政策上实行创新型企业享受土地使用权出让金、增值税减免等优惠政策，在银行呆坏账准备金核销上实行创新型企业纳入新区计划及时优化资产负债结构优惠政策。

三是设立创业人员激励政策，鼓励、引导海归、科技人员、普通民众等各类创客入驻众创空间。

9.1.3 建成国家级高新区

国家级高新区是知识密集、技术密集的高新技术产业集聚区，代表着一个地区高新技术产业的发展水平，是引领地区经济转型升级的重要平台和强大引擎。我国已建成 149 个国家级高新区，浙江省已经在杭州、宁波、绍兴、温州、衢州、嘉兴、湖州建有 8 个高新区。目前，台州已经向国务院申报创建国家级高新区，丽水和金华也正积极创造条件创建高新区。国家要求“十三五”期间在设区地级市都要建成国家级高新区。所以舟山创建国家级高新区既是舟山经济又快又好发展的内在需求，也是国家实施创新驱动发展战略的必然要求。舟山已将创建国家级高新区纳入“十三五”规划。舟山要以舟山省级高新技术产业园区、船舶装备高新技术产业园区和中国海洋科学城为核心，以“一城二园三岛四校多院（所、中心）”创新体系为依托，着力拓展众创空间，整合提升创建国家级高新区，实施以创促建战略，搭建高能级的科技创新平台，全面提升新区科技创新驱动能力。

9.2 育主体

9.2.1 激发企业内生动力

企业作为市场竞争的主体，激发内生动力是在市场竞争中的持续制胜之道，是企业运行、发展的动力源泉，是企业发展的生命线。必须做大做强企业内生动力，实现科技与经济、科技与企业全面对接。

明确企业技术创新主体地位。鼓励企业成为技术创新主体，支持企业承担新区科研开发任务，促进高校科研力量与企业科研需求对接，加快企业技术升级改造，不断提升企业的知识产权能力，使“中国制造”强筋健骨、提质增效，形成竞争新优势，在供给侧和需求侧两端发力促进产业迈向中高端，打通科技与企业的“最后一公里”。

提升企业自主创新能力。结合海洋产业特色，引进培育一批龙头型创新企业，在企业研究院（研发中心）建设、科技项目申报、科技人才引进等方面给予重点支持，发挥龙头型创新企业在科技创新方面的示范引领效应，形成一批新产业、新业态、新模式。全面落实《舟山市“科技创业企业”助飞计划实施方案》，研究激励企业加大研发和人才开发投入的政策措施，充分调动企业开展技术创新的积极性，使企业通过自我科学技术革命，实现提升和转型。

培育科技型企业。加大科技招商力度，做好建链、补链、强链文章。坚持创新驱动战略，扶持公共创新平台，孵化更多科技型企业，实现创新链与产业链的有效对接。释放政策，积极扶持和鼓励各类科技人员创办民营科技型企业。加强对科技型中小企业的分类扶持，大力培育初创企业，扶持现有中小企业转型和科技型中小企业成长，支持一定规模绿色石化、海洋旅游、船舶与海洋工程、港航物流科技型中小企业做大做强。

9.2.2 做强科技金融

科技金融是科技与金融紧密结合，促进科技开发、成果转化和高新技术产业发展的金融工具、金融制度、金融政策与金融服务。经济发展依靠科技推动，科技产业发展需要金融强力助推。

精准支持科技金融发展。政府既要培育顶天立地的高新技术企业，也要大力发展铺天盖地的中小微科技型企业。各级政府要精准推出科技金融政策，积极打造全方位、全周期的金融产品支持链条，形成从初创期、成长期、成熟期不同的产品政策。与银行、基金等合作社会资本签订协议，帮助中小微企业引入社会资本。出台科技金融专项政策，在融资成本上再给予企业补贴，切实降低小微企业融资成本。出台产业引导基金管理办法，为中小微企业发展提供强大的金融支撑。

打造科技金融服务链条。围绕发展涉海新兴产业、促进重大海洋科技成果转化和产业化、支持创新创业和企业做强做大的目标，以企业信用建设为基础，采取一系列先行先试的科技金融创新试点，积极搭建技术和资本高效对接的信用激励、风险补偿、投保贷联动、政银企多方合作、分阶段连续支持、市场选择聚焦重点的创新服务机制，打造从实验研究、中试到生产的全过程、多元化和差异性的一条贯穿企业成长全过程的科技金融服务链条。

加强科技金融复合型人才的培养和引进。充分运用政府引导与市场需求拉动两种机制，着力培养科技金融复合型人才。协同在舟山的企业、高校、金融机构的力量，整合“科技+人才”“资本+产业”等关键要素，建立“政产学研金介”的科技金融区域协同创新中心。注重科技金融人才的引进，发挥高等院校科技金融研究与人才培养的优势，依托“盈创动力”加强科技金融服务人才的培养，培育一批既懂科技又懂金融的复合型人才，不断提升科技金融从业者的综合素质和业务能力。

9.2.3 树立标杆性企业

标杆性企业是一个增长极，具有示范性和行业代表性，在一定意义上也代表着地区经济发展的最高水平。围绕海洋产业、树立标杆性企业，是新区增强经济活力、促进转型升级的重要引擎，是承载新区经济发展和产业结构优化的重要力量，是展示新区经济形象和产业形象的重要名片。“十三五”期间，舟山群岛新区要围绕国家战略、依靠创新驱动，在绿色石化、海洋旅游、船舶与海洋工程、港航物流4个领域，遴选一批知名度高、信誉好、有发展潜力、综合实力强的企业，打造成为资产优良、绩效突出、发展稳定、综合竞争力走在全国甚至国际前列的标杆性企业。

9.3 促转化

9.3.1 推动重大技术攻关

重大技术攻关是成果转化之源，是发展高科技、实现产业化的重要前提，是企业的生存工程、发展工程、提升工程。

实施加快战略性新兴产业发展的绿色科技专项。围绕加快培育发展绿色石化、海洋生物医药、海洋新能源、海水综合利用、海洋工程装备制造等战略性新兴绿色化产业发展，组织实施绿色石化与海洋油气资源开发技术、海洋生态安全与环境修复技术、江海联运低碳工程技术、海洋资源综合开发利用技术、海洋电子信息技术等绿色科技专项，研发掌握一批核心技术和高新技术产品，力争培育出1~2个在浙江省内较有影响的战略性新兴绿色循环产业集群。

实施推动传统优势产业升级的重大科技专项。充分利用互联网+、工业智能制造、大数据应用等高新技术，推动渔业与水产品加工、船舶修造、海洋旅游等传统优势产业转型升级。组织实施现代海洋渔业技术、船舶设计与建造技术、水产品精深加工技术、海洋旅游技术等集约高效低碳科技专项，通过集中攻关，突破一批具有全局性、带动性的产业关键共性技术，推动新区传统优势产业转型升级和竞争力提升。

实施军民两用技术融合发展专项行动。助力军民融合改革创新示范区建设，聚焦科技创新、产业发展等重点领域，以军地两用、操作性强的科技项目为抓手，发挥军地双方技术优势，形成技术合力。创新军民融合科技运行机制，着力打通军民企地对接转化通道，加速科技成果军民双向融合转化和应用推广，实现科技重点产业“民参军”、“军转民”，整体提升军民融合发展水平。

9.3.2 实现标志性成果转化

成果转化是科技创新的根本目的，是企业提质增效、产业转型升级的强大引擎，是促进区域经济增长、提高综合竞争力的主要驱动力。

推进海洋渔业技术成果转化。小黄鱼是继大黄鱼、墨鱼之后，实现规模化人工繁育技术突破的又一传统经济鱼类。“十三五”期间，要围绕小黄鱼育苗、养殖和放流的关键技术实施成果转化，为舟山渔场振兴修复、“东海渔仓”振兴和我国粮食安全提供保障。液氮超低温冷冻技术是目前食品科技界公认的最环保、最高效、最经济的冷却介质，也是近年来新兴的一种食品冷冻技术，是食品冷冻技术的重大突破。“十三五”期间，围绕海上冷藏加工、海陆一体化运输、长期储存保鲜等关键技术实施成果转化，为提升舟山海鲜品质、提高舟山渔民收入、丰富全国市场供给树立舟山品牌做出贡献。

突破船舶与海洋工程技术成果转化。依托舟山船舶工业优势，基于江海航道特点，研究江海联运主力船型和技术标准，突破现有船舶设计规范关键技术、高能效江海直达船舶开发技术成果转化，打造新一代高能效江海直达船舶，推进舟山市江海联运服务中心建设。

助推海洋新能源技术成果转化。海洋潮流能发电机组大型化研发和商业化应用，是各国科学家着力攻破的世界性难题。“十三五”期间，新区要在3.4兆瓦LHD模块化大型海洋潮流能发电机组的基础上，组织力量进一步开展系统优化研究，突破5兆瓦和10兆瓦海洋潮流能发电装置技术研发和成果转化应用，为中国乃至世界的潮流能发电应用提供工程示范。

促进绿色石化技术成果转化。舟山绿色石化基地建设项目是我国打破日本、韩国等石化强国对芳烃、乙烯等重要石化原料垄断的标志性工程。“十三五”期间，新区要加大大小鱼山岛“筑堤为栏”关键技术、绿色石化产品储存和运输技术、高端精细化学品技术的攻关研究和成果转化应用，把舟山的绿色石化产业打造成万亿元级的支柱产业。

9.3.3 形成普陀山科技新品指数

立足新区海洋科技特色，把科技成果转化作为科技工作的“一号工程”，实施科技成果转化5年行动计划。大力培育技术交易、知识产权、科技咨询等方面的科技中介机构，在已建成线上线下相结合的虚拟市场的基础上，建设集展示、发布、宣传、交易于一体的科技大市场普陀山实体店，帮助舟山乃至国内外科技新品推向全球市场，实现成果转化，进而确立普陀山发布品牌，形成普陀山科技新品指数。

9.4 强合作

9.4.1 加大驻舟山大院名校支持

大院名校是城市的智商，是科技创新的平台、载体和容器，是城市核心竞争力的基础、核心和支柱。舟山的科教水平还处于快速发展的起步阶段，与舟山实行创新驱动战略、发展高新技术产业存在较大差距。“十三五”期间，要加大对舟山本土高等院校、科研院所在土地、经费、人才、政策等方面的支持力度，打造竞争择优、互惠共赢、追求成功、宽容失败的科研生态环境，提升研发能力和创新效率，推动科研机构成为新区产业共性技术研究开发、重大科技成果工程化与产业化的核心基地，把新区建设成为国内外高端人才聚集、具有国际影响力的创新中心。

提升高校、科研院所创新能力。积极鼓励支持浙江海洋大学、浙江大学海洋学院、浙江省海洋开发研究院、浙江省海洋水产研究所等在舟山高校和科研院所，围绕新区发展需要，申报国家和省级科技项目（奖项），设立高水平的重点实验室、工程技术中心，开展科技成果转化产业化等，提升高校、科研院所对新区创新贡献度。加大产学研合作力度，推动市内外高校、科研院所与新区的企事业单位开展深度合作，组建一批技术创新联盟，研发一批可供转化的技术。

集聚科技领军人才。优化升级“5313”行动计划，进一步创新扶持方式，加大扶持力度，扩大科技领军人才（团队）引进范围和规模。优化“5313 计划”工作机制和流程设计，提高“5313 计划”政策的兑现效率和项目落地运作比例。推进定海科创园等孵化基地提升服务能力，在优化政务服务的基础上，大力培育发展科技中介、人才中介、金融中介等专业服务机构，为科技领军人才（团队）创业创新提供优质高效的专业化服务。

加快引进培育科技骨干人才。实施“优秀青年科技人才计划”和“优秀科技工作者计划”。依托在舟山高校、科研院所、重点企业，通过给予特别创业创新资助、搭建国际交流合作平台、加大学习锻炼力度等方式，引进培养一批科技拔尖人才。实施“实用型研发人才引培计划”，通过制定专项政策，给予住房、薪资、补助等方面的支持，引进集聚一批高素质的实用型研发人才。

9.4.2 强化国内外科技交流合作

对外科技交流与合作是加快科技创新，提高科技成果转化的有效措施之一。“十三五”期间，新区要进一步拓展合作领域，创新合作方式，提高合作效率和水平，通过采取筹建“国际海洋科技合作峰会”、构建区域科技合作平台、建立 C9+1 联合成果转化中心等多种形式，广泛开展科技合作与交流，提高自主创新能力。

大力培育国际科技合作品牌。积极筹建“国际海洋科技合作峰会”，推动建立国家层面的科技合作峰会机制，重点加强与美国、以色列、乌克兰、加拿大以及太平洋岛国等重点合作国家的交流，促进中外海洋科技合作共赢。积极寻求国务院和国家有关部委的支持，争取形成一个国家层面的、高规格的、海洋科技和海洋产业对接的固定机制，为中外海洋科技型企业搭建一个交流、洽谈、对接的平台，对接“中国制造 2025”战略，助力智能制造产业升级。

主动构建区域科技合作平台。积极支持舟山科技企业“走出去”，重点在杭州、上海等发达城市建立科技孵化器，条件成熟时可以考虑到海外建立科技孵化器。积极引进利用沿海沿江先进城市的科技人才、成果、机构等创新资源。组织跨学科团队，利用人才资源优势，积极推动信息技术进步和新产品研发，打造工业化和信息化深度融合新常态。区域孵化器的建设将有力推动新区中小企业实施走出去战略和国内外高端技术的“拿来主义”，帮助新区实现技术水平改造和产品质量提升。

9.4.3 建立 C9+1 联合成果转化中心

C9 是指中国首个顶尖大学间的高校联盟，代表了中国高等教育和科学研究的最高水平。深化与北京大学、清华大学、浙江大学、复旦大学、上海交通大学、南京大学、中国科学技术大学、哈尔滨工业大学、西安交通大学 C9 高校以及中国科学院的合作，构建

C9+1 舟山群岛新区科技成果联合转化中心，积极吸引新区转型发展急需的高水平科研成果到联合转化中心孵化并落地转化，是新区实现“弯道超车”、创新引领跨越式发展的最佳途径。可以考虑在中国海洋科学城划出一块专门的区域，为“C9+1”成员提供合适的研发空间、经费和政策支持，成立一个独立法人的舟山研究中心，任其自主发展。政府鼓励并支持每一个入驻机构内设科研成果转化处，并配备5个人员编制。政府每年委托第三方对每个中心科研成果转化绩效进行评估，作为对其进行经费支持的重要依据。

9.5　优环境

9.5.1　形成新的科技创新机制

科技创新和机制创新是实施创新驱动发展战略的两个驱动轮，构建引领创新、支持创新、鼓励创新的科技机制是科技创新的关键，也是创新发展的关键。“十三五”期间，新区要按照全国科技“三会”精神，大力推进科技创新投入方式、新型科研组织模式、高层次人才引进方式、项目管理机制、改革科技评价制度、协同创新机制、科技资源开放共享和科技人员激励机制等方面的改革创新。

着力弥补科技供给端短板。健全以面向战略性新兴产业的高精尖技术研发为导向的供给端科技立项机制，通过基础研究、共性关键技术研究，促进产业升级换代，提高科技含量，提升创新能力，推动现代服务业和高端智造业加快形成。激发大院名校重大科技项目设计的主动性，提炼制约企业升级的共性关键技术问题，完善“企业提出技术难题、政府部门整合提升、政企共同出资、产学研联合解题”的科技项目设计模式。全面启动科技云平台“阳光工程”建设，建成科技业务管理系统，实现科技项目和经费全过程、痕迹化、信息化管理。深化科技项目经费管理体制改革，围绕提高项目承担单位经费使用自主权、项目经费劳务费和间接费用比例等进行先行先试。深化科技奖励体制改革，进一步建立健全以成果质量和产业化水平为主要衡量标准的科技成果评价奖励机制。团结凝聚科技工作者，引进大院名校，集聚高端科技人才、优秀智力成果等创新资源，培养一批能够满足市场多层次需求的现代劳动力大军，为实现省级创新型城市建设目标提供保障。

探索科技智能管理新机制。抓住国家开展新型科研机构改革试点机遇，选择有条件的已有或新建（新引进）科研机构，围绕科研机构性质、科研资源配置、成果转化、人员管理激励等进行创新改革，着力构建激发科技人才创造激情和提升科研机构发展活力的供给端驱动式管理机制。制定出台一系列科技扶持政策，鼓励工业企业特别是小微企业走信息化之路，打造临港工业企业“升级版”。

优化科技考核管理体制。按照全面深化审批体制改革和依法行政的要求，推进科技项目报批、科技行政许可等科技审批事项改革，并与组织、人社、经信、土地、环保等部门合作，推动科技创业项目审批体制改革。深化科技服务工作机制，创新开展“五帮一化”服务企业活动，建立服务企业的长效机制。进一步强化优化科技目标考核体制，推动相关县区申报建设创新型县区，为智慧舟山建设提供支撑。

9.5.2 优化科技创新生态环境

科技环境是企业、科研院所、高等学校和研究人员开展科学研究的最基本创新空间，对技术创新起着重要的影响作用，改造环境和创造好的氛围是科技研究的重要组成部分。"十三五"期间，新区要紧紧围绕"一城四岛一中心"的战略部署，紧扣建设省级创新型城市目标，精准把握科技工作新常态，先行先试、大胆创新，突破制约科技发展的体制机制，不断优化新区科技创新生态环境。

不断优化科技创新社会环境。全市各级领导要进一步强化科技意识，重视和发挥科技在经济社会发展中的支撑和引领作用，及时协调解决科技创新工作中的重大问题。企业家作为科技创新的主力军，要树立企业发展"技术为王"的理念，倡导崇尚竞争、勇担风险、追求卓越的工匠精神，在全社会推动"大众创业、万众创新"和"互联网+"行动计划。科技界要履行科技创新的主体责任，面向经济主战场，勇于创新、求真务实、开放协作，倾力推进科研成果的转化和应用。科技管理部门要会同社会各界共同打造海洋科普节、科技周、科普日、"科普进渔村"、"海岛科普行"等一批特色科普工作品牌，提升全民科学素质，为科技创新奠定广泛的社会基础。媒体要大力宣传科技创新，引导全社会形成重视科技、应用科技、创新驱动引领新区发展的共识。

建立多层次科技投入体系。围绕建设省级创新型城市的目标，完善财政对科技投入的稳定增长机制，创新投入方式，放大政府财政科技资金的引导作用，引导银行、保险、证券、创投等社会资本投入科技创新，形成多元化科技投入体系。积极开展知识产权质押融资、科技保险、科技融资担保等金融创新服务，建立科技金融风险补偿机制，支撑舟山全面科技创新。研究设立创客引导基金、科技人才专项基金，大力发挥"创新券"作用。

着力强化知识产权保护。不断加强知识产权保护协调机制的建设，强化行政保护与司法保护的有机衔接，完善保护知识产权的联合协作网络，建立健全重大案件会商通报、信息沟通、案件移送制度，严厉打击知识产权侵权行为；加大知识产权行政执法力度，完善知识产权行政执法体系，建立健全全市专利、版权行政执法队伍，规范执法行为，提高执法水平，增强执法能力，保护知识产权发展环境。

9.5.3 建成海洋科技人才综合试验区

在中国（舟山）海洋科学城探索建立海洋科技人才综合试验区，加强政策和机制创新，建立科技新政和人才新政，推动各大高校、科研院所的科技人才和创新要素互融互通，加快科技成果转化，扩大溢出效应辐射全市，力争成为新区创新发展的新引擎，让新区成为创新创业的乐园。

参考文献

（一）著作类

1 王修林，王辉，范德江．中国海洋科学发展战略研究［M］．北京：海洋出版社，2008.

2 中国科学院海洋领域战略研究组．中国至2050年海洋科技发展路线图［M］．北京：科学出版社，2008.

3 宁凌．海洋综合管理与政策［M］．北京：科学出版社，2009.

4 冯士筰，李凤岐，李少菁．海洋科学导论［M］．北京：高等教育出版社，1999.

5 李乃胜．中国海洋科学技术史研究［M］．北京：海洋出版社，2011.

6 周达军，崔旺来．海洋公共政策研究［M］．北京：海洋出版社，2009.

7 周达军，崔旺来．浙江海洋产业发展研究［M］．北京：海洋出版社，2011.

8 浙江省统计局．浙江省统计年鉴［M］．杭州：浙江大学出版社，2011.

9 浙江省科学技术厅，浙江省统计局．浙江科技统计年鉴［M］．杭州：浙江大学出版社，2012.

10 谈庆胜．当代科技［M］．合肥：中国科学技术大学出版社，2010.

11 殷克东，方胜民．中国海洋经济形势分析与预测［M］．北京：经济科学出版社，2010.

12 崔旺来．政府海洋管理研究［M］．北京：海洋出版社，2009.

13 谭文华．科技政策与科技管理研究［M］．北京：人民出版社，2011.

14 潘家玮，毛光烈，夏阿国．海洋：浙江的未来［M］．杭州：浙江科学技术出版社，2003.

15 （芬兰）海迈莱伊宁，等：社会创新、制度变迁与经济绩效——产业、区域和社会的结构调整过程探索［M］．北京：知识产权出版社，2011.

16 （意）阿戴尔伯特·瓦勒格．海洋可持续管理［M］．北京：海洋出版社，2007.

17 （美）尔菲德．2020年的海洋：科学、发展趋势和可持续发展面临挑战［M］．北京：海洋出版社，2003.

18 （美）凯瑟林·库伦．海洋科学［M］．上海：上海科学技术文献出版社，2011.

19 J. G. Field, G. Hempel, C. P. Summerhayes. Oceans 2020: Science, Trends and the Challenge of Sustainability, Island Press, 2002.

20 江曼琦，等．天津滨海新区成长的机理与发展策略选择［M］．北京：经济科学出版社，2012.

21 孙吉亭，等．蓝色经济学［M］．北京：海洋出版社，2011.

22 张静安．深圳创新评价［M］．北京：科学出版社，2011.

23 张骁儒．深圳经济发展报告（2013）［M］．北京：社会科学文献出版社，2013.

（二）论文类

1 于谨凯，李宝星．海洋高新技术产业化机制及影响因素研究［J］．科技与经济，2007（4）.

2 马仁锋，许继琴，庄佩君．浙江海洋科技能力省际比较及提升路径［J］．宁波大学学报（理工版），2014（3）.

3 马仁锋，许继琴，庄佩君．浙江海洋科技能力省际比较及提升路径［J］．宁波大学学报：理工版，2014（3）：108-112.

4 习近平．抓住自主创新就抓住了科技发展的战略基点［N］．经济日报，2006-8-15.
5 习近平．中国必须成为科技创新大国［N］．新华日报，2014-1-7.
6 习近平．科技是国家强盛之基［N］．第一财经日报，2013-7-22.
7 卫梦星，殷克东．海洋科技综合实力评价指标体系研究［J］．海洋开发与管理，2009（8）.
8 方景清，张斌，殷克东．海洋高新技术产业集群激发机制与演化机理研究［J］．海洋开发与管理，2008（9）.
9 方芳，等．我国海洋科技成果产业化发展研究［J］．海洋技术，2011（3）.
10 王云飞，王淑玲，厉娜．沿海城市海洋科技创新能力评价研究初探［J］．中国科技信息，2013（16）：165-166.
11 王树文，王琪．美日英海洋科技政策发展过程及其对中国的启示［J］．海洋经济，2012（5）：58-64.
12 王金平，张志强，高峰，等．英国海洋科技计划重点布局及对我国的启示［J］．地球科学进展，2014（29）：865-873.
13 车俊．落实全省科创大会精神　加快科创大走廊建设［N］．杭州日报，2016-08-06.
14 车俊．强化创新引领　加快动能转换［N］．浙江日报，2016-08-13.
15 车俊．勇当大数据时代的弄潮儿［N］．杭州日报，2016-10-14.
16 卢长利．国外海洋科技产业集群发展状况及对上海的借鉴［J］．江苏商论，2013（6）：43-45.
17 白锟．我国海洋高新技术产业化发展模式研究［J］．经营管理者，2010（11）.
18 白福臣．中国沿海地区海洋科技竞争力综合评价研究［J］．科技管理研究，2009（6）.
19 白福臣，等．科技引领海洋新兴产业发展的机制研究［J］．科技管理研究，2013（23）.
20 伍业锋，施平．中国沿海地区海洋科技竞争力分析与排名［J］．上海经济研究，2006（2）.
21 江丽鑫．我国沿海地区海洋科技比较分析［J］．科技信息，2011（17）.
22 向云波，彭秀芬，徐长乐．长江三角洲海洋经济空间发展格局及其一体化发展策略［J］．长江流域资源与环境，2010（12）.
23 刘康．国际海洋开发态势及其对我国海洋强国建设的启示［J］．科技促进发展，2013（5）：57-64.
24 刘靖，李娜．“长三角”海洋科技实力地区比较与评价［J］．海洋开发与管理，2015（11）：67-73.
25 刘康．国际海洋开发态势及其对我国海洋强国建设的启示［J］．科技促进发展，2013（5）.
26 刘明．我国海洋高技术产业的金融支持研究［J］．区域金融研究，2011（3）.
27 刘伟，张辉．中国经济增长中的产业结构变迁和技术进步［J］．经济研究，2008（11）：4-15.
28 乔俊果．21 世纪美英海洋科学战略比较研究［J］．海洋开发与管理，2011（2）：25-28.
29 朱方明，等．技术创新推动国家和区域经济跨越式发展的作用机制探析［J］．四川大学学报（哲学社会科学版），2011（2）.
30 仲雯雯．国内外战略性海洋新兴产业发展的比较与借鉴［J］．中国海洋大学学报，2013（3）：12-16.
31 孙景淼．科技引领创新驱动，加快建设海洋科学城［N］．舟山日报，2013-04-12.
32 孙景淼．打造海洋科学城，构筑舟山群岛新区主引擎［N］．浙江日报，2013-06-06.
33 宋炳林．美国海洋经济发展的经验及对我国的启示［J］．吉林工商学院学报，2012（1）：26-28.
34 宋军继．国内海洋高新技术产业发展模式优化研究［J］．山东社会科学，2013（4）.
35 宋军继．美国海洋高新技术产业发展经验及启示［J］．东岳论丛，2013（4）：176-179.
36 李强．着力打造人才特区，加快建设科技“双城”［N］．浙江日报，2012-06-14.
37 李强．找准定位突出特色推进创新驱动发展［N］．浙江日报，2013-06-08.

38 李强．坚持创新驱动发展，加快经济转型升级［N］．浙江日报，2012-12-26.
39 李强．在创新中探索转型升级新路径［N］．中国科学报，2013-03-13.
40 李强．以市场导向建设科技创新大平台［N］．浙江日报，2014-12-24.
41 李强．强化创新驱动 支撑转型发展［J］．今日科技，2015，(04)：2-4.
42 李克强．以创新支撑和引领经济结构优化升级．http：//tech. sina. com. cn/it/2014 - 03 - 05/10279213545. shtml.
43 李克强．依靠体制改革与科技创新，发展新兴产业．http：//finance. qq. com/a/20120619/007748. htm.
44 李克强：依靠科技创新引领和支撑经济社会发展．http：//news. xinhuanet. com/politics/2014-01/13/c_ 118950641. htm.
45 李克强．以深化改革更好激发广大科研人员积极性［J］．学会，2016（6）：12，43.
46 李克强．促进科技成果转化应用和全要素生产率提高［N］．人民日报，2016-06-01.
47 李光全．创新合作视角下海洋科技困境破解的战略重点与路径选择研究——以浙江省为例［J］．中共青岛市委党校青岛行政学院学报，2012（3）：27-31.
48 杜利楠，栾维新，孙战秀，等．中国沿海省区海洋科技竞争力动态演变测度［J］．中国科技论坛，2015（8）：99-105.
49 杨卫，向文琦，刘禹辰．中国海洋渔业科技进步贡献率的测算与分析［J］．中国农学通报，2014(30).
50 寿建敏，王荣华．“长三角”海洋经济发展的问题和潜力探析［J］．生态经济，2011（4).
51 严成．社会资本、创新与长期经济增长［J］．经济研究，2012（11).
52 吴庐山．海洋高技术产业发展与风险投资［J］．海洋开发与管理，2005（1).
53 邹晓燕．群岛新区海洋科技的支撑路径［J］．浙江经济，2012（13）：55.
54 张樨樨，朱庆林，谭骏．海洋科技人才集聚力综合评价研究［J］．山东大学学报（哲学社会科学版），2011（6).
55 张樨樨，朱庆林，谭骏．海洋科技人才集聚力综合评价研究［J］．山东大学学报：哲学社会科学版，2011（6）：65-71.
56 张晓凤．对银川市工业化提速分析及对策［J］．边疆经济与文化，2004（5）：8-15.
57 陈文斌，等．浙江舟山群岛新区科技创新路径研究［J］．科技促进发展（应用版），2012（6）：42-45.
58 陈文斌，等．舟山群岛新区科技创新投融资环境的优化分析［J］．科技资讯，2011（30）：229-230.
59 陈倩．环渤海地区海洋科技投入产出比较分析［J］．资源开发与市场，2011（7）：632-634.
60 陆铭．国内外海洋高新技术产业发展分析及对上海的启示［J］．价值工程，2009（8).
61 陈鹏，张晓东．我国海洋科技人力资源开发利用效率评价——基于 12 省市的分析［J］．导报，2013（4)：202.
62 陈红霞，王逸敏．浙江省海洋科技政策分析与提升路径［J］．港口经济，2015（1）：48-51.
63 陈强．主要发达国家和地区的科技计划开放及其启示［J］．经济社会体制比较，2013（2).
64 周江勇．凸显海洋科技　坚持市场导向　强化合力攻坚［N］．舟山日报，2016-10-27.
65 周江勇．提升城市功能，支撑新区发展．http：//news. china. com. cn/live/2013-03/22/content_ 19193848. htm.
66 周江勇在市政府第六次全体会议上的讲话．http：//www. zhoushan. gov. cn/web/zhzf/zwgk/ldzy/ldjh/201410/t20141009_ 714504. shtml.
67 周江勇．《市委关于制定舟山市“十三五”规划的建议》的说明［N］．舟山日报，2015-12-24.
68 周江勇．换挡冲刺抓对标 持续加力强后劲．http：//zsxq. zjol. com. cn/system/2015/10/21/

020881869. shtml.
69 周江勇 . 打好硬仗　创新突破　全力夺取“十三五”发展开门红［N］. 舟山日报，2015-12-25.
70 周江勇 . 敢于作为精心谋划抓实项目　推动发展作贡献 . http：//szcb. zjol. com. cn/news/193538. html.
71 周江勇 . 共话新区发展 共谋美好未来［N］. 舟山日报，2016-01-12.
72 周达军，崔旺来 . 浙江海洋产业发展的基础条件审视与对策［J］. 经济地理，2011（6）：968-972.
73 周达军，崔旺来 . 浙江省海洋科技投入产出分析［J］. 经济地理，2010（9）：2511-1516.
74 周达军 . 构筑“海上浙江”的科技支撑［J］. 今日浙江，2011（13）：35-36.
75 周志娟 . 大科学时代科学家责任问题探析［J］. 厦门理工学院学报，2012（20）.
76 周芳，卢长利 . 国外海洋科技创新体系建设经验及启示［J］. 对外经贸，2013（4）：43-45.
77 周国辉 . 在舟山群岛新区建立国家级海洋科技成果转化中心［N］. 中国海洋报，2014-03-05.
78 周国辉 . 2011 年舟山群岛新区第五届人民代表大会第六次会议政府工作报告［N］. 舟山日报，2011-03-02.
79 周国辉 . 科技部门要当好“店小二”［N］. 科技日报，2014-03-10.
80 周国辉 . 以改革为动力释放科技创新红利 . http：//leaders. people. com. cn/GB/124571/376567/382515/
81 周国辉 . 加快推进科技体制改革 全面实施创新驱动发展战略［J］. 中国科技奖励，2015（3）：2-6.
82 周国辉 . 创投家要做伯乐别做赌徒 . http：//zj. qq. com/a/20160228/026291. htm.
83 胡王玉，马仁锋，汪玉君 . 2000 年以来浙江省海洋产业结构演化特征与态势［J］. 云南地理环境研究，2012（4）：7-13.
84 胡锦涛 . 坚持把科学技术摆在优先发展战略地位 . http：//www. chinanews. com/gn/2011/12-16/3537379. shtml.
85 胡锦涛 . 科技是改变国家命运必须依靠的力量 . http：//news. sina. com. cn/c/2012-09-18/191225201468. shtml.
86 胡锦涛 . 加快建设国家创新体系，深化科技体制改革 . http：//www. scopsr. gov. cn/ggts/zyjs/201209/t20120919_ 182652. html.
87 夏宝龙 . 加快把科技成果转化为现实生产力［N］. 浙江日报，2015-05-13.
88 夏宝龙 . 大力推动网络强国战略在浙江的实践［N］. 浙江日报，2015-04-29.
89 夏宝龙 . 确保浙江以“标杆”姿态进入全面小康［N］. 湖州日报，2015-11-13.
90 夏宝龙 . 有效实施精准对策 推动创新引领转型［J］. 今日科技，2014（09）：2-3.
91 夏宝龙 . 抓住科技革命机遇 深入实施创新驱动发展战略［N］. 浙江日报，2014-10-17.
92 夏宝龙 . 充分发挥科技创新主力军作用［N］. 浙江日报，2013-05-15.
93 夏宝龙 . 高校要把加快科技成果转化放到更加突出的位置［N］. 中国教育报，2012-05-20.
94 夏宝龙 . 深化改革不断解放发展科技第一生产力［N］. 杭州日报，2012-07-13.
95 夏宝龙 . 鼓励科技人员走向创业创新的主战场［J］. 中国人才，2012（11）：19.
96 夏宝龙 . 坚持创新驱动，促进科技经济紧密结合［N］. 浙江日报，2011-12-16.
97 夏宝龙 . 把更多科技成果转化为现实生产力［N］. 浙江日报，2012-5-17.
98 夏登武 . 区域海洋科技协同创新机制研究——以浙江省为例［J］. 宁波大学学报，2015（6）：96-100.
99 赵洪祝 . 全面推进海洋经济发展示范区建设［J］. 今日浙江，2011（7）：10-11.
100 赵洪祝 . 推进海洋经济发展示范区建设　努力开创浙江科学发展新局面［J］. 政策瞭望，2011（4）：4-12.

101 项永烈．浙江舟山群岛新区的海洋科技创新与驱动［J］．浙江海洋学院学报：人文科学版，2013（6）：37–41.

102 禹光凯，张二林．舟山市海洋科技发展路径研究［J］．特区经济，2014（1）：120–124.

103 俞树彪、应海盛、阳立军．舟山海洋科技发展战略的若干思考［J］．中国科技论坛，2006（5）.

104 郭力泉，等．舟山群岛新区政府科技管理特点与定位研究［J］．科技资讯，2014（1）：199–202.

105 郭力泉，等．舟山群岛新区实施创新驱动发展战略研究［J］．浙江海洋学院学报（人文科学版），2015（8）：30–38.

106 郭力泉，等．舟山城市科技竞争力研究——基于 16 个沿海城市的比较［J］．海洋开发与管理，2015（11）：56–60.

107 倪国江，文艳．美国海洋科技发展的推进因素及对我国的启示［J］．海洋开发与管理，2009（6）：29–34.

108 倪国江，刘洪滨，马吉山．加拿大海洋创新系统建设及对我国的启示［J］．科技进步与对策，2012（4）：39–42.

109 徐康宁，赵波，王绮．“长三角”城市群：形成、竞争与合作［J］．南京社会科学，2005（5）.

110 徐进．国家三大海洋经济示范区海洋科技创新能力比较研究［J］．科技进步与对策，2012（16）：35–39.

111 徐士元，何宽，樊在虎．基于浙江面板数据的海洋科技进步贡献率研究［J］．海洋开发与管理，2013（11）：111–116.

112 殷克东、王玲玲、史亚娟．海洋高新技术产业与海洋传统产业间溢出效应分析［J］．中国渔业经济，2013（1）.

113 殷克东，张燕．沿海省市海洋科技水平评价［J］．海洋开发与管理，2009（3）：57–62.

114 殷克东，卫梦星．中国海洋科技发展水平动态变迁测度研究［J］．中国软科学，2009（8）：144–154.

115 黄春松．“长三角”经济区、“珠三角”经济区与海西经济区的城市竞争力综合比较［J］．经济社会体制比较，2013（1）.

116 崔旺来．海洋管理的公共性研究［J］．海洋开发与管理，2008（12）：54 –60.

117 崔旺来，等．浙江省海洋科技支撑力分析与评价［J］．中国软科学，2011（2）：91 –100.

118 崔旺来，等．浙江省海洋产业就业效应的实证分析［J］．经济地理，2011（8）：1258 –1263.

119 崔旺来，李百齐．海洋经济时代政府管理角色定位［J］．中国行政管理，2009（12）：55 –57.

120 崔旺来，李百齐．政府在海洋公共产品供给中的角色定位［J］．经济社会体制比较，2009（6）：108 –113.

121 崔旺来，李百齐．海洋管理中的公民参与［J］．海洋开发与管理，2010（3）：27 –31.

122 崔旺来，文接力．基于激励机制视角的海洋科技人力资源教育开发研究［J］．人力资源管理，2012（2）：38 –40.

123 崔旺来，周达军，汪立，等．浙江省海洋科技支撑力分析与评价［J］．中国软科学，2011（2）：91–100.

124 袁家军．强化创新和人才引领［N］．宁波日报，2016–02–25.

125 温暖．凝心聚力谋发展　真抓实干谱新篇［N］．舟山日报，2016–02–23.

126 温暖．强化科技创新　加快转型发展［N］．舟山日报，2016–07–29.

127 谢子远．沿海省市海洋科技创新水平差异及其对海洋经济发展的影响［J］．科学管理研究，2014（3）.

128 谢子远，闫国庆．澳大利亚发展海洋经济的经验及我国的战略选择［J］．中国软科学，2011（9）：

18-29.

129 谢子远，王琳媛，徐祺娟．沿海省市海洋经济科技支撑力比较研究［J］．浙江万里学院学报，2013（1）：1-7.

130 谢子远，孙华平．基于产学研结合的海洋科技发展模式与机制创新［J］．科技管理研究，2013（9）：44-47.

131 樊华．中国区域海洋科技创新效率及其影响因素实证研究［J］．海洋开发与管理，2011（9）：57-64.

132 Kenneth White 著．加拿大海洋经济与海洋产业研究［J］．朱凌，宋维玲译．经济资料译丛，2010（1）.

133 Brian Snyder，Mark J. Kaiser. A Comparison of Offshore Wind Power Development in Europe and the U. S.：Patterns and Drivers of Development［J］. Applied Energy，2009，86（10）：1845-1856.

134 Markus M，Robin W. Enabling Science and Technology for Marine Renewable Energy［J］. Energy Policy，2008，36（12）：4376-4382.

135 Hsieh Pi-feng，Li Yan-Ru. A Cluster Perspective of the Development of the Deep Ocean Water Industry［J］. Ocean & Coastal Management，2009，52（6）：287-293.

136 Lennard，D E. Marine Science and Technology of the UK［J］. Post Report，1999，16（2）：128-131.

137 Hong S Y. Marine Policy in the Republic of Korea［J］. Marine Policy，1995，19（2）：96-110.

138 H. Charnock. A contribution to the theory of economic growth of the ocean. The Quarterly Journal of Economics，1956.

139 David Doloreus. Innovation-support organizations in the marine science and technology industry：The case of Quebec's coastal region in Canada. Marine Policy，2009（33）：90-100.

140 Yu Zhang，Jan B A. Arends，Tom Van de Wiele，Nico Boon. Bioreactor technology in marine microbiology：From design to future application［J］. Biotechnology Advances，29（2011）312-321.

141 Marisa Berrya，Todd K. BenDorb. Integrating sea level rise into development suitability analysis，Computers，Environment and Urban Systems. Volume 51，May 2015，Pages 13-24.

142 Henry Jeffrey，Jonathan Sedgwick，Gavin Gerrard. Public funding for ocean energy：A comparison of the UK and U. S.［J］. Technological Forecasting and Social Change，Volume 84，May 2014，Pages 155-170.

143 Myrto Kalouptsidi. Detection and impact of industrial subsidies：the case of world shipbuilding. Working Paper 20119. http：//www. nber. org/papers/w20119.

后　记

本书是浙江省软科学研究计划重点项目“浙江舟山群岛新区海洋科技发展路径研究”（批准号：2014C25038）的最终成果，同时该书的出版也得到浙江省海洋开发研究院学术著作出版基金的资助。

舟山群岛新区是我国首个以海洋经济为主题的国家级新区，正以快速的经济增长和充沛的经济活力彰显着其在我国海洋经济发展中的重要作用。伴随着我国海洋经济的快速发展及其对地方经济增长贡献的提升，深入实施创新驱动发展战略提上日程。舟山如何作为，对于我国海洋经济的发展具有重要意义。基于此，本书依据对沿海城市、国家级新区、浙江省内以及舟山 4 个层面的实际调研，运用时间序列法分析了其科技进步环境、科技投入、科技产出、科技促进经济社会发展 4 个维度，明确了舟山群岛新区海洋科技发展的定位，勾画出了新区海洋科技发展的路线图，提出了相应的对策措施，为新常态下新区深入实施创新驱动发展战略、编制“十三五”科技发展规划与长期发展愿景与路线图提供了重要的参考依据。

该课题研究历时两年。期间课题组先后到全国 16 个沿海城市、浙江 11 个地级市、18 个国家级新区和深圳特区，以及国家海洋局、浙江省海洋与渔业局等该研究所涉及的相关单位进行了实际调研，了解当地海洋科技发展情况，获得了大量的一手资料，为课题的顺利开展奠定了坚实基础。同时，课题组成员王芬、叶芳、刘洁等组织浙江海洋大学的学生先后半年多时间驻扎在浙江省图书馆、国家图书馆、上海市图书馆、广东省立中山图书馆、舟山市图书馆，翻阅了大量的工具书，搜集了相关的数据资料，为课题的实证研究积累了丰富的数据资料。就相关阶段性研究成果课题组先后十余次组织舟山市科技局、浙江省海洋开发研究院、浙江海洋大学的相关专家听取建议，为整个研究成果的前瞻性、适用性和可操作性奠定了现实基础。

科技创新能力决定何时从海洋大国变成海洋强国。海洋科技研究是一个非主流的学科，是一个崭新的学术领域，研究的人员少，难度大，可资借鉴的成果不多。但空白领域往往也充满着诱惑，这本书是作者在这个研究领域的一次大胆尝试。随着浙江舟山群岛新区的发展，加强对海洋科技的基础理论和应用研究的现实需求日益迫切。由于本课题研究难度较大，加之作者水平有限，书中必定尚有很多不足之处，但如果该书的出版能够使更多的学者参与到海洋科技问题的研究中来，我们将不胜欣喜。

本书的完稿，凝聚了很多人的心血。作为课题组成员，中国太平洋学会专家库专家、浙江舟山群岛新区决策咨询委委员、舟山市专业技术拔尖人才、浙江海洋大学崔旺来教授参与了本书基本构思、章节框架的拟定，并在写作过程中提供了大量的思路，使课题质量得以保证。

本书写作分工如下：郭力泉为本课题立项主持人，负责制定写作计划并组织实施和研讨论证，执笔撰写了第 1 章、第 3 章、第 8 章和第 9 章部分内容，最后将全书各部分合成、审校定稿并撰写前言。第 1 章由李秀辉、郭力泉执笔；第 2 章由李秀辉、刘超执笔；第 3 章由郭力泉、李秀辉执笔；第 4 章由钟海玥、俞仙炯执笔；第 5 章由王芬、刘超执笔；第 6、第 7 章由叶芳、应晓丽、俞仙炯执笔；第 8 章由郭力泉、刘洁执笔；第 9 章由郭力泉执笔。浙江海洋大学彭勃教授、顾波军博士多次参与了本书提纲的研讨和全书的修订，特别感谢。本书成稿后，承蒙我国著名海洋学家潘德炉院士、浙江海洋大学吴常文校长在百忙中为本书拨冗作序，在此深表谢意。海洋出版社领导的支持以及编辑的辛勤劳动使本书得以出版。在此，对为本书提供帮助的各有关方面致以衷心的感谢！

本书在写作过程中参考了大量相关学术著作、学术期刊、网站文献，并尽可能在书中做了说明和注释，在此对有关专家学者一并表示感谢！

作者

2016 年 10 月 8 日于舟山